高精度叠前深度偏移方法研究与应用

叶月明　岳玉波　任浩然
倪　超　李　斐　王力宝　等著

石油工业出版社

内容提要

本书主要介绍高精度叠前深度偏移方法的研究成果与应用，详细介绍了高斯束 Born 正演模拟、高斯束叠前深度偏移、基于单程波的保幅叠前深度偏移、数据域地震波反演成像等成像方法的原理、优缺点及适用场合。

本书适合从事地震勘探以及对该领域感兴趣的科技工作者阅读，也可作为相关专业高等院校师生的教学参考书。

图书在版编目（CIP）数据

高精度叠前深度偏移方法研究与应用 / 叶月明等著
. —北京：石油工业出版社，2023.10
ISBN 978-7-5183-6374-2

Ⅰ. ①高… Ⅱ. ①叶… Ⅲ. ①地震资料处理 – 研究
Ⅳ. ① P315.73

中国国家版本馆 CIP 数据核字（2023）第 190857 号

出版发行：石油工业出版社
（北京安定门外安华里 2 区 1 号　100011）
网　　址：www.petropub.com
编辑部：（010）64523841
图书营销中心：（010）64523633
经　销：全国新华书店
印　刷：北京中石油彩色印刷有限责任公司

2023 年 10 月第 1 版　2023 年 10 月第 1 次印刷
787×1092 毫米　开本：1/16　印张：10
字数：250 千字

定价：100.00 元
（如出现印装质量问题，我社图书营销中心负责调换）
版权所有，翻印必究

《高精度叠前深度偏移方法研究与应用》编写人员

叶月明　岳玉波　任浩然　倪　超　李　斐

王力宝　宋建勇　袁　波　李世银　李胜军

谢宗瑞　刘正文　邵萌珠

前言
PREFACE

地震成像作为降低勘探风险的主要技术之一，在油气勘探开发的各个环节都得到了广泛应用。成像的目的是将地震波归位到产生它的地下位置，包括反射（散射）点的空间位置和恢复波形及振幅特征，所以成像是现代地震资料处理的重要组成部分。高精度成像方法是获得地下真实情况的重要途径，各类偏移成像方法有着不同的基础原理和适用条件，不同地质条件应用的成像策略也大相径庭，透彻理解高精度成像方法的原理和应用条件对于提升成像品质尤为重要，是地震资料处理领域技术人员和科研人员必须掌握的。本书系统介绍了多种高精度地震成像方法的原理和应用条件，对于地球物理科研人员在生产应用和科学研究过程中加深理解，把握前沿技术的发展方向，都有着一定的参考价值和借鉴意义。

《高精度叠前深度偏移方法研究与应用》主要阐述了基于射线和波动方程类的高精度成像方法，全书共八章，主要内容如下：

第一章介绍关于叠前深度偏移方法的研究概况。

第二章首先从基于高斯束的 Born 正演公式、多波至模式和 Wavelet-bank 算法出发介绍了声波介质一次散射波场高斯束 Born 正演，并进行了层状介质和 Marmousi 模型的测试分析。然后从弹性波主分量波场、弹性波 Born 正演公式、基于高斯束的弹性波 Born 正演和具体实现过程四个方面介绍了弹性各向同性介质一次散射波场高斯束 Born 正演。

第三章第一节从高斯束的理论推导、数值求解和高斯束的基本性质出发介绍了高斯束偏移基本原理；第二节从保幅成像条件、炮域成像条件和角度域成像条件出发，介绍了保幅高斯束偏移；第三节介绍了局部静校正和保幅延拓法条件下的复杂地表高斯束偏移，并通过数值模型和实际资料处理验证了应用效果；第四节是弹性波高斯束偏移，包括了弹性动力学高斯束、弹性波波场反向延拓、成像公式及极性校正和数值模型处理；第五节进行了总结。

第四章介绍了真振幅偏移成像概念、标量声波方程的分裂和解耦、带误差补偿频率空间域保幅波场延拓算子、基于单程波方程保幅偏移的边界条件、保幅偏移中的稳定成像条件、单程波算子保幅偏移测试和双平方根方程真振幅叠前深度偏移方法。

第五章提出了一种基于小波束偏移算子实现的起伏地表条件下的照明补偿。第一节从 LCB 小波束概述、局部余弦基、小波束域单程波的传播、局部扰动近似的小波束传播和 LCB 小波束偏移模型计算介绍了基于 LCB 小波束的偏移方法；第二节阐述了局部余弦

(LCB)/正弦(LSB)基与局部指数函数和波场在局部波数域的分解；第三节包括了局部散射矩阵(LSM)、角度域成像条件及局部成像矩阵(LIM)、角度域的振幅校正和起伏地表条件下的孔径校正；第四节对SEG起伏地表模型进行了试算处理。

第六章从常规弹性波全波形反演框架、弹性波反偏移和解耦方程走时反演三个方面进行了介绍，通过Sigbee2A模型测试证明了该方法的可行性和有效性。

第七章的内容是数据域地震波反演成像理论方法。第一节从地震反演问题的线性化和偏移成像与反演成像两个方面介绍了地震反演问题的线性化与最小二乘偏移；第二节介绍了最小二乘偏移与全波形的联合反演方法；第三节从理论原理和数值实验方面分析了伴随状态法频率域逆时偏移方法，并在第四节进行了总结。

第八章是成像域地震波反演成像中的Hessian算子与散射成像。首先分析了地震反演与Hessian算子，其中包括牛顿类反演方法和Hessian算子的数学物理意义；其次，介绍了Hessian算子的性质，包括平面波Hessian算子与平面波最小二乘偏移、偏移距Hessian算子与拟牛顿法全波形反演、点扩散函数的意义及应用和基于点扩散函数的图像反褶积；最后，介绍了基于Born近似序列的波形反演和基于多次Born序列的FWI。

本书是作者多年自主研发的成果总结，虽经努力，书中仍可能存在不当或错误之处，敬请指正！

目录
CONTENTS

第一章 叠前深度偏移方法研究概况 ·· 1
第二章 高斯束 Born 正演模拟 ··· 3
  第一节 声波介质一次散射波场高斯束 Born 正演 ····························· 3
  第二节 弹性各向同性介质一次散射波场高斯束 Born 正演 ················ 12
  第三节 本章小结 ·· 20
第三章 高斯束叠前深度偏移 ··· 21
  第一节 高斯束偏移基本原理 ·· 21
  第二节 保幅高斯束偏移 ·· 26
  第三节 复杂地表高斯束偏移 ·· 33
  第四节 弹性波高斯束偏移 ·· 40
  第五节 本章小结 ·· 49
第四章 基于单程波的保幅叠前深度偏移 ··· 50
  第一节 真振幅偏移成像概念的解释 ·· 50
  第二节 标量声波方程的分裂和解耦 ·· 51
  第三节 带误差补偿 XWFD 保幅波场延拓算子 ·································· 54
  第四节 基于单程波方程保幅偏移的边界条件 ···································· 57
  第五节 保幅偏移中的稳定成像条件 ·· 60
  第六节 单程波算子保幅偏移模型和实际资料测试 ··························· 63
  第七节 双平方根方程真振幅叠前深度偏移方法 ······························· 68
  第八节 本章小结 ·· 79
第五章 起伏地表条件下的照明补偿 ··· 80
  第一节 基于 LCB 小波束偏移方法 ··· 80
  第二节 基于局部指数框架（LEF）的波场分解 ································ 90
  第三节 基于波动方程的采集孔径校正 ·· 92
  第四节 孔径校正数值试算 ··· 94
  第五节 本章小结 ··· 104

第六章 解耦纵横波反射波走时反演 · 105
第一节 常规弹性波全波形反演框架 · 105
第二节 弹性波反偏移 · 106
第三节 解耦方程走时反演 · 108
第四节 模型实验分析 · 111
第五节 本章小结 · 115

第七章 数据域地震波反演成像理论方法 · 116
第一节 地震反演问题的线性化与最小二乘偏移 · 117
第二节 最小二乘偏移与全波形的联合反演方法 · 121
第三节 伴随状态法频率域逆时偏移方法 · 122
第四节 本章小结 · 127

第八章 成像域地震波反演成像中的 Hessian 算子与散射成像 · 128
第一节 地震反演与 Hessian 算子 · 128
第二节 Hessian 算子的性质与近似 · 132
第三节 基于散射理论的反演成像方法探索 · 139
第四节 本章小结 · 142

参考文献 · 144

第一章　叠前深度偏移方法研究概况

地震成像作为降低勘探风险的主要技术之一，在油气勘探开发的各个环节都得到广泛应用。成像是现代地震资料处理的重要组成部分，其目的是将地震波归位到产生它的地下位置，主要包含两方面内容：一是确定反射（散射）点的空间位置；二是恢复其波形和振幅特征。地震成像分为叠加成像和偏移成像，地震偏移是实现地震成像的主要手段。

地震反射信号因地震波在地面和反射面之间的传播而被模糊，偏移就是要消除这些传播效应，以恢复真实的地下反射界面。随着地震勘探研究的不断深入和计算机技术的发展，基于波动方程的叠前深度偏移方法已更多地被应用到油气勘探开发中。波动方程叠前深度偏移方法不仅对波场传播能做细致的描述，而且能够适应地下介质的强横向速度变化。但是，目前普遍使用的波动方程偏移方法主要是针对相位进行波场延拓，如果地下速度模型正确，它可以保证相位的正确性，但不进行振幅处理，只具有相对振幅保持功能，成像后的振幅值具有一定的随机性。

随着地震勘探研究的不断深入，仅仅得到相位信息的波动方程偏移方法已不能完全满足实际需求，人们希望地震偏移成像方法在提供准确构造成像的同时，还可以提供与地下反射系数成比例的振幅信息。地震勘探的目的就是了解地下弹性参数（纵横波速度、密度等）的差异，进而了解岩性的变化，在未偏移的记录上解释与角度有关的反射系数，或振幅随偏移距的变化（AVO）。但是地震勘探常常受到共深度点拖影、不正确选定的几何扩散损失、震源/接收方向及其他因素的影响，通过分析叠前偏移共反射点道集可以解决这方面的某些问题，前提是能够消除震源和接收器之间波传播的所有振幅畸变。波动方程真振幅偏移在得到准确构造成像的同时，还可以获得消除了振幅畸变的真振幅成像结果，为偏移后的 AVO 或 AVA 分析提供数据。

勘探地震学研究的是关于地震波场传播的正反过程的问题，从地震数据反推地球物理参数的过程称为地震反演。将地下界面信息视为介质参数，则地震成像方法都可称为地震反演成像。地震反演成像试图得到以下三个层次的信息：(1)地下介质的构造信息；(2)地下介质的反射系数信息；(3)地下介质的属性信息。这三个层次依次提高，分别对应了地震成像理论从构造成像走向储层成像的不同发展阶段。

截至目前，偏移成像技术分为叠后偏移、叠前时间偏移和叠前深度偏移。其中，叠前深度偏移又发展了 Kirchhoff 积分法、高斯束、单程波、逆时偏移、最小二乘偏移和基于全波形反演的叠前深度偏移技术，应用最为普遍的是 Kirchhoff 积分法、高斯束和波动方程叠前深度偏移，受限于地震资料品质的影响，全波形反演技术在海域地震资料处理中应用较多。本书介绍了几类高精度叠前深度偏移方法的基本原理和应用案例，第二章讲述了高斯束 Born 正演模拟技术，这是高斯束偏移的基础；第三章阐述了高斯束偏移的基本原理、保幅高斯束偏移、复杂地表高斯束偏移和弹性波高斯束偏移的方法和应用条件；第四章是基于单程波方程的保幅叠前深度偏移技术，其中包含了单程波方程算子和双平方根波场延拓算子；第五章介绍了基于小波束偏移算子的起伏地表照明补偿方法，是一种基于提高偏移方法的策略；第六章介绍了一种解耦纵横波反射波走时反演方法和测试效果分析；第七章介绍了数据域地震波反演成像理论方法，包括地震反演问题的线性化与最小二乘偏移，以及最小二乘偏移和全波形反演联合方法；第八章介绍了成像域地震波反演成像中的 Hessian 算子与散射成像，展望了叠前深度偏移在该领域的研究方向。

第二章　高斯束 Born 正演模拟

Born 正演是一种常用的地震波场正演模拟方法，也是线性化地震反演的理论基础。Born 近似或 Kirchhoff 近似也是常用的地震波场正演方法，具有优于常规射线方法的波场模拟精度，在实际应用时，Born 正演通常结合常规的地震射线方法进行实现。本章分为三个部分，第一节简述了声波介质一次散射波场高斯束 Born 正演，第二节阐述了弹性各向同性介质一次散射波场高斯束 Born 正演，第三节对该类方法进行了总结。

第一节　声波介质一次散射波场高斯束 Born 正演

本节介绍了一种新的声波介质高斯束 Born 正演模拟算法，该方法将 Born 正演过程分解为两个基本环节：首先，利用高斯束的走时和振幅信息，将地下散射点处的反射率函数映射为地表稀疏束中心位置处的局部平面波；然后，通过逆倾斜叠加将局部平面波累加到接收点波场中，得到最终的波场正演结果。在实现过程中，使用 Hill（2001）和 Gray（2005）所提出的最速下降法来减少循环迭代次数，在保证模拟精度的同时，显著提高了计算效率。此外，还提出了一种用以进行局部平面波合成的 Wavelet-Bank 算法，相对于传统的 Wave-Packet 算法（Červený，1983），计算效率提高了数倍。先对相关的理论公式进行推导，接下来对具体的计算实现细节进行探讨，最后通过两个数值模型对计算精度和计算效率进行验证。

一、基于高斯束的 Born 正演公式

在各向同性声波介质中，假设震源和接收点的空间位置分别为 x_s 和 x_r，那么由震源 x_s 激发，途经地下散射点 x，最后到达接收点 x_r 的一次散射地震波场 $u(x_r, x_s, \omega)$ 可以利用 Born 正演公式（Tarantola，1984；Beydoun and Mendes，1989）来表示：

$$u(x_r, x_s, \omega) = \omega^2 \int_D \mathrm{d}x\, m(x) F(\omega) G(x, x_s, \omega) G(x, x_r, \omega) \qquad (2\text{-}1\text{-}1)$$

式中　D——地下散射点的集合；
$G(x, x_s, \omega)$——由震源下行格林函数；
$G(x, x_r, \omega)$——接收点上行格林函数；
$F(\omega)$——频率域的震源函数；
$m(x)$——地下散射点 x 处速度扰动 $c_1(x)$ 所引起的地震反射率，取 $\dfrac{2c_1(x)}{c_0^3(x)}$；
$c_0(x)$——该点的背景速度，m/s。

为了保证格林函数的正则性，并且使正演过程具备处理多次走时波场的能力，使用高斯束来计算式（2-1-1）中的格林函数，其表达形式为一系列具有不同出射方向的高斯束的叠加（Hill，2001）：

$$G(x,x',\omega) = \frac{\mathrm{i}\omega}{2\pi} \iint \frac{\mathrm{d}p_x \mathrm{d}p_y}{p_z} A_{GB}(x,x') \exp[\mathrm{i}\omega\tau_{GB}(x,x')] \quad (2\text{-}1\text{-}2)$$

其中，$\boldsymbol{p} = (p_x, p_y, p_z)$ 为中心射线在出射点 x' 处的初始射线参数，A_{GB} 和 τ_{GB} 分别为高斯束的复值振幅和走时，并且具有如下的形式：

$$\begin{aligned} A_{GB}(x,x') &= A_R(x,x') + \mathrm{i}A_I(x,x') \\ \tau_{GB}(x,x') &= \tau_R(x,x') + \mathrm{i}\tau_I(x,x') \end{aligned} \quad (2\text{-}1\text{-}3)$$

上式中，下标 R 和 I 分别代表复数参量的实部和虚部。将式（2-1-2）、式（2-1-3）代入式（2-1-1），可以得到以高斯束表征的 Born 正演公式：

$$\begin{aligned} u(x_r, x_s, \omega) = &-\frac{\omega^4}{4\pi^2} \int_D \mathrm{d}x\, m(x) F(\omega) \iint \frac{\mathrm{d}p_{sx}\mathrm{d}p_{sy}}{p_{sz}} \iint \frac{\mathrm{d}p_{rx}\mathrm{d}p_{ry}}{p_{rz}} \\ &\times [A_R(x_r, x_s) + \mathrm{i}A_I(x_r, x_s)] \exp[\mathrm{i}\omega\tau_R(x_r, x_s) - \omega\tau_I(x_r, x_s)] \end{aligned} \quad (2\text{-}1\text{-}4)$$

其中，$A_R(x_r, x_s)$ 和 $A_I(x_r, x_s)$ 为地下散射点处震源和接收点高斯束振幅乘积的实部和虚部，$\tau_R(x_r, x_s)$ 和 $\tau_I(x_r, x_s)$ 为相应的高斯束走时之和的实部和虚部，具有如下形式：

$$\begin{aligned} A_R(x_r, x_s) &= A_R(x, x_r) A_R(x, x_s) - A_I(x, x_r) A_I(x, x_s) \\ A_I(x_r, x_s) &= A_R(x, x_r) A_I(x, x_s) + A_I(x, x_r) A_R(x, x_s) \\ \tau_R(x_r, x_s) &= \tau_R(x, x_r) + \tau_R(x, x_s) \\ \tau_I(x_r, x_s) &= \tau_I(x, x_r) + \tau_I(x, x_s) \end{aligned} \quad (2\text{-}1\text{-}5)$$

直接利用式（2-1-4）进行波场的计算，需要在每个接收点位置计算高斯束。为提高计算效率，选择在稀疏的地表束中心位置计算高斯束，并且通过引入一个相移校正量 $\exp[-\mathrm{i}\omega\boldsymbol{p}_L \cdot (x_r - L)]$，来近似计算接收点上行格林函数（Gray and Bleistein，2009；岳玉波等，2012）：

$$G(x, x_r, \omega) = \frac{\mathrm{i}\omega}{2\pi} \iint \frac{\mathrm{d}p_{Lx}\mathrm{d}p_{Ly}}{p_{Lz}} A_{GB}(x, L) \exp[\mathrm{i}\omega\tau_{GB}(x, L) - \mathrm{i}\omega\boldsymbol{p}_L \cdot (x_r - L)] \quad (2\text{-}1\text{-}6)$$

为了减小上述近似的误差，在式（2-1-6）中引入下述的单位分解公式（岳玉波等，2011）：

$$\frac{\sqrt{3}}{4\pi} \left|\frac{\omega}{\omega_r}\right| \frac{\Delta L_x \Delta L_y}{w_0^2} \sum_L \exp\left(-\left|\frac{\omega}{\omega_r}\right| \frac{|x_r - L|^2}{2w_0^2}\right) \approx 1 \quad (2\text{-}1\text{-}7)$$

得到最终的 Born 正演公式：

$$u(x_r,x_s,\omega)=-\varPhi\sum_L\iint\mathrm{d}p_{Lx}\mathrm{d}p_{Ly}U(L,x_s,\boldsymbol{p}_L,\omega)$$
$$\times\exp\left[-\mathrm{i}\omega\boldsymbol{p}_L\cdot(x_r-L)-\left|\frac{\omega}{\omega_r}\right|\frac{|x_r-L|^2}{2w_0^2}\right]\quad(2\text{-}1\text{-}8)$$

其中，$\varPhi=\dfrac{\sqrt{3}\omega^4\Delta L_x\Delta L_y}{16\pi^3 w_0^2}\left|\dfrac{\omega}{\omega_r}\right|$，$\Delta L_x$ 和 ΔL_y 为束中心间隔，ω_r 和 w_0 分别为所选择的参考频率和高斯束初始宽度。

$U(L,x_s,\boldsymbol{p}_L,\omega)$ 为束中心处 L 所合成的射线参数为 $\boldsymbol{p}_L$ 的局部平面波，具有如下表达形式：

$$U(L,x_s,\boldsymbol{p}_L,\omega)=\int_D\mathrm{d}xm(x)F(\omega)\iint\frac{\mathrm{d}p_{sx}\mathrm{d}p_{sy}}{p_{Lz}p_{sz}}[A_\mathrm{R}(L,x_s)+\mathrm{i}A_\mathrm{I}(L,x_s)]$$
$$\times\exp[\mathrm{i}\omega\tau_\mathrm{R}(L,x_s)-\omega\tau_\mathrm{I}(L,x_s)]\quad(2\text{-}1\text{-}9)$$

式（2-1-8）的作用是将每个束中心处所合成的局部平面波累加到邻近的接收点波场中，该式实际上是一个局部逆倾斜叠加过程，因此可以在频率波数域进行高效计算。式（2-1-9）的作用是通过高斯束的振幅和走时信息，将地下的反射率映射为束中心处的局部平面波。该式是 Born 正演方法的核心，其计算过程决定了最终模拟过程的效率和精度，因此接下来对其进行重点讨论。

二、多波至模式

直接求解式（2-1-9），需要对震源和束中心高斯束的所有组合进行循环计算。在三维情况下，若 p_{sx}，p_{sy}，p_{Lx}，p_{Ly} 的采样数分别为 N_p，那么需要 N_p^4 次的束循环运算（称该实现方式为全波至模式），计算量庞大。为了减少计算量，应用 Hill（2001），Gray（2005）在高斯束偏移中应用的最速下降法对式（2-1-9）的计算进行简化，具体的实现过程如下：

（1）首先，通过下述公式将震源和束中心射线参数转化为中心点和偏移距射线参数得到以中心点和偏移距射线参数索引的高斯束组合：

$$\begin{aligned}\boldsymbol{p}_m&=\boldsymbol{p}_s+\boldsymbol{p}_L\\\boldsymbol{p}_h&=\boldsymbol{p}_L-\boldsymbol{p}_s\end{aligned}\quad(2\text{-}1\text{-}10)$$

（2）对于中心点射线参数为 $\boldsymbol{p}_m^0$ 的高斯束组合，按照 $\boldsymbol{p}_h$ 进行循环找到使地下散射点处虚值走时最小的高斯束对。假设此时的偏移距射线参数为 $\boldsymbol{p}_h^0$，则该高斯束对中震源高斯束的射线参数为 $\boldsymbol{p}_s=\dfrac{(\boldsymbol{p}_m^0-\boldsymbol{p}_h^0)}{2}$，束中心高斯束的射线参数为 $\boldsymbol{p}_L=\dfrac{(\boldsymbol{p}_m^0+\boldsymbol{p}_h^0)}{2}$，计算下式中的积分，并且将计算结果累加到局部平面波波场中：

$$U(L,x_s,\boldsymbol{p}_L^0,\omega)+=\int_D\mathrm{d}xm(x)\frac{F(\omega)}{\omega}\frac{[A_\mathrm{R}(L,x_s)+\mathrm{i}A_\mathrm{I}(L,x_s)]}{4p_{Lz}^0p_{sz}^0\sqrt{\det\boldsymbol{T}}}\quad(2\text{-}1\text{-}11)$$
$$\times\exp[\mathrm{i}\omega\tau_\mathrm{R}(L,x_s)-\omega\tau_\mathrm{I}(L,x_s)]$$

式中 $\hat{D}$ 为被震源和束中心高斯束同时照明到的地下散射点，行列式 det $\boldsymbol{T}$ 为应用最速下降法后产生的振幅校正项（Gray and Bleistein, 2009）：

$$\det \boldsymbol{T} = \det\left[\frac{\omega_r w_0^2}{c_0(x_s)p_{sz}}\operatorname{Im}[\boldsymbol{Q}_s]\boldsymbol{Q}_s^{-1} + \frac{\omega_r w_0^2}{c_0(L)p_{Lz}}\operatorname{Im}[\boldsymbol{Q}_L]\boldsymbol{Q}_L^{-1}\right] \quad (2\text{-}1\text{-}12)$$

式中　$\boldsymbol{Q}_s$，$\boldsymbol{Q}_L$——震源和束中心高斯束所求取的 2×2 复值动力学射线追踪参数矩阵；

　　　$c_0(x)$，$c_0(L)$——震源和束中心处的速度，m/s。

（3）最后，重复步骤（2）直到所有的中心射线参数处理完成，得到对应不同的接收点射线参数的局部平面波 $U(L, x_s, \boldsymbol{p}_L, \omega)$。在计算式（2-1-8）后，即可得到最终的 Born 正演结果。

上述实现过程可以称为多波至模式，其可以对地下的大部分波场传播路径进行处理（即使存在多次走时波场），但是所需的束循环次数却由 N_p^4 减少为 $4N_p^2$ 次。此外，由于高斯束所携带的走时和振幅信息是平滑变化的，求取最小虚部走时的束循环过程可以在稀疏的粗网格上高效进行。多波至模式具有比全波至模式高得多的计算效率，而计算精度却损失不大，模型试算对此进行了验证。

三、Wavelet-Bank 算法

在将束循环过程进行简化后，接下来探讨如何高效地实现式（2-1-11）所描述的局部平面波的合成过程。由于式（2-1-11）的计算位于整个正演模拟过程的核心位置，其求解过程在很大程度上决定了整个高斯束 Born 正演的精度和效率。接下来，对现有的频率域算法和 Wave-Packet 算法进行简要的介绍，然后给出一种 Wavelet-Bank 时间域高效算法。为了公式表达的简洁，将分别用 A_R 和 A_I 来代表式（2-1-11）中振幅项的实部和虚部，用 τ_R 和 τ_I 来代表实部和虚部走时。

1. 频率域算法

该算法直接在频率域进行计算，然后利用傅里叶逆变换求取时间域的局部平面波。由于没有使用任何近似，因此其计算精度是最高的。然而，由于需要对每个频率成分进行一次式（2-1-11）的循环求解，因此计算量巨大。

2. Wave-Packet 算法

由于频率域算法效率很低，Červený（1983）提出了一种 Wave-Packet 算法，该方法将频率域的振荡积分转换为时间域褶积的形式，在此直接给出式（2-1-11）应用 Wave-Packet 算法后的计算公式：

$$U(L, x_s, \boldsymbol{p}_L, t) + = \int_{\hat{D}} \mathrm{d}x\, m(x)\left[f(t)*\frac{\tau_I A_R}{(t-\tau_R)^2+\tau_I^2} - f^H(t)*\frac{\tau_I A_I}{(t-\tau_R)^2+\tau_I^2}\right] \quad (2\text{-}1\text{-}13)$$

其中，$f(t) = \int \frac{F(\omega)}{\omega}\exp[-\mathrm{i}\omega t]\mathrm{d}\omega$ 是时间域的震源子波，$f^H(t)$ 为 $f(t)$ 的希尔伯特变换。由于这两个震源子波项是独立的，只需要将地下散射点的反射率通过高斯束的走时和振幅映射叠加到时间域地震道中，待所有的循环计算完成后，将时间域地震道同震源子波项进行褶积即可得到合成的平面波波场。该算法虽然简单直接，但是需要将地下一个散

射点的反射率 $m(x)$ 映射到时间域地震道中 τ_R 周围的多个时间样点（取决于式中分数项的衰减程度。例如，当 τ_I=5ms 时，时域地震道中 $|t-\tau_R|\approx$20ms 的时间样点的振幅项才会衰减为最大值的百分之一）。由于散射点的循环位于 Born 正演的最内层，因此，虽然 Wave-Packet 算法计算效率优于频率域算法，但仍难以令人满意。

3. Wavelet-Bank 算法

在此提出一种基于 Wavelet-Bank 方式的时间域高效算法，将式（2-1-11）通过傅里叶逆变换转化为时间域：

$$U(L,x_s,\pmb{p}_L,t) += \int_{\tilde{D}} \mathrm{d}x m(x) A_R \delta(t-\tau_R) * \bar{f}(t,\tau_I) \\ - \int_{\tilde{D}} \mathrm{d}x m(x) A_I \delta(t-\tau_R) * \bar{f}^H(t,\tau_I) \tag{2-1-14}$$

其中，

$$\bar{f}(t,\tau_I) = \int \frac{F(\omega)}{\omega} \exp[-\mathrm{i}\omega t - \omega\tau_I] \mathrm{d}\omega \tag{2-1-15}$$

式（2-1-15）为应用虚部走时对子波频谱进行衰减后的时间域震源子波，$\bar{f}^H(t,\tau_I)$ 为其希尔伯特变换。式（2-1-14）只需要将反射率 $m(x)$ 映射到时间域地震道对应 τ_R 的唯一时间样点处，但是每完成一个点的映射就需要一次褶积运算，因此计算量同样巨大。然而，式（2-1-15）中与虚部走时相关的振幅衰减项只会影响子波的振幅，不会改变子波的相位，因此，可以根据所允许的最大虚部走时 $\tau_I^{\max} = \dfrac{5}{\omega_r}$，创建一个规则采样的虚部走时序列：

$$\tau_I(n) = n\Delta\tau_I \quad (0\leqslant n < N) \tag{2-1-16}$$

其中，N 为离散样点数，$\Delta\tau_I = \dfrac{\tau_I^{\max}}{N}$ 为采样间隔。然后计算出对应每个序列点 $\tau_I(n)$ 的震源子波：

$$\bar{f}_n(t) = \int \frac{F(\omega)}{\omega} \exp[-\mathrm{i}\omega t - \omega\tau_I(n)] \mathrm{d}\omega \tag{2-1-17}$$

这样，便可以利用线性插值将式（2-1-15）表示为：

$$\bar{f}(t,\tau_I) = \left[1 - \frac{\tau_I - \tau_I(n)}{\Delta\tau_I}\right]\bar{f}_n(t) + \left[\frac{\tau_I - \tau_I(n)}{\Delta\tau_I}\right]\bar{f}_{n+1}(t) \tag{2-1-18}$$

其中，$\tau_I(n) = \mathrm{INT}\left(\dfrac{\tau_I}{\Delta\tau_I}\right) \times \Delta\tau_I$，INT 为取整函数。此时，式（2-1-14）便可以表示为：

$$U(L,x_s,\pmb{p}_L,t) += \sum_n \left[\bar{f}_n(t) * R_n(t) - \bar{f}_n^H(t) * I_n(t)\right] \tag{2-1-19}$$

其中，$R_n(t)$ 和 $I_n(t)$ 为：

$$R_n(t) = \int_{\hat{D}_n(x)} \mathrm{d}x m(x) W A_R \delta(t-\tau_R) \quad I_n(t) = \int_{\hat{D}_n(x)} \mathrm{d}x m(x) W A_I \delta(t-\tau_R) \quad (2\text{-}1\text{-}20)$$

$\hat{D}_n(x)$ 为满足如下条件的地下散射点的集合：

$$\hat{D}_n(x) = \{x | \tau_I(n) - \Delta\tau_I \leqslant \tau_I < \tau_I(n) + \Delta\tau_I\} \quad (2\text{-}1\text{-}21)$$

W 为线性加权系数，根据虚部走时的大小，其取值如下：

$$W = 1 - \frac{|\tau_I - \tau_I(n)|}{\Delta\tau_I} \quad (2\text{-}1\text{-}22)$$

Wavelet-Bank 算法的实现过程可以大致概括为：首先，对于地下每一个散射点，根据其虚部走时计算式（2-1-20），从而将反射率加权映射到对应的 $R_n(t)$ 和 $I_n(t)$ 中；然后，在所有散射点计算完成后，计算式（2-1-19）即可得到最终模拟到的局部平面波 $U(L, x_s, p_L, t)$。随着虚部走时的增大，式（2-1-15）中的震源子波是单调且平滑衰减的，因此不需要选择太大的虚部走时离散样点数 N，在实际计算中，采用 $N=10$ 即可完全满足精度的要求。

应用 Wavelet-Bank 算法，对于每个散射点只需要进行两次数据映射运算，此后的褶积运算可以在频率域内高效进行。因此，Wavelet-Bank 算法的计算效率要远高于频率域算法和 Wave-Packet 算法，在接下来的模型试算中，同样对此进行测试和验证。

四、层状介质模型

首先使用一个层状模型测试 Wavelet-Bank 算法的计算效率和精度。图 2-1-1（a）展示了所使用的速度模型，该模型横向采样点数为 1000，采样间隔为 10m，纵向采样点数为 550，采样间隔为 5m。图 2-1-1（b）为对速度场进行平滑后计算得到的反射率剖面。

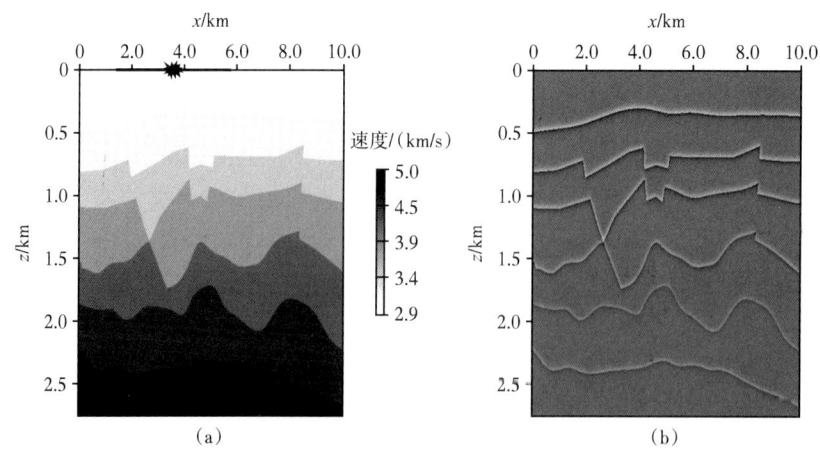

图 2-1-1　层状介质模型

（a）速度场，地表黑色线段标识了接收点位置，炮点位于接收道中心；（b）反射率剖面

将炮点放在模型表面水平位置 5.0km 处并使用主频为 20Hz 的雷克子波作为震源,240 个接收点均匀地分布在炮点两侧,间隔为 20m,每个接收道道长为 2s,时间采样间隔为 2ms。利用多波至模式进行高斯束 Born 正演计算,并且在合成局部平面波时分别使用了频率域算法、Wave-Packet 算法和 Wavelet-Bank 算法。将频率域计算结果作为基准,来比较另外两种算法的精度和效率。

图 2-1-2a、b 和 c 分别为应用频率域算法、Wave-Packet 算法和 Wavelet-Bank 算法计算得到的单炮正演记录,可以看到三者几乎没有任何的区别。为了进一步对比精度,将频率域算法结果 d_0 作为精确解,然后使用函数 $\varepsilon = \dfrac{d - d_0^2}{d_0^2}$ 来计算 Wave-Packet 或 Wavelet-Bank 算法结果 d 相对于 d_0 的误差。在对比精度的同时,还比较了三种方法的计算时间,最终的时间和精度对比结果如表 2-1-1 所示,可以看到 Wavelet-Bank 和 Wave-Packet 算法的计算精度类似,同频率域算法的相对误差均在 1% 以内,但是 Wavelet-Bank 算法的计算效率却比其他两种方法高得多,大约是 Wave-Packet 算法的 7 倍,是频率域算法的 100 倍以上。因此,Wavelet-Bank 算法在保证计算精度的同时,极大提高了计算效率。

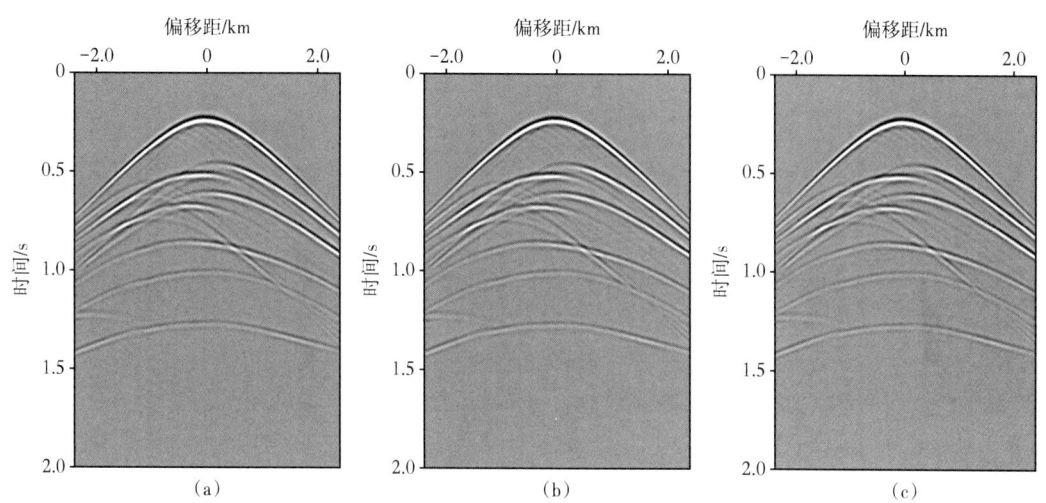

图 2-1-2 应用不同算法求到的单炮记录
(a)频率域算法;(b) Wave-Packet 算法;(c) Wavelet-Bank 算法

表 2-1-1 不同算法的精度和效率对比

	频率域算法	Wave-Packet 算法	Wavelet-Bank 算法
计算时间 / s	127.34	7.33	1.05
相对误差 / %	0.00	0.97	0.89

在进行波场模拟时,采取了常规高斯束偏移所使用的束宽度、射线参数采样间隔等参数选取准则(Hill,2001;岳玉波,2001)。同高斯束偏移类似,高斯束 Born 正演方法的波场模拟效果对于上述参数的选取并不敏感,具有较高的冗余度。

五、Marmousi 模型

使用 Marmousi 模型验证高斯束 Born 正演在复杂模型中的应用效果。图 2-1-3 展示了 Marmousi 模型的速度场，模型横向采样点数为 369，采样间隔为 20m，纵向采样点数为 375，采样间隔为 8m，相应的反射率剖面如图 2-1-4 所示。在正演时同样使用 20Hz 的雷克子波作为震源函数，将炮点放置在横向位置为 4.4km 处的地表位置（如图 2-1-3 所示）。共有 201 个接收道，道间隔为 20m，且沿炮点对称分布。可以看到，该炮对地下照明的区域恰好为模型中构造最复杂的部分。

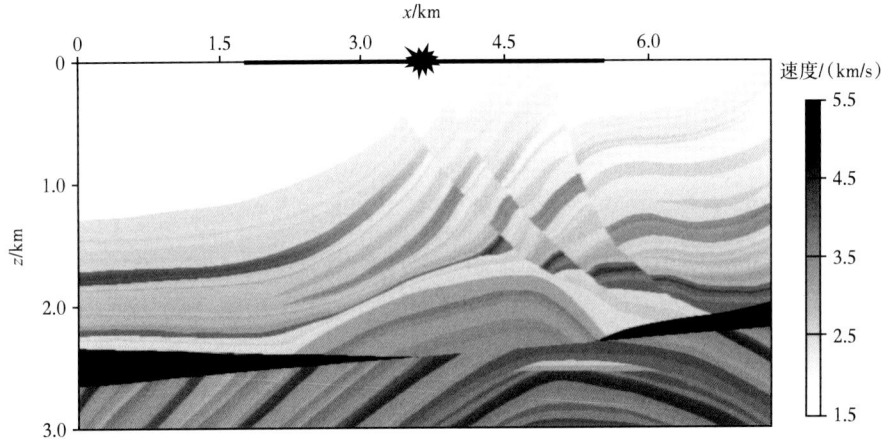

图 2-1-3　Marmousi 模型速度场

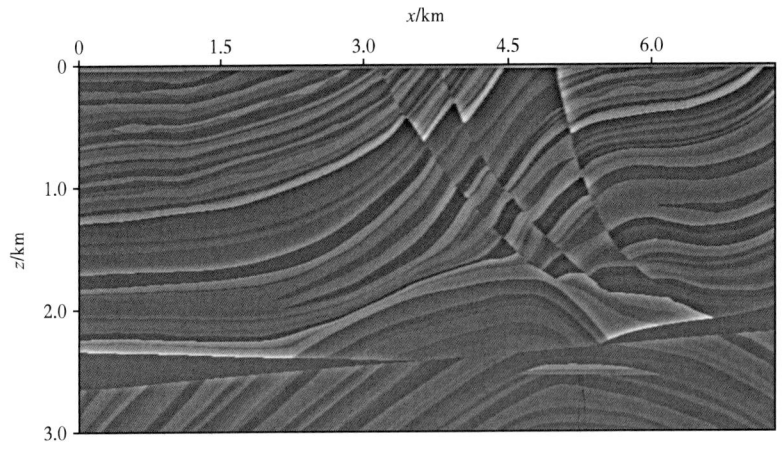

图 2-1-4　Marmousi 模型反射率剖面

分别使用全波至和多波至模式并结合 Wavelet-Bank 算法进行单炮记录的计算，所得到的结果如图 2-1-5（a）和（b）所示，可以看到两者的模拟效果基本相同。为了更好地验证高斯束 Born 正演的波场模拟精度，使用有限差分法进行了相同位置处单炮记录的计算，所得到的结果如图 2-1-5（c）所示。可以看到，高斯束 Born 正演结果同有限差分正演结果的波场整体分布特征相似，证明了本方法在进行复杂模型正演时的有效性。然而，由于

Born 正演只能模拟一次散射波场，有限差分法模拟了地下全部的波场信息，因此两者在局部细节上存在一定的差异。

对三者的计算时间进行统计，全波至模式为 3.89s、多波至模式为 0.67s、有限差分法为 31.29s，多波至模式具有明显的效率优势。为对比全波至和多波至的差异，计算了两者的残差［图 2-1-5（d）］，并求得两者的相对误差为 9.7%。相对于全波至模式，多波至模式结果精度略有损失，但是两者的差异主要在于最速下降法近似对波场整体背景振幅的改变，同时考虑到多波至模式具有接近于全波至模式 6 倍的计算效率，因此认为上述精度损失是可以接受的。

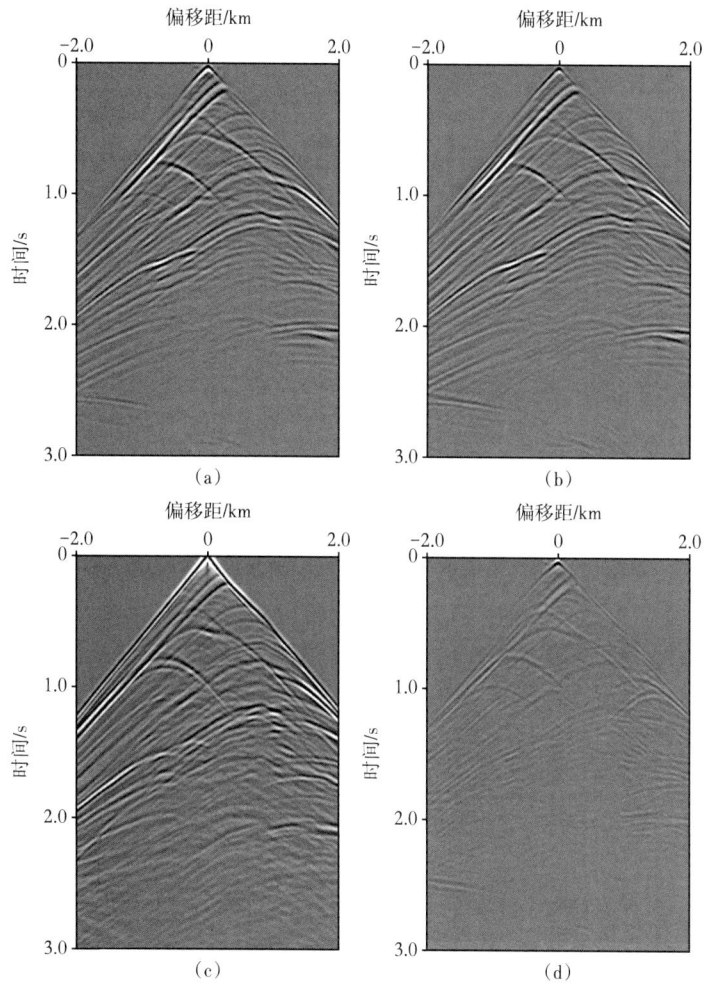

图 2-1-5　应用不同正演方法得到的单炮记录
（a）全波至模式高斯束 Born 正演；（b）多波至模式高斯束 Born 正演；（c）有限差分法；
（d）全波至模式（图 a）同多波至模式（图 b）结果之差

为了进一步验证高斯束 Born 正演对于复杂模型的模拟效果，应用多波至模式模拟了总共 135 炮的单炮记录，并且使用高斯束偏移对模拟记录进行了成像处理，所得到的偏移剖面如图 2-1-6 所示。可以看到，最终的偏移结果准确地恢复了该模型复杂的构造形态，进一步验证了本文所提出的高斯束 Born 正演算法的正确性和有效性。

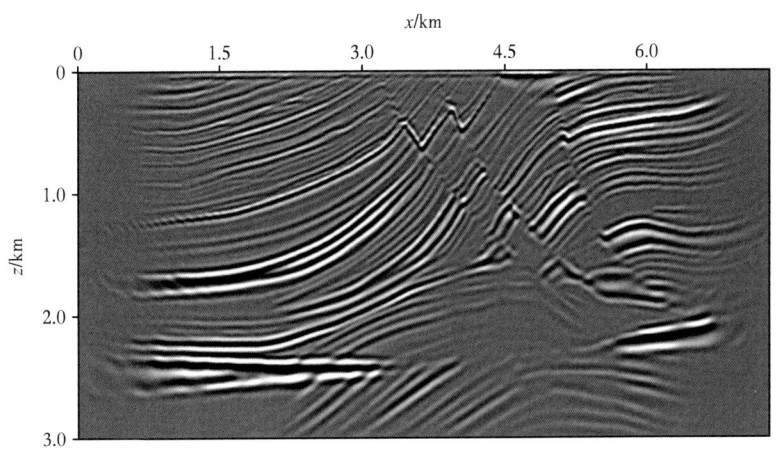

图 2-1-6　多波至模式模拟数据的高斯束偏移

第二节　弹性各向同性介质一次散射波场高斯束 Born 正演

一、弹性波主分量波场

根据零阶射线理论（Červený，2005），可以使用射线中心坐标系中的三个满足右手系且相互正交的基矢量 e^1、e^2、e^3 来表示 S1 波、S2 波和 P 波主分量的极化方向。其中，e^3 沿着射线的切线方向，是固定的不变的，而 e^1、e^2 则位于垂直于射线的平面内，可以在满足上述基矢量准则下任意选取。如果特别选取的 e^1 位于地下散射点所处的反射平面内（图 2-2-1 中的 $\hat{e}^{SV}$），那么 e^2 将会垂直于该平面（图 2-2-1 中的 $\hat{e}^{SH}$），此时的 S1 波、S2 波就成为通常所说的 SV 波和 SH 波，而且两者之间是完全解耦的。基于该选择，弹性波的传播可以由两个独立的 P-SV 传播系统和 SH 传播系统来描述，对应的反射系数矩阵也由 9 个分量简化为了 5 个，从而有效简化了相关的正反演问题。

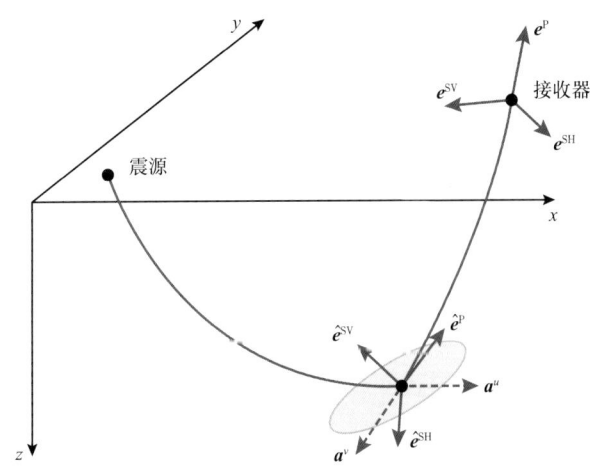

图 2-2-1　接收点处横波极化矢量的选取

在确定地下散射点处 x 的横波极矢量 $\hat{e}^{SV}$ 和 $\hat{e}^{SH}$ 后，可以相应的计算接收点 x_r 处的极化矢量 e^{SV}，e^{SH}，e^P（原理见图2-2-1），然后将该点接收到的多分量地震波场 $u(x_r,x_s,\omega)$ 通过下式转化为弹性波的主分量 u^{SV}，u^{SH}，u^P：

$$\begin{pmatrix} u^{SV} \\ u^{SH} \\ u^P \end{pmatrix} = \boldsymbol{H}^T \begin{pmatrix} u_x \\ u_y \\ u_z \end{pmatrix} \qquad (2\text{-}2\text{-}1)$$

其中

$$\boldsymbol{H} = \left(e^{SV}, e^{SH}, e^P\right) = \begin{pmatrix} e_x^{SV} & e_x^{SH} & e_x^P \\ e_y^{SV} & e_y^{SH} & e_y^P \\ e_z^{SV} & e_z^{SH} & e_z^P \end{pmatrix} \qquad (2\text{-}2\text{-}2)$$

式（2-2-2）为由射线中心坐标系到笛卡儿坐标系的旋转矩阵。经过式（2-2-1）转换得到的主分量波场，可以视为对应不同波型的标量波场，从而可以使用相对简单的标量传播算子进行波场的正向或者反向延拓。Jackson（1991），Takahashi（1995）和 Goertz（2002）等人均使用了上述方式来解决弹性波的偏移成像问题。需要注意的是，由于所选取的接收点处的极化矢量是由震源出射且经过地下散射点后到达接收点的射线路径所决定，因此，式（2-2-1）所描述的波场转换过程只能在波场的模拟过程中动态地进行。

二、弹性波 Born 正演公式

根据线性散射理论（Aki and Richards，2002；Stolt and Weglein，2012），可以得到各向同性介质中某个弹性波主分量波场 $u^{wv}(x_r,x_s,\omega)$ 的 Born 正演公式：

$$\begin{aligned} u^{wv}(x_r,x_s,\omega) &= e^w(x,x_s) \cdot \boldsymbol{u}(x_r,x_s,\omega) \\ &= \omega^2 \int dx F(\omega) G^w(x,x_r,\omega) M^{wv}(x) G^v(x,x_s,\omega) \end{aligned} \qquad (2\text{-}2\text{-}3)$$

式中　w，v——上行波和下行波的波型；

$F(\omega)$——震源子波；

$M^{wv}(x)$——地下散射点 x 处的散射势，也可视作该点反射率；

$G^w(x,x_r,\omega)$——上行波格林函数；

$G^v(x,x_s,\omega)$——下行波格林函数。

在考虑到所有可能的上行和下行波波型组合后，得到如下以算子形式表示的弹性多分量波场 Born 正演公式：

$$\boldsymbol{u}(x_r,x_s,\omega) = \omega^2 \int dx F(\omega) \boldsymbol{H} \boldsymbol{G}(x,x_r,\omega) \boldsymbol{M}(x) \boldsymbol{G}(x,x_s,\omega) \qquad (2\text{-}2\text{-}4)$$

其中，$\boldsymbol{M}(x)$ 为地下散射点 x 处的反射率矩阵，含有 5 个非零分量：

$$\boldsymbol{M}(x) = \begin{pmatrix} M^{SVSV} & 0 & M^{SVP} \\ 0 & M^{SHSH} & 0 \\ M^{PSV} & 0 & M^{PP} \end{pmatrix} \qquad (2\text{-}2\text{-}5)$$

$G(x,x_r,\omega)$ 是上行波 3×3 格林函数矩阵：

$$G(x,x_r,\omega)=\begin{pmatrix} G^{\text{SV}} & 0 & 0 \\ 0 & G^{\text{SH}} & 0 \\ 0 & 0 & G^{\text{P}} \end{pmatrix} \tag{2-2-6}$$

$G(x,x_s,\omega)$ 是下行波 3×1 格林函数矩阵：

$$G(x,x_s,\omega)=\left(G^{\text{SV}},G^{\text{SH}},G^{\text{P}}\right)^{\text{T}} \tag{2-2-7}$$

三、基于高斯束的弹性波 Born 正演

某个波型 u 的格林函数 $G^u(x,x',\omega)$，可以表示为一系列由地表 x' 出射且对地下散射点 $\boldsymbol{x}$ 有贡献的高斯束的叠加（Hill，2001；Bai et al., 2016）：

$$G^u(x,x',\omega)=\frac{\text{i}\omega}{2\pi}\iint\frac{\text{d}p_x^u\text{d}p_y^u}{p_z^u}A^u(x,x')\times\exp\left[\text{i}\omega\tau^u(x,x')\right] \tag{2-2-8}$$

其中，$\boldsymbol{p}^u=(p_x,p_y,p_z)^{\text{T}}$ 为高斯束中心射线在地表处的初始慢度矢量，$A^u(x,x')$，$\tau^u(x,x')$ 分别为高斯束的复值振幅和走时（Červený，2005）：

$$A^u(x,x')=A_{\text{R}}^u(x,x')+\text{i}A_{\text{I}}^u(x,x') \tag{2-2-9}$$

$$\tau^u(x,x')=\tau_{\text{R}}^u(x,x')+\text{i}\tau_{\text{I}}^u(x,x') \tag{2-2-10}$$

式中，下标 R，I 分别代表复数的实部和虚部。将式（2-2-8）代入式（2-2-4）后，得到以高斯束表征的弹性波 Born 正演公式：

$$\begin{aligned}u_m(x_r,x_s,\omega)=&-\frac{\omega^4}{4\pi^2}\sum_w\sum_v\iint\frac{\text{d}p_x^w\text{d}p_y^w}{p_z^w}\iint\frac{\text{d}p_x^v\text{d}p_y^v}{p_z^v}\int\text{d}xF(\omega)\\&\times e_m^w(x,x_r)M^{wv}(x)\left[A_{\text{R}}^{wv}(x_r,x_s)+\text{i}A_{\text{I}}^{wv}(x_r,x_s)\right]\\&\times\exp\left[\text{i}\omega\tau_{\text{R}}^{wv}(x_r,x_s)-\omega\tau_{\text{I}}^{wv}(x_r,x_s)\right]\end{aligned} \tag{2-2-11}$$

其中，$m=1,2,3$ 分别代表三分量波场的 x,y,z 分量。$A_{\text{R}}^{wv}(x_r,x_s)$，$A_{\text{I}}^{wv}(x_r,x_s)$ 分别为高斯束振幅乘积项的实部和虚部，$\tau_{\text{R}}^{wv}(x_r,x_s)$，$\tau_{\text{I}}^{wv}(x_r,x_s)$ 分别为高斯束走时之和的实部和虚部，具有如下的形式：

$$\begin{aligned}A_{\text{R}}^{wv}(x_r,x_s)&=A_{\text{R}}^w(x,x_r)A_{\text{R}}^v(x,x_s)-A_{\text{I}}^w(x,x_r)A_{\text{I}}^v(x,x_s)\\A_{\text{I}}^{wv}(x_r,x_s)&=A_{\text{R}}^w(x,x_r)A_{\text{I}}^v(x,x_s)+A_{\text{I}}^w(x,x_r)A_{\text{R}}^v(x,x_s)\\\tau_{\text{R}}^{wv}(x_r,x_s)&=\tau_{\text{R}}^w(x,x_r)+\tau_{\text{R}}^v(x,x_s),\tau_{\text{I}}^{wv}(x_r,x_s)=\tau_{\text{I}}^w(x,x_r)+\tau_{\text{I}}^v(x,x_s)\end{aligned} \tag{2-2-12}$$

直接计算式（2-2-11）需要在每个接收点进行高斯束的计算，为了提高计算效率，在稀疏的束中心位置 L 计算高斯束（Hill，2001；岳玉波等，2011；Yuan et al.，2017），并且引

入相位校正因子 $\exp[-\mathrm{i}\omega \boldsymbol{p}^w \cdot (x_r - L)]$ 来近似表示束中心附近的接收点的格林函数：

$$G^w(x, x_r, \omega) = \frac{\mathrm{i}\omega}{2\pi} \iint \frac{\mathrm{d}p_x^w \mathrm{d}p_y^w}{p_z^w} A^w(x, L) \times \exp[\mathrm{i}\omega \tau^w(x, L) - \mathrm{i}\omega \boldsymbol{p}^w \cdot (x_r - L)] \quad (2\text{-}2\text{-}13)$$

为了减少上述近似所引入的误差，在式（2-2-11）中应用下述的单位分解公式（Hill，2001；Gray and Bleistein，2009）：

$$\frac{\sqrt{3}}{4\pi} \left| \frac{\omega}{\omega_r} \right| \frac{\Delta L_x \Delta L_y}{w_0^2} \sum_L \exp\left(-\left| \frac{\omega}{\omega_r} \right| \frac{|x_r - L|^2}{2w_0^2} \right) \approx 1 \quad (2\text{-}2\text{-}14)$$

从而得到最终的弹性波 Born 正演公式：

$$u_m(x_r, x_s, \omega) = -\Phi \sum_w \sum_v \sum_L \iint \frac{\mathrm{d}p_{Lx}^w \mathrm{d}p_{Ly}^w}{p_{Lz}^w} \times U_m^{wv}(L, x_s, \boldsymbol{p}^w, \omega) \\
\times \exp\left[-\mathrm{i}\omega \boldsymbol{p}^w \cdot (x_r - L) - \left| \frac{\omega}{\omega_r} \right| \frac{|x_r - L|^2}{2w_0^2} \right] \quad (2\text{-}2\text{-}15)$$

其中，$\Phi = \dfrac{\sqrt{3}\omega^4 \Delta L_x \Delta L_y}{16\pi^3 w_0^2} \left| \dfrac{\omega}{\omega_r} \right|$，$\Delta L_x$ 和 ΔL_y 为束中心间隔，ω_r 和 w_0 分别为高斯束的参考频率和半宽度。$U_m^{wv}(L, x_s, \boldsymbol{p}^u, \omega)$ 为合成的对应上行波波型为 w、下行波波型为 v 的弹性局部平面波的 m 分量：

$$U_m^{wv}(L, x_s, \boldsymbol{p}^w, \omega) = \iint \frac{\mathrm{d}p_x^v \mathrm{d}p_y^v}{p_z^v} \int \mathrm{d}x F(\omega) \times \mathrm{e}_m^w(x, L) M^{wv}(x) \left[A_{\mathrm{R}}^{wv}(L, x_s) + \mathrm{i} A_{\mathrm{I}}^{wv}(L, x_s) \right] \\
\times \exp\left[\mathrm{i}\omega \tau_{\mathrm{R}}^{wv}(L, x_s) - \omega \tau_{\mathrm{I}}^{wv}(L, x_s) \right] \quad (2\text{-}2\text{-}16)$$

式（2-2-15）的作用是通过局部的逆倾斜叠加将束中心处多分量局部平面波累加到接收点波场中，进而形成模拟的多分量地震记录。为保证计算效率，可以在频率波数域内进行该式的计算。式（2-2-16）的作用是利用高斯束所包含的走时、振幅和极性信息，将地下的反射率映射转化为束中心处的单分量局部平面波。由于该式的计算位于高斯束 Born 正演的最内层，其不但决定了波场模拟精度，还决定了最终的计算效率。岳玉波等（2018）对该式的计算进行了详细的探讨，并且给出了一套高效时间域算法。

四、具体实现过程

弹性波高斯束 Born 正演的具体实现过程概括如下：

（1）根据所选择的模拟参数信息，确定地表的束中心位置、高斯束的角度范围和角度间隔；

（2）根据平滑后的 P 波和 S 波速度场，分别在震源和束中心位置进行 P 波和 S 波高斯束的试射计算，并存储高斯束走时、振幅和极化矢量等信息的参数表；

（3）对于每一个束中心位置，根据存储的高斯束参数表及地下散射点处 PP 和 PS 波的

反射率,通过计算式(2-2-16)来求取对应不同波型的单分量局部平面波;

(4)循环步骤(2)和(3)直到所有的束中心处理完成。计算式(2-2-15),将对应不同的束中心位置、不同波型的局部平面波通过逆倾斜叠加累加到接收点波场中,得到最终的多分量地震记录。

五、层状介质模型

首先,使用一个层状模型进行测试。图2-2-2(a)和(b)分别展示了该模型的纵波和横波速度场,密度假设为常数,模型横向采样点数为1000,采样间隔为10m,纵向采样点数为550,采样间隔为5m。图2-2-3(a)和(b)为对速度场进行平滑后计算得到的PP和PS波反射率剖面。在进行单炮正演时,将炮点放在模型地表横向位置2.4km处,并使用主频为20Hz的雷克子波作为震源;240个接收点均匀分布在炮点两侧,接收点间隔为20m;每个接收道道长为2.7s,时间采样间隔为2ms。

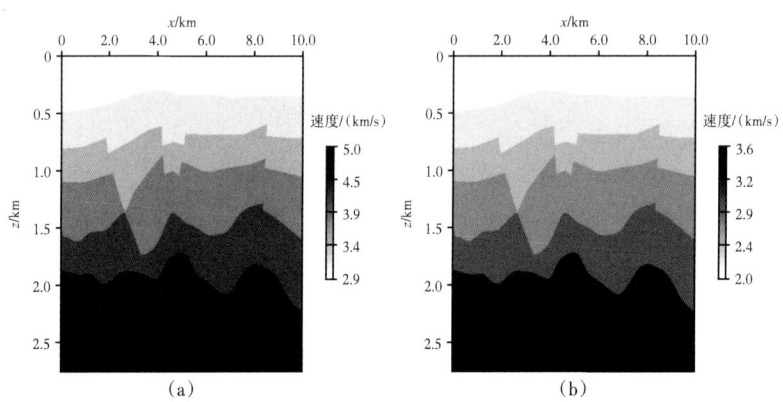

图2-2-2 层状介质模型

(a)纵波速度场;(b)横波速度场

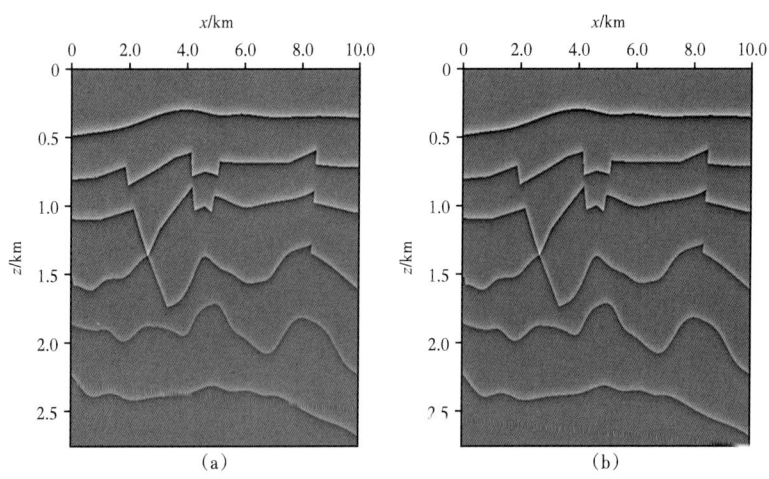

图2-2-3 反射率剖面

(a)PP波反射率;(b)PS波反射率

在正演的过程中使用了高斯束偏移所使用的参数选取准则(Hill,2001),该炮共有19个束中心,每个束中心计算32个高斯束。以 x 分量为例,展示高斯束 Born 正演的过程。首先,根据高斯束的走时和振幅及所处理波型的极化矢量信息计算式(2-2-16),将 PP 波和 PS 波反射率映射到 $\tau\text{-}p$ 域,得到的结果如图 2-2-4(a)和(b)所示;接下来,将其分别同地震子波进行褶积,得到如图 2-2-5(a)和(b)所示的对应波型分别为 PP 和 PS 的 x 分量局部平面波;最后,利用式(2-2-15)所示的逆倾斜叠加,将 PP 和 PS 局部平面波累加接收点波场中,从而得到图 2-2-6(a)所示的 x 分量单炮记录。应用相似的高斯束 Born 正演过程,得到了图 2-2-7(a)所示的 z 分量单炮记录。为了对上述结果的正确性进行验证,使用相同观测和模拟参数进行了波动方程有限差分法正演,得到分别如图 2-2-6(b)、图 2-2-7(b)所示的 x、z 分量记录。可以看到,高斯束 Born 正演得到的多分量记录同有限差分结果非常相似,从而证明了本文方法的正确性。不过,由于高斯束 Born 正演无法模拟直达波、广角反射波和多次波,因此在箭头所标识的位置同波动方程正演结果存在一定的差异。

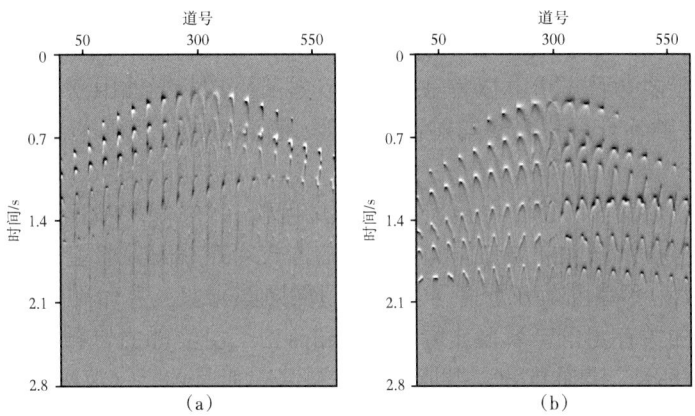

图 2-2-4 将反射率映射到 $\tau\text{-}p$ 域后的结果(x 分量)
(a)PP 波反射率映射结果;(b)PS 波反射率映射结果

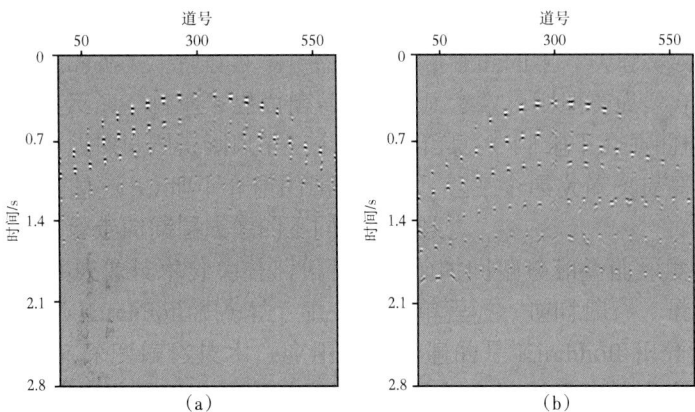

图 2-2-5 将图 2-2-4 的结果同子波褶积后得到的不同波型的局部平面波(x 分量)
(a)PP 波局部平面波;(b)PS 波局部平面波

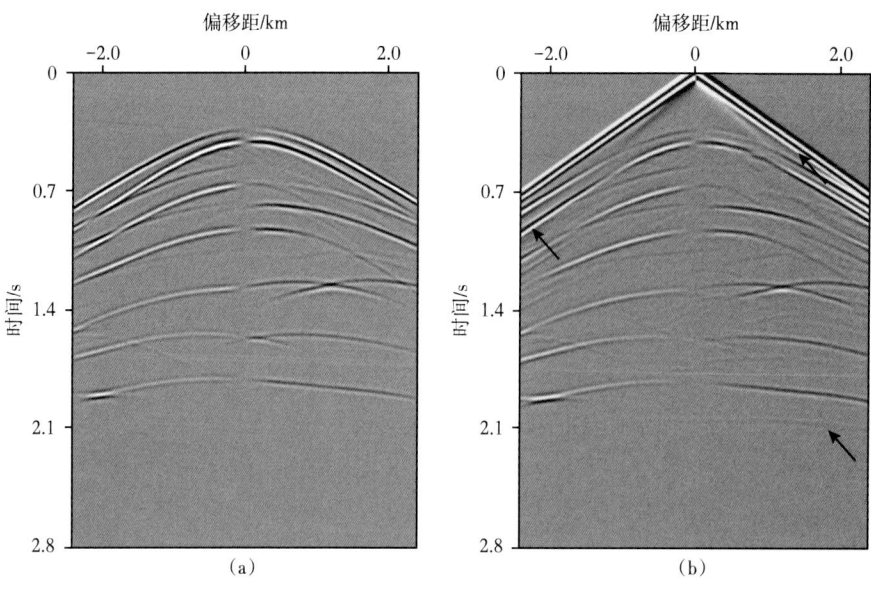

图 2-2-6　应用不同方法得到的单炮记录（x 分量）
（a）高斯束 Born 正演；（b）有限差分正演

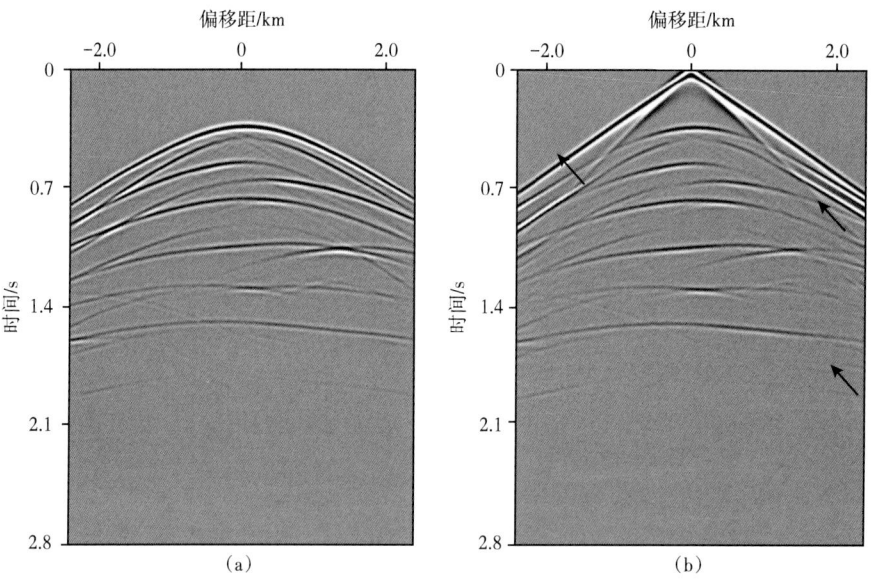

图 2-2-7　应用不同方法得到的单炮记录（z 分量）
（a）高斯束 Born 正演；（b）有限差分正演

计算效率是高斯束 Born 正演的重要优势，在单炮正演的过程中统计了两种正演方法的运算时间。其中，高斯束 Born 正演的计算时间是 3.1s，而有限差分法是 162.5s，高斯束 Born 正演的计算效率是有限差分法的近 50 倍。

六、Marmousi2 模型

接下来，使用 Marmousi2 模型来测试高斯束 Born 正演在复杂模型中的应用效果。

图 2-2-8 展示了 Marmousi2 模型的 P 波速度场,假设 S 波速度是 P 波速度的 0.6 倍,密度为常数。该模型横向采样点数为 2701,采样间隔为 10m,纵向采样点数为 701,采样间隔为 5m。在正演时,使用 30Hz 的雷克子波作为震源函数,并将炮点放置在横向位置为 15km 处的地表位置;该炮共有 301 个接收道,道间隔为 20m,且沿炮点对称分布。由图 2-2-8 可以看到,该炮对地下照明的区域恰好为模型中构造最复杂的部分。

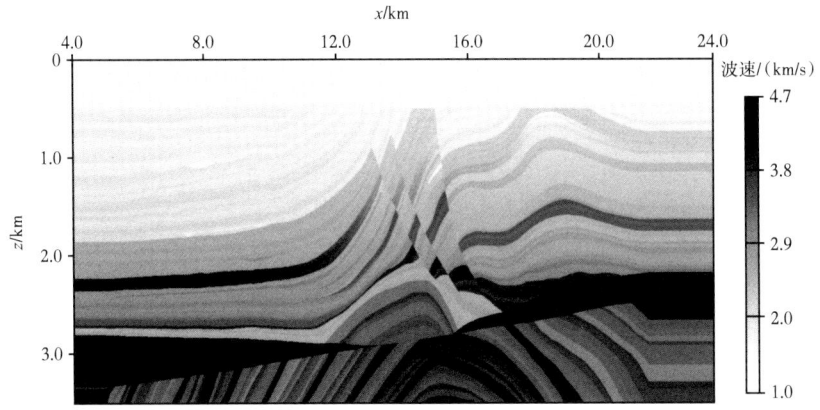

图 2-2-8　Marmousi2 模型纵波速度场

首先使用高斯束 Born 正演模拟了该炮的 x 和 z 分量单炮记录,得到的结果分别如图 2-2-9(a)和图 2-2-10(a)所示,然后使用有限差分法计算了具有相同观测和模拟参数的 x 和 z 分量单炮记录,得到的结果分别如图 2-2-9(b)和图 2-2-10(b)所示。为了便于两种方法的对比,切除了有限差分正演结果中的直达波,并且在高斯束 Born 正演结果中应用了相同的切除函数。通过对比可以看到,两者整体上具有非常相似的波场分布特征,由于高斯束 Born 正演无法模拟多次波等波场信息,因此两者在某些局部细节上还存在一定的差异。

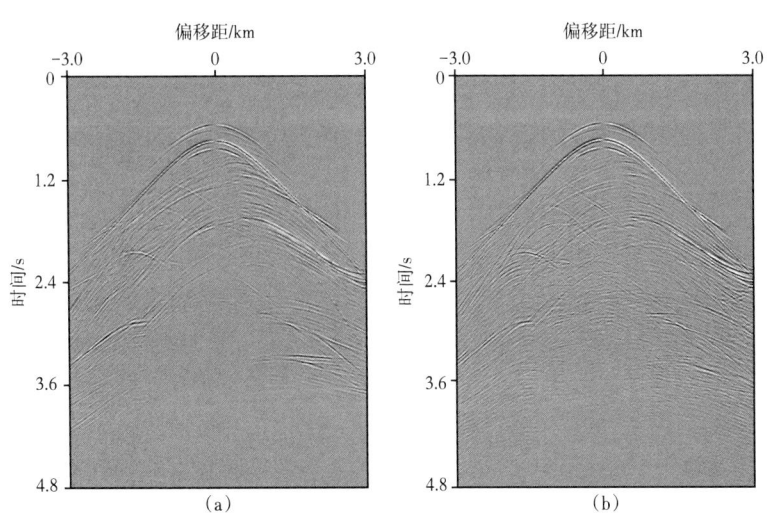

图 2-2-9　应用不同正演方法得到的单炮记录(x 分量)
(a)高斯束 Born 正演;(b)有限差分正演

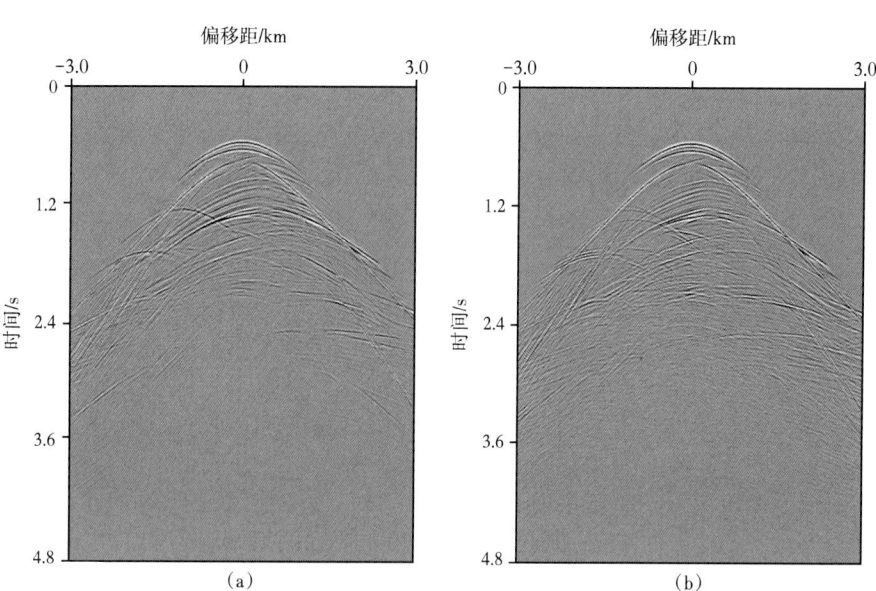

图 2-2-10 应用不同正演方法得到的单炮记录（z 分量）
(a) 高斯束 Born 正演；(b) 有限差分正演

同样对比了两种方法的计算时间，其中高斯束 Born 正演为 7.8s，而有限差分正演为 403.1s，高斯束 Born 正演具有 50 倍以上的计算效率优势。虽然高斯束 Born 正演只能模拟一次散射波（一次反射和绕射），无法像有限差分法那样得到全部的波场信息，然而在地震勘探中，我们感兴趣且能有效利用的也正是一次散射波场。此外，当模型中横波速度变低时，有限差分法需要相应的减小计算网格以保证计算过程的稳定性，计算时间会大大增加，此时高斯束 Born 正演计算效率方面的优势会更加的明显。因此可以说，高斯束 Born 正演为复杂介质弹性波的正演模拟提供了一种精确、高效的实现方式。

第三节　本章小结

本章介绍了一种兼具模拟精度和计算效率的声波介质高斯束 Born 正演方法。该方法使用高斯束作为波场传播算子，不但有效克服了常规射线方法所具有的阴影区、焦散区等固有缺陷，还具备了模拟多次走时波场的能力，可以实现复杂介质一阶散射地震波场的精确模拟。与此同时，本章还着重探讨了该方法的具体实现过程，给出了一套切实可行的实现方案，在保证波场模拟精度的前提下，极大提高了计算效率。弹性波高斯束 Born 正演方法，可以模拟复杂介质中的一次散射弹性波地震波场。由于使用高斯束作为波场的传播算子，该方法不但保留了射线类方法高效的优点，还具备了模拟多次走时波场的能力，保证了波场模拟的精度。其中的两个数值模型的例子证明，弹性波高斯束 Born 正演方法不但可以准确地模拟复杂构造模型中的弹性波一次散射波场，而且具有比有限差分法弹性波正演高得多的计算效率。

第三章 高斯束叠前深度偏移

高斯束方法应用于地球物理的正反演问题起源于20世纪70和80年代捷克和苏联的地球物理学家的研究工作（Popov，1982；Červeny，1984，2005）。高斯束方法克服了ART所固有的缺陷和不足，一方面高斯束使用复值动力学射线追踪参量，此特点使得其为处处正则的，不存在波场的奇异性区域；另一方面，高斯束具有一定的有效宽度，可以选择对计算点有贡献的高斯束的叠加来得到最终的波场，无须费时的两点射线追踪。

高斯束方法最先被用于地震波场的正演，自从Raz（1987）提出束叠加的方法以后，高斯束方法在地震偏移成像领域中得到研究和应用。Hill（1990）提出了叠后高斯束偏移，通过将相邻的输入道进行局部倾斜叠加分解为局部平面波，然后通过高斯束将局部平面波分量反传至地下局部的成像区域进行成像，由于对应每条高斯束的成像过程是相互独立的，因而可以自然地实现多波至的成像。直接将叠后高斯束偏移的基本思想应用于叠前偏移成像，需要计算关于射线参数的多重积分，因而计算效率很低。Hill（2001）利用最速下延分析将多重积分进行简化计算，提出了适用于共偏移距、共方位角道集的叠前高斯束偏移方法。Nowack（2003）和Gray（2005）分别针对Hill方法对观测系统适应性的不足，提出了共炮域的叠前偏移方法。传统的高斯束偏移只适用于构造成像而忽略了岩性成像的能力，Albertin（2004）首先提出了适用于共偏移距、窄方位角数据的真振幅高斯束偏移。然而，该方法缺乏对观测系统的适应性，而且权函数中的共偏移距 Beylkin 行列式在三维情况下难以计算。Gray（2009）基于Bleistein（1987）提出的广义真振幅共炮集偏移理论，将传统的高斯束偏移同真振幅单程波动方程偏移相结合，通过详细的最速下降法分析，提出了基于共炮集的真振幅高斯束偏移方法，并给出了基于互相关成像条件和反褶积成像条件的真振幅偏移公式。

第一节 高斯束偏移基本原理

一、高斯束的理论推导

在二维标量介质中，波场 $u(x,z,t)$ 满足下述标量波动方程：

$$\frac{\partial^2 u}{\partial x^2}+\frac{\partial^2 u}{\partial z^2}=\frac{1}{V(x,z)^2}\frac{\partial^2 u}{\partial t^2} \tag{3-1-1}$$

式中 $V(x,z)$ ——地下介质的速度。

对于任意一条射线 Ω，构建一个如图3-1-1所示的正交坐标系—射线中心坐标系 (s,n)。其中，s 代表 Ω 上某点到参考点的弧长，n 代表 Ω 附近一点到 s 点的距离，坐标系的基矢量分别为同射线 Ω 相切的单位切向量 t 和同 Ω 垂直并指向 Ω 同一侧的单位法向量 n。

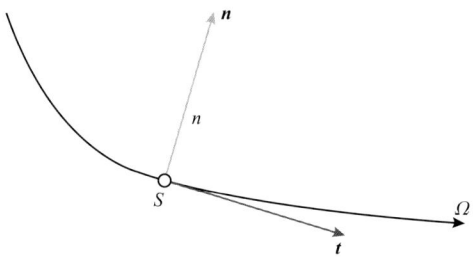

图 3-1-1　二维射线中心坐标系

在射线中心坐标系中，波动方程可以表示为：

$$\frac{1}{h}u_{ss} + hu_{nn} - \frac{h}{V(x,z)^2}u_{tt} + u_s\left(\frac{1}{h}\right)_s + u_n h_n = 0 \qquad (3\text{-}1\text{-}2)$$

其中，$u_s = \partial u/\partial s$，$u_{ss} = \partial^2 u/\partial s^2$。由于高频地震波场主要沿着射线路径传播，可以利用抛物方程法来求取波动方程在射线 Ω 附近的解。以下的代换是抛物方法中的基本步骤：

$$u(s,n,t) = \exp\left\{-\mathrm{i}\omega\left[t - \int_{s_0}^{s}\frac{\mathrm{d}s}{V(s)}\right]\right\} U(s,n,\omega) \qquad (3\text{-}1\text{-}3)$$

式中　$V(s)$ ——射线 Ω 上 $(s,0)$ 点的速度。

在推导抛物线型波动方程中，假设 $n = 0(\omega^{-1/2})$，也就是说对于高频来说，所需研究的区域将仅限于沿 Ω 的一个薄的边界层内。为此，引入一个新的坐标 v：

$$v = \omega^{1/2} n \qquad (3\text{-}1\text{-}4)$$

将式（3-1-3）、式（3-1-4）代入式（3-1-2），得：

$$\omega^2 h\left(\frac{1}{V^2} - \frac{1}{h^2V^2}\right)U + \omega\left[-\frac{\mathrm{i}}{hV^2}v_s U + \frac{\mathrm{i}}{V}\left(\frac{1}{h}\right)_s U + \frac{2\mathrm{i}}{hV}U_s + hU_{vv}\right] \\
+ \omega^{1/2}U_v h_n + \frac{1}{h}U_{ss} + U_s\left(\frac{1}{h}\right)_s = 0 \qquad (3\text{-}1\text{-}5)$$

其中，$U = U(s,v,\omega)$。若仅考虑式（3-1-5）中关于 ω 的高阶项，则可得：

$$\frac{2\mathrm{i}}{V}U_s + U_{vv} - \left(\frac{1}{V^2}v_{nn}^2 + \frac{\mathrm{i}}{V^2}V_s\right)U = 0 \qquad (3\text{-}1\text{-}6)$$

其中，$U = U(s,v)$ 为 $U = U(s,v,\omega)$ 渐进级数的首阶项。接下来做如下代换：

$$U(s,v) = W(s,v)\sqrt{V(s)} \qquad (3\text{-}1\text{-}7)$$

并将其代入式（3-1-6）中，得到最终的抛物波动方程：

$$\frac{2\mathrm{i}}{V}W_s + W_{vv} - \frac{1}{V^3}v^2 V_{nn}W = 0 \qquad (3\text{-}1\text{-}8)$$

式（3-1-8）的一个特解可以写为：

$$W(s,v) = A(s)\exp\left[\frac{\mathrm{i}}{2}v^2 M(s)\right] \qquad (3\text{-}1\text{-}9)$$

$A(s)$，$M(s)$ 为未知的复值函数。将式（3-1-9）代入式（3-1-8），得：

$$M_s + VM^2 + \frac{1}{V^2}V_{nn} = 0 \qquad (3\text{-}1\text{-}10)$$

和

$$A_s + \frac{1}{2}VAM = 0 \qquad (3\text{-}1\text{-}11)$$

方程（3-1-10）为 Riccati 型一阶非线性微分方程，可以通过如下变换：

$$M = \frac{P}{Q}, \quad P = \frac{1}{V}Q_s \qquad (3\text{-}1\text{-}12)$$

其中，P 和 Q 为动力学射线追踪参数。式（3-1-10）可以转换为如下耦合的线性微分方程组，也就是动力学射线追踪方程：

$$\frac{\mathrm{d}Q(s)}{\mathrm{d}s} = V(s)P(s) \qquad (3\text{-}1\text{-}13\mathrm{a})$$

$$\frac{\mathrm{d}P(s)}{\mathrm{d}s} = -\frac{1}{V^2(s)}\frac{\partial^2 V(s)}{\partial n^2}Q(s) \qquad (3\text{-}1\text{-}13\mathrm{b})$$

将 $M(s)$ 表示为 $M = \frac{1}{v}\frac{\mathrm{d}(\ln Q)}{\mathrm{d}s}$，则可以得到式（3-1-11）的解：

$$A(s) = \Psi\frac{1}{Q(s)} \qquad (3\text{-}1\text{-}14)$$

其中，Ψ 为复常数。联合式（3-1-7），式（3-1-9），式（3-1-12），式（3-1-14），并代入式（3-1-3），可得到波动方程在中心射线 Ω 邻域的高频渐进解：

$$u(s,n,t) = \Psi\sqrt{\frac{V(s)}{Q(s)}}\exp\left\{-\mathrm{i}\omega\left[t - \int_{s_0}^{s}\frac{\mathrm{d}s}{V(s)}\right] + \frac{\mathrm{i}\omega}{2}\frac{P(s)}{Q(s)}n^2\right\} \qquad (3\text{-}1\text{-}15)$$

上式中，$P(s)$ 和 $Q(s)$ 为动力学射线追踪方程（3-1-13）的解，其决定了式（3-1-15）的性质。若 $P(s)$ 和 $Q(s)$ 为实数，$M(s) = \frac{P(s)}{Q(s)}$ 也为实数，此时，公式（3-1-15）代表

波动方程的旁轴射线解。若 $P(s)$ 和 $Q(s)$ 为虚数，此时，$M(s)$ 也为虚数，当 $P(s)$，$Q(s)$ 满足高斯束的存在性条件时，可以称公式（3-1-15）为高斯束。高斯束的存在性条件有两个：第一，$Q(s)\neq0$，该条件保证高斯束沿射线是处处正则的（振幅有限）；第二，$\mathrm{Im}\left(\dfrac{P(s)}{Q(s)}\right)>0$，该条件保证解集中于中心射线附近。Červeny 等（1982）证明当采用如下的初始值：

$$P(s_0) = aP_1(s_0) + ibP_2(s_0) \qquad (3\text{-}1\text{-}16a)$$

$$Q(s_0) = aQ_1(s_0) + ibQ_2(s_0) \qquad (3\text{-}1\text{-}16b)$$

其中，a，b 为实常数且 $a \times b > 0$；$P_1(s_0) \neq 0$，$Q_1(s_0) = 0$ 为动力学射线追踪方程（3-1-13）的点源解的初始值，$P_2(s_0) = 0$，$Q_2(s_0) \neq 0$ 为方程（3-1-13）的线源解的初始值，也就说当 $P(s)$ 和 $Q(s)$ 为方程（3-1-13）点源解和线源解的复线性组合时，上述存在性条件便可以得到满足。

二、高斯束的数值求解

高斯束的数值求解过程如图 3-1-2 所示，大致分为以下三步：

首先，根据高斯束的初始位置和初始方向，利用如下运动学射线追踪方程组来求取中心射线的路径和走时：

$$\frac{\mathrm{d}x_i(s)}{\mathrm{d}\tau} = V^2(s)p_i(s) \qquad (3\text{-}1\text{-}17a)$$

$$\frac{\mathrm{d}p_i(s)}{\mathrm{d}\tau} = -\frac{1}{V(s)}\frac{\partial V(s)}{\partial x_i} \qquad (3\text{-}1\text{-}17b)$$

式中 $x_i(s)$——直角坐标 (x, z) 中的射线坐标；

$p_i(s)$——射线慢度矢量的水平和垂直分量；

τ——沿射线的走时；

$\mathrm{d}\tau$——求积步长。

接下来，在求取射线路径和走时的同时还需要利用以下动力学射线追踪方程组来求取中心射线的动力学参量：

$$\frac{\mathrm{d}Q(s)}{\mathrm{d}\tau} = V^2(s)P(s) \qquad (3\text{-}1\text{-}18a)$$

$$\frac{\mathrm{d}P(s)}{\mathrm{d}\tau} = -\frac{1}{V(s)}\frac{\partial^2 V(s)}{\partial n^2}Q(s) \qquad (3\text{-}1\text{-}18b)$$

$$\frac{\partial^2 V(s)}{\partial n^2} = \frac{\partial^2 V(s)}{\partial x^2}\cos^2\theta - 2\frac{\partial^2 V(s)}{\partial x \partial z}\cos\theta\sin\theta + \frac{\partial^2 V(s)}{\partial z^2}\sin^2\theta \qquad (3\text{-}1\text{-}18c)$$

其中，θ 为射线的传播方向同正 z 轴的夹角。上述两个偏微分方程组可以利用经典的四阶 Runger-Kutta 法来求解。最后，根据射线追踪所求得的中心射线上的走时、振幅等信息，根据式（3-1-15）求取中心射线附近有效宽度内的波场。有效宽度可以按照下述方式来定义：由于高斯束的振幅随着离中心射线的距离而衰减，可以定义振幅大于中心射线振幅 1% 的范围为高斯束的有效宽度。

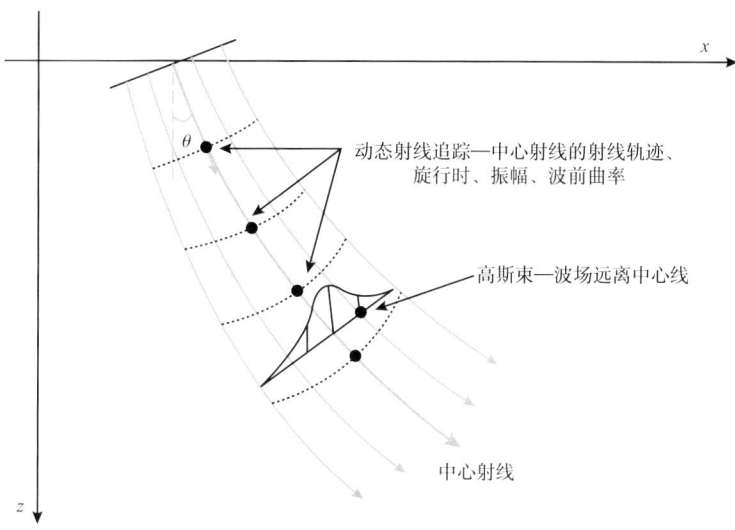

图 3-1-2　高斯束数值计算过程

三、高斯束的基本性质

接下来对高斯束的基本性质及特点进行简要分析。忽略式（3-1-15）中的 $\exp(-\mathrm{i}\omega t)$，并分离 $P(s)/Q(s)$ 的实部和虚部，则可以得到高斯束频率域表达式，其具有更为明显的物理意义：

$$u(s,n,\omega)=\Psi\sqrt{\frac{V(s)}{Q(s)}}\exp\left[\mathrm{i}\omega\tau(s)+\frac{\mathrm{i}\omega}{2V(s)}K(s)n^2-\frac{n^2}{L^2(s)}\right] \quad (3\text{-}1\text{-}19)$$

式中　$\tau(s)=\int_{s_0}^{s}\dfrac{\mathrm{d}s}{V(s)}$ ——沿中心射线的旅行时；

$K(s)=V(s)\mathrm{Re}\left[\dfrac{P(s)}{Q(s)}\right]$ ——高斯束的波前曲率；

$L(s)=\left\{\dfrac{\omega}{2}\mathrm{Im}\left[\dfrac{P(s)}{Q(s)}\right]\right\}^{-1/2}$ ——高斯束同频率有关的有效半宽度。

式（3-1-15）中动力学射线追踪方程的初始值，决定了高斯束的初始宽度和波前曲率。在高斯束偏移中，一般采用 Hill（1990）所给定的初始值。其中，给定点源和线源初始条件为：

$$Q_1(s_0)=1, P_1(s_0)=0 \qquad (3\text{-}1\text{-}20\text{a})$$

$$Q_2(s_0)=0, P_2(s_0)=1 \qquad (3\text{-}1\text{-}20\text{b})$$

系数 a 和 b 为：

$$a=\frac{\omega_r w_0^2}{V(s_0)},\ b=\frac{1}{V(s_0)} \qquad (3\text{-}1\text{-}21)$$

其中，ω_r 为参考频率，w_0 为初始宽度。最终可以得到：

$$P(s_0)=\frac{\mathrm{i}}{V(s_0)},\ Q(s_0)=\frac{\omega_r w_0^2}{V(s_0)} \qquad (3\text{-}1\text{-}22)$$

由上式可知，$P(s_0)/Q(s_0)$ 为一个纯虚数，此时 $K(s_0)=0$，也就是说高斯束波前在其初始位置 s_0 处为平面的。

第二节 保幅高斯束偏移

保幅偏移（真振幅偏移）一直是地震偏移成像、岩性反演及储层描述等勘探开发流程中的热点话题，同样也是争议话题。在实际地震勘探中，影响地震信号振幅的因素很多，如震源子波、检波器的方向性、几何扩散、透射损失及介质的吸收衰减。由于上述因素中有很多难以估计或者只占次要地位，现阶段保幅偏移往往只考虑几何扩散对成像振幅的影响，即在偏移成像的过程中消除地震波传播过程中几何扩散损失，使成像振幅正比于反射界面处与角度相关的平面波反射系数。自 Hill（1990）提出高斯束偏移以来，该方法往往仅用于构造成像，忽略了成像振幅的保真度。Albertin 等，（2004）首次在高斯束偏移的过程中考虑到振幅的相对保持，提出一种适用于共偏移距、窄方位角道集的成像方法。然而，该方法缺乏对观测系统的适应性，而且共偏移距域 Beylkin 行列式难以计算。Gray（2009）基于广义的真振幅偏移理论（Bleistein，2005），将传统的高斯束偏移同真振幅单程波动方程偏移思想相结合，提出了保幅的高斯束偏移方法。依据广义的真振幅偏移理论，若要得到保幅的成像结果，波场的延拓过程和成像条件都需要是保幅的。因而，本节首先就成像条件进行讨论，说明传统的互相关及反褶积成像条件均可以得到保幅的成像结果。接下来，基于 Gray（2009）的基本思想，对二维情况下的共炮集保幅高斯束偏移公式进行推导并分析。最后，通过数值试验对保幅高斯束偏移的正确性和有效性进行验证。

一、保幅成像条件

从物理意义来说，深度偏移的成像条件基于如下的基本概念：反射界面位于下行波 $D(x,\omega)$ 的到达时间同上行波 $U(x,\omega)$ 的产生时间相同的空间点上。Claerbout 基于上述概念提出利用下述成像条件来计算地下反射界面的反射系数：

$$R(x)=\int \frac{U(x,\omega)}{D(x,\omega)}\mathrm{d}\omega \qquad (3\text{-}2\text{-}1)$$

在实际计算时往往利用如下的等价形式：

$$R(x) = \int \frac{U(x,\omega)D^*(x,\omega)}{D(x,\omega)D^*(x,\omega)} d\omega \tag{3-2-2}$$

式（3-2-1）、（3-2-2）就是反褶积成像条件，也可以称作 Claerbout 成像条件。

当下行波场振幅很小时，式（3-2-2）的除法计算往往会导致数值计算时的不稳定问题，因此在传统的构造成像中，一般采用如下的成像条件：

$$I(x) = \int U(x,\omega)D^*(x,\omega) d\omega \tag{3-2-3}$$

也就是互相关成像条件，该成像条件是无条件稳定的。反褶积成像条件是一种炮域的保幅成像条件。如果上、下行波场的延拓过程是保幅的，则最终的成像结果 $R(x)$ 也是保幅的。Keho and Beydoun（1988）基于反褶积成像条件推导了保幅的共炮集 Kirchhoff 偏移公式。但是，对于传统的单程波偏移来说，由于其上行波场 $U(x,\omega)$ 及下行波场 $D(x,\omega)$ 都不是真正的声压波场，因此即使使用反褶积成像条件，也无法得到保幅的成像结果。Zhang 等（2003）成功解决了上述问题，通过先将 $U(x,\omega)$、$D(x,\omega)$ 转换为声压波场 $P_U(x,\omega)$、$P_D(x,\omega)$，然后利用保幅单程波动方程算子进行波场延拓，并利用反褶积成像条件进行成像，可以得到等价于保幅共炮集 Kirchhoff 偏移的成像结果。

互相关成像条件，在传统意义上来说不是保幅的成像条件，其成像值受下行波场在介质中照明强度的影响，在弱照明区域成像振幅变弱。然而，Xu 等（2001），Zhang 等（2007）证明如果将基于互相关成像条件的成像结果转换到角度域，那么得到的角度域共成像点道集同样可以地下随角度变化的反射系数，也就是说互相关成像条件是角度域的保幅成像条件。

二、炮域成像条件

Gray（2009）依据 Bleistein（2005）和 Zhang 等（2003）所提出的保幅单程波动方程偏移理论，推导了保幅的高斯束偏移公式。本节直接由上、下行波场的射线理论近似出发，分别由 Rayleigh II 积分及震源格林函数来表示上、下行波场，对基于反褶积成像条件的二维保幅高斯束偏移进行推导。

格林函数可以通过一系列对计算点有贡献的高斯束的叠加来表征，公式表示为：

$$G(x',x,\omega) = \frac{\mathrm{i}}{4\pi}\int \frac{\mathrm{d}p_x}{p_z} u_{\mathrm{GB}}(x',x,\boldsymbol{p},\omega) = \frac{\mathrm{i}}{4\pi}\int \frac{\mathrm{d}p_x}{p_z} A\exp(\mathrm{i}\omega T) \tag{3-2-4}$$

式中 x, x'——震源和计算点的位置；

$\boldsymbol{p} = (p_x, p_z)$——中心射线初始慢度的水平和垂直分量；

$T = \tau(s) + \frac{1}{2}\frac{P(s)}{Q(s)}n^2$，$A = \sqrt{\frac{V(s)Q(s_0)}{V(s_0)Q(s)}}$——二维高斯束 u_{GB} 的复值的走时和振幅。

在二维标量各向同性介质中，若地表水平，x_s 为震源，x_r 为接收点，x 为成像点，$U(x_r, x_s, \omega)$ 为接收到的地震波场，则反向延拓的地震波场 $U(x, x_s, \omega)$ 可以通过 Rayleigh

II 积分来表示：

$$U(x,x_s,\omega) = 2\mathrm{i}\omega \int \mathrm{d}x_r \frac{\cos\theta_r}{V_r} G^*(x,x_r,\omega) U(x_r,x_s,\omega) \quad (3\text{-}2\text{-}5)$$

其中，$G(x,x_r,\omega)$，θ_r 分别为由接收点 x_r 到成像点 x 的格林函数及射线的出射角；V_r 为接收点处的速度；* 代表复共轭。在对应炮点 x_s 的接收点排列记录上加入高斯窗，并将格林函数 $G(x,x_r,\omega)$ 用窗中心处出射的高斯束来表示（图 3-2-1），则可以得到下式：

$$U(x,x_s,\omega) \approx \frac{\Delta L \omega_r}{(2\pi)^{3/2} w_0} \frac{\cos\theta_L}{V_L} \sum_L \int \frac{\mathrm{d}p_{Lx}}{p_{Lz}} A_L^* \exp(-\mathrm{i}\omega T_L^*) D_S(L,p_{Lx},\omega) \quad (3\text{-}2\text{-}6)$$

其中，一维的高斯窗函数具有以下性质：

$$\frac{\Delta L}{\sqrt{2\pi}w_0} \sqrt{\left|\frac{\omega}{\omega_r}\right|} \sum_L \exp\left[-\left|\frac{\omega}{\omega_r}\right| \frac{(x_r-L)}{2w_0^2}\right] \approx 1 \quad (3\text{-}2\text{-}7)$$

$D_S(L,p_{Lx},\omega)$ 为以 $(L,0)$ 为中心的高斯窗内地震波场的倾斜叠加：

$$D_S(L,p_{Lx},\omega) = \left|\frac{\omega}{\omega_r}\right|^{3/2} \int \mathrm{d}x_r U(x_r,x_s,\omega) \exp\left[\mathrm{i}\omega p_{Lx}(x_r-L) - \left|\frac{\omega}{\omega_r}\right| \frac{(x_r-L)^2}{2w_0^2}\right] \quad (3\text{-}2\text{-}8)$$

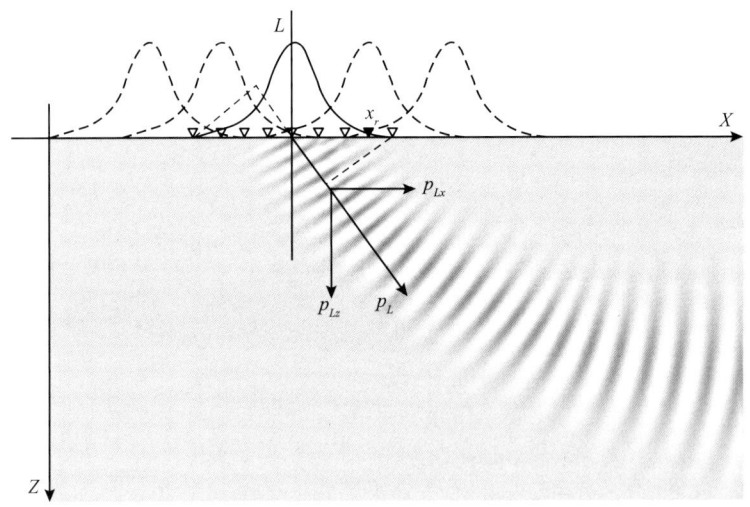

图 3-2-1 局部平面波分解

对于炮域偏移，要得到保幅的偏移结果，需使用的反褶积成像条件：

$$R(x,x_s) = \frac{1}{2\pi} \int \frac{U(x,x_s,\omega) G^*(x,x_s,\omega)}{G(x,x_s,\omega) G^*(x,x_s,\omega)} \mathrm{d}\omega \quad (3\text{-}2\text{-}9)$$

其中，$R(x,x_s)$ 为单炮成像值，$G(x,x_s,\omega)$ 为正向传播的震源格林函数，将式（3-2-

6)、式(3-2-7)、式(3-2-8)代入式(3-2-9)得：

$$R(x,x_s) = -\frac{\Delta L \omega_r}{16\pi^3 \sqrt{2\pi} w_0} \sum_L \int d\omega \frac{i}{G(x,x_s,\omega)G^*(x,x_s,\omega)} \int \frac{dp_{sx}}{p_{sz}} A_s^* \exp(-i\omega T_s^*)$$
$$\times \frac{\cos\theta_L}{V_L} \int \frac{dp_{Lx}}{p_{Lz}} A_L^* \exp\left[-i\omega T_L^*\right] D_S(L, p_{Lx}, \omega) \quad (3\text{-}2\text{-}10)$$

上式即为二维保幅炮域高斯束成像公式，通过计算上式中关于 p_{sx} 和 p_{Lx} 的二维积分，可以对地下所有波至进行成像。

然而，直接计算式（3-2-10）中关于 p_{sx} 和 p_{Lx} 的二维复值积分，需耗费巨大的计算量。可以利用最速下降法对上述二维复值积分进行降维，具体做法为：

首先，将震源和束中心射线参数的水平分量 p_{sx}、p_{Lx} 变换为中点和偏移距射线参数的水平分量 p_{mx}、p_{hx}，此时，式（3-2-10）变为：

$$R(x,x_s) = -\frac{\Delta L \omega_r}{32\pi^3 \sqrt{2\pi} w_0} \sum_L \int d\omega \frac{i}{G(x,x_s,\omega)G^*(x,x_s,\omega)} \int \frac{dp_{mx} dp_{hx}}{p_{sz} p_{Lz}} \frac{\cos\theta_L}{V_L}$$
$$\times A_s^* A_L^* \exp\left[-i\omega(T_s^* + T_L^*)\right] D_S(L, p_{Lx}, \omega) \quad (3\text{-}2\text{-}11)$$

接下来，利用最速下降法求取上式中 $G(x,x_s,\omega)G^*(x,x_s,\omega)$ 及关于 p_{hx} 的积分。Gray 证明上述积分的鞍点对应着令 $T_s + T_L$ 的虚部走时最小的 p_{hx}^0，求取其渐进解，得到最终的具有较高计算效率的二维炮域保幅高斯束偏移公式：

$$R(x,x_s) = -\frac{\Delta L \omega_r}{4\pi^2 w_0} \sum_L \int d\omega \sqrt{i\omega} \int dp_{mx} \frac{\cos\theta_s}{V_s}$$
$$\times \frac{A_s^* A_L^* |T_s''(p_{sx}^0)|}{|A_s|^2 \sqrt{T^{*''}(p_{hx}^0)}} \exp\left[-i\omega(T_s^* + T_L^*)\right] D_S(L, p_{Lx}^0, \omega) \quad (3\text{-}2\text{-}12)$$

其中，V_s，θ_s 分别为震源处地表速度及震源到成像点射线的出射角度；$T_s''(p_{sx}^0)$，$T^{*''}(p_{hx}^0)$ 为走时的二阶导数项。

三、角度域成像条件

对于角度域偏移来说，需要应用如下互相关成像条件：

$$I(x,x_s) = 2\int|\omega|U(x,x_s,\omega)G^*(x,x_s,\omega)d\omega \quad (3\text{-}2\text{-}13)$$

其中，$U(x,x_s,\omega)$，$G(x,x_s,\omega)$ 为上节中所说明的反向延拓的波场及震源格林函数，$I(x,x_s)$ 为单炮成像值。按照上节中类似的推导过程，可以得到二维角度域保幅的单炮成像公式：

$$I(x,x_s) = \frac{\Delta L \omega_r}{2\pi^2 \sqrt{2\pi} w_0} \sum_L \int d\omega \frac{\cos\theta_s}{V_s} \frac{\cos\theta_L}{V_L} \int \frac{dp_{sx}}{p_{sz}} A_s^* \exp(-i\omega T_s^*)$$
$$\times \int \frac{dp_{Lx}}{p_{Lz}} A_L^* \exp(-i\omega T_L^*) D_S(L, p_{Lx}, \omega) \quad (3\text{-}2\text{-}14)$$

同样可以对上式中的二维积分进行降维，得到具有较高计算效率的二维角度域保幅高斯束偏移公式：

$$I(x,x_s) = \frac{\Delta L \omega_r}{4\pi^2 w_0} \sum_L \int d\omega \sqrt{i\omega} \int dp_{mx}$$
$$\times \frac{A_s^* A_L^*}{\sqrt{T^{*\prime\prime}(p_{hx}^0)}} \exp\left[-i\omega(T_s^* + T_L^*)\right] D_S(L, p_{Lx}^0, \omega) \quad (3\text{-}2\text{-}15)$$

四、模型和实际资料处理

1. 平层模型

利用简单的常速变密度层状模型来验证炮域保幅高斯束偏移的正确性。假设模型速度为 2000m/s，三个具有相同的反射系数的水平反射层分别位于 1000、2000、3000m 处。图 3-2-2（a）为正演单炮记录，中间放炮两边接收，一炮共 201 道，道间距为 30m，炮点位于 CDP=201 处。图 3-2-2（b）为单炮偏移结果，图 3-2-2（c）为沿各反射层拾取的归一化振幅，可以看到保幅高斯束偏移在一定的偏移距范围内正确地恢复了地下真实的反射率。

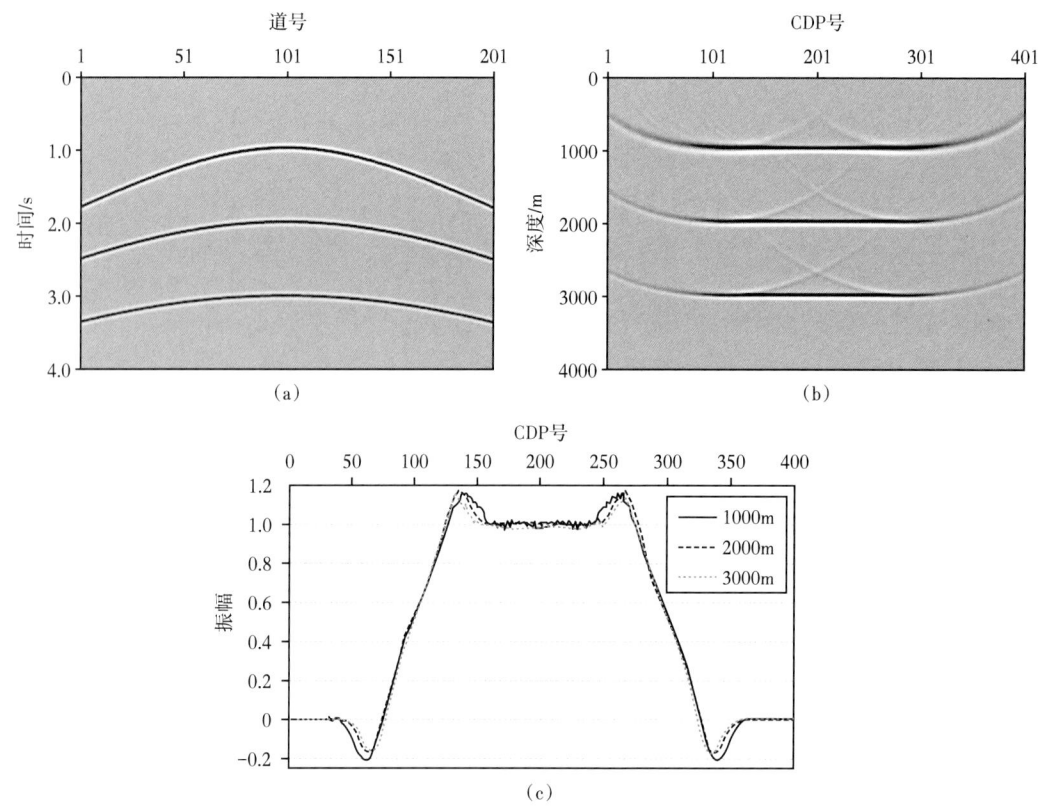

图 3-2-2　水平层状模型测试
（a）单炮记录；（b）单炮成像结果；（c）沿反射层拾取归一化振幅

2. SEG 盐丘模型

利用 2D SEG/EAGE 盐丘模型［图 3-2-3（a）］对共炮域保幅高斯束偏移进行测试。模型网格大小为 645×300，采样间隔分别为 80ft 和 40ft。模拟炮记录共 325 炮，道间隔为 80ft，采样点数为 626，采样间隔为 8ms。图 3-2-3（b）为常规高斯束偏移的结果，可以看到模型的基本构造得到了准确的恢复，但是盐下部的成像能量较弱，这是由于模型中的盐丘屏蔽了大量下行的能量。图 3-2-3（c）为保幅高斯束偏移的结果，可以看到由于考虑震源照明的影响，盐下的能量强度明显增强，成像质量明显提高。

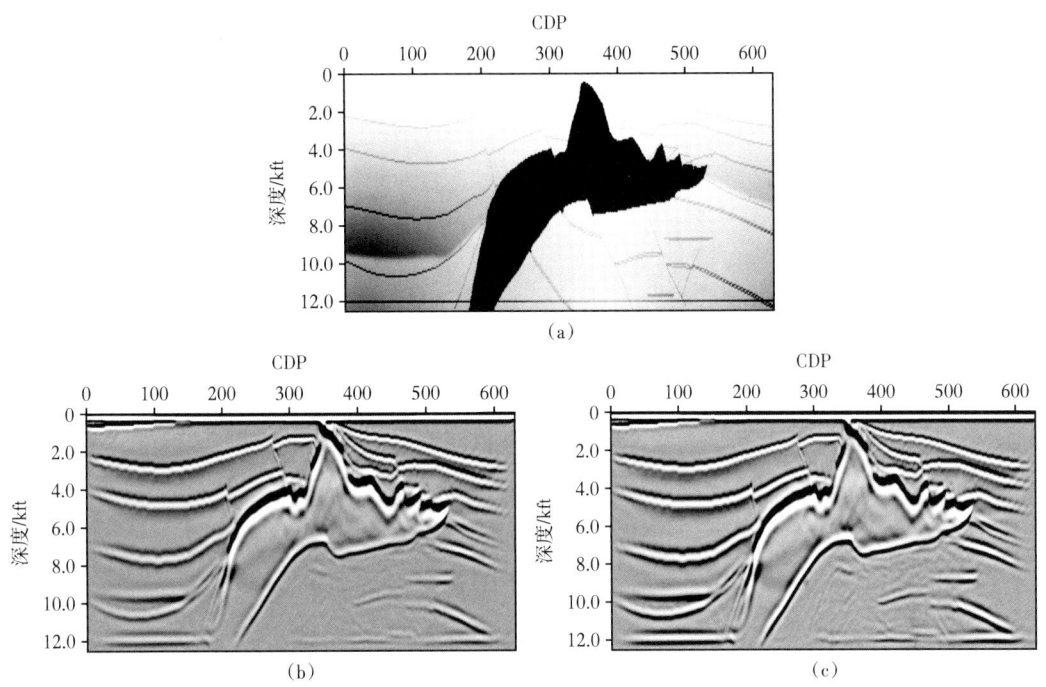

图 3-2-3 二维盐丘模型测试
（a）2D SEG 速度模型；（b）常规高斯束偏移成像结果；（c）保幅高斯束偏移成像结果

3. Marmousi 模型测试

采用复杂的 Marmousi 模型来测试高斯束角度域保幅深度偏移的成像效果。图 3-2-4（a）是具有复杂构造的 Marmousi 模型，共 240 炮，每炮 96 道，道间距为 25m，采样间隔为 4ms，采样点数为 750。在偏移过程中计算了角度范围为 0°~60° 的保幅 ADCIGs。图 3-2-4（d）至图 3-2-4（g）为 CDP=350、450、530、640 处的 ADCIGs。可以看到 ADCIGs 同相轴均比较平直，即使在构造复杂区域（CDP=450、530）也不存在波场奇异性现象。图 3-2-4（b）为将 ADCIGs 沿所有角度叠加后的最终的保幅高斯束偏移结果，图 3-2-4（c）为普通高斯束偏移结果。可以看到前者在目标区及一些局部构造处要稍优于后者，且噪声相对较小。由于两者均基于互相关成像条件，因而浅层的能量相对较强。由 ADCIGs 可以叠加得到局部角度范围的成像结果，图 3-2-5（a）至图 3-2-5（d）分别为反射张角在 0°~40° 且以 10° 为间隔的局部角度域成像结果，可以看到反射张角较小时，其成像能量集中于深层，反射张角较大时，成像能量集中于浅层。

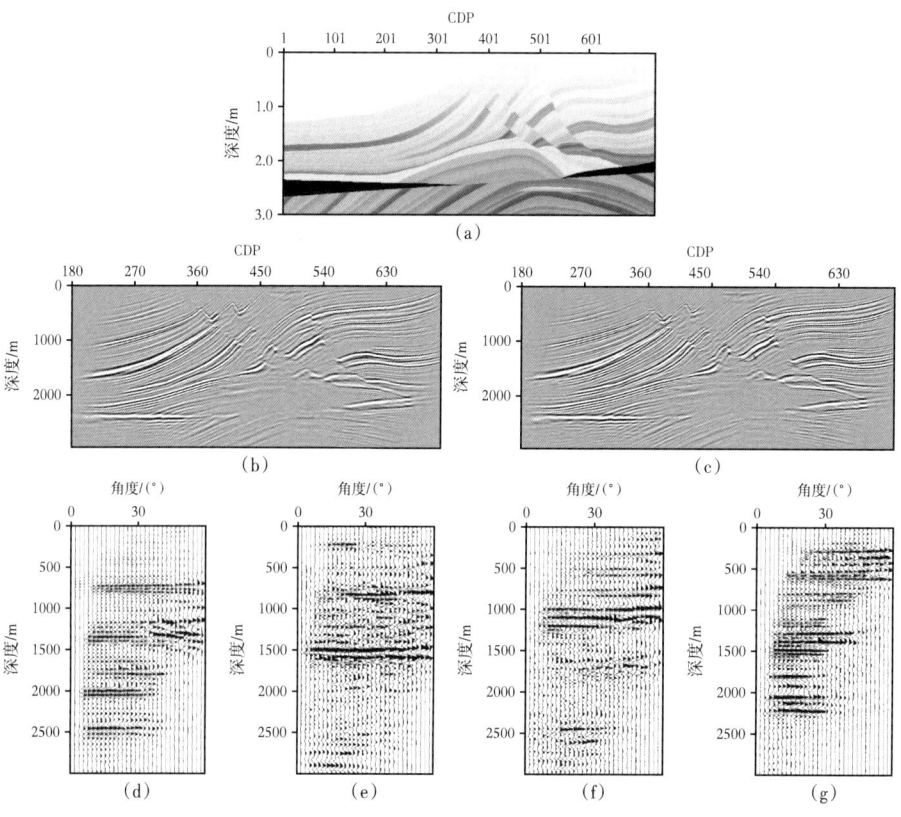

图 3-2-4 角度域保幅偏移测试

（a）Marmousi 模型速度场；（b）保幅高斯束偏移结果；（c）普通高斯波偏移结果；（d）CDP=350 处 ADCIGs；（e）CDP=450 处 ADCIGs；（f）CDP=530 处 ADCIGs；（g）CDP=640 处 ADCIGs

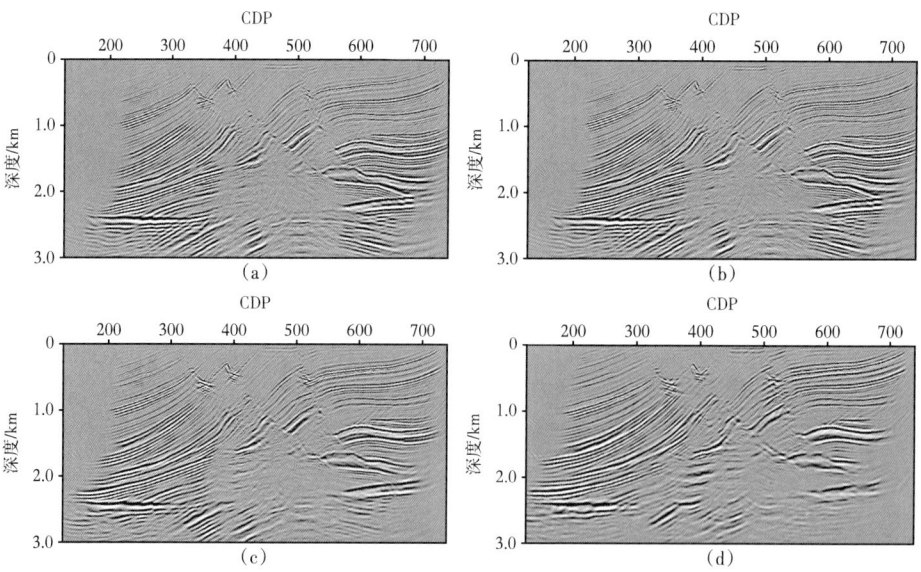

图 3-2-5 不同角度叠加结果

（a）0°~10°；（b）10°~20°；（c）20°~30°；（d）30°~40°

4. 实际资料处理

采用某探区实际资料对共炮域保幅高斯束偏移进行测试。速度模型如图3-2-6（a）所示，大小为760×700，纵横向间隔分别为5m、20m，共有155炮记录。图3-2-6（b）显示了前4炮炮记录，道间距为40m，采样点数为2500，采样间隔为2ms。图3-2-6（c）为高斯束偏移的成像结果，图3-2-6(d)为单程波波动方程偏移结果。两者的成像效果相近，虽然选择了较低的滤波高截频率使高斯束偏移结果的分辨率相对较低，但是在图中标示出的断层及局部构造处，高斯束偏移结果更为清晰且连续。

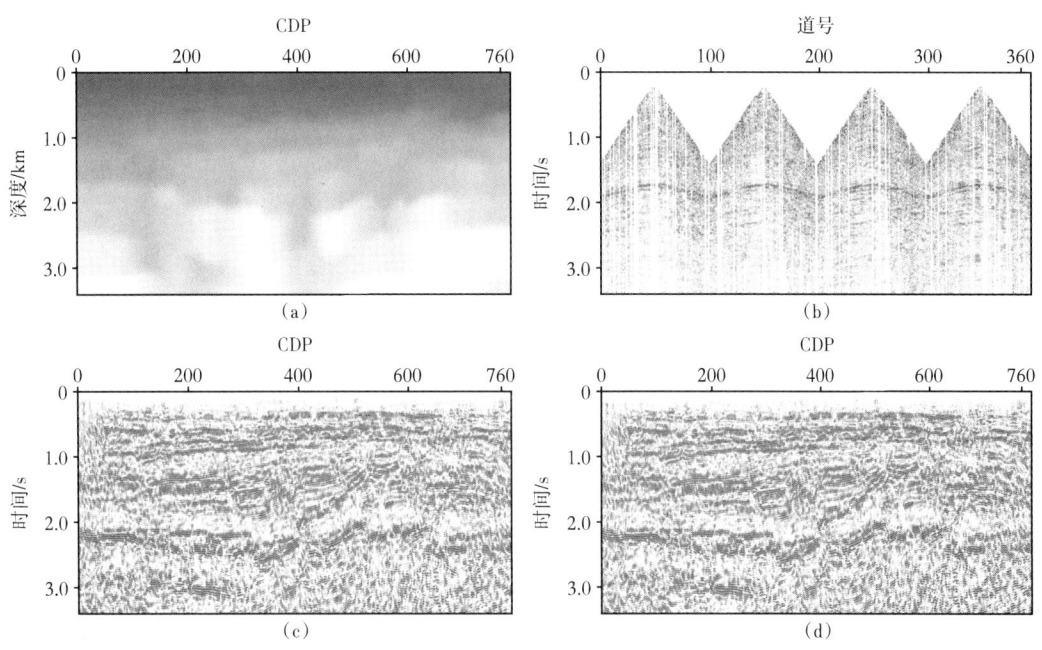

图 3-2-6 实际资料测试

（a）速度模型；（b）炮记录；（c）保幅高斯束偏移成像结果；（d）单程波偏移

第三节 复杂地表高斯束偏移

同波动方程偏移相比，射线类偏移成像方法具有对复杂地表条件天然的适应性。Kirchhoff偏移利用射线理论计算格林函数且可以对单道地震记录进行成像，可以直接在起伏地表进行波场的延拓和成像。Wiggins（1984）提出了适用于非水平观测地震数据的Kirchhoff积分延拓和偏移公式。Gray等（1995）证明直接在起伏地表进行Kirchhoff偏移要优于首先进行基准面校正后的偏移结果。Jager等（2003）提出了起伏地表条件下的真振幅Kirchhoff偏移方法。

作为Kirchhoff偏移准确而有效的替代方法，高斯束偏移不但具有接近于波动方程偏移的成像精度，同时还保留了积分法偏移灵活、高效的特点及对非规则观测系统良好的适应性。高斯束偏移的核心在于利用倾斜叠加将单个高斯窗内的地震记录分解为同高斯束相匹配的局部平面波，并利用相对应的高斯束进行成像。Gray（2005）利用单个高斯窗内接收点高程变化相对较小的特点，提出了一种适应于复杂地表条件的高斯束偏移方法(在此简称局部静校正法),其基本思想是通过简单的高程静校正将高斯窗内接收点的高程校正到束中心所在的基准面上,然后在此基准面上进行局部平面波的分解及延拓成像。当地表高程变化剧烈时,直接进行静校正对波场造成的畸变依然会对后续的偏移成像特别是近地表的成像造成不利的影响。针对上述问题,本节提出了一种精度更高的,且具有相对振幅保持特点的复杂地表条件下的高斯束偏移方法(保幅延拓法)。首先,通过 Rayleigh II 积分来近似描述复杂地表反向延拓的地震波场并结合基于高斯束表示的格林函数,推导基于高斯束表示的波场反向延拓公式;接下来,结合反褶积成像条件并通过最速下降法将推导过程中的二维复值积分进行简化,得到了保幅的高斯束偏移公式。同局部静校正法相比,保幅延拓法可以通过考虑平面波在起伏地表的传播特点,直接在起伏地表进行局部平面波的分解,具有更高的成像精度(尤其是近地表部分),而且可以消除地震波几何扩散对成像振幅的影响,从而得到保幅的成像结果,有利于此后的 AVO 及岩性分析。

本节首先对局部静校正法进行简单介绍,接下来对保幅延拓法原理进行简单介绍并对偏移公式进行推导,最后通过模型和实际资料的试算对成像效果进行验证。

一、局部静校正法

在复杂的地表条件下,基于水平地表的常规高斯束偏移需做一定的改进。Gray(2005)提出了一种在复杂地表条件下的实现方法(简称局部静校正法),其基本思想是当近地表速度变化时,在局部倾斜叠加的过程中,使用每个接收点 x_r 处的速度来计算相移量;当地表起伏变化时,通过简单的高程静校正将窗内接收点的高程校正到束中心所在的基准面上(图 3-3-1);若地表起伏不大,单个高斯窗内的接收点之间的高程变化相对较小,直接进行静校正对波场造成的畸变并不会对后续的偏移结果产生太大的影响。然而,当地表高程变化剧烈,简单的高程静校正对波场造成的畸变依然会对后续的偏移成像特别是近地表的成像造成不利的影响。

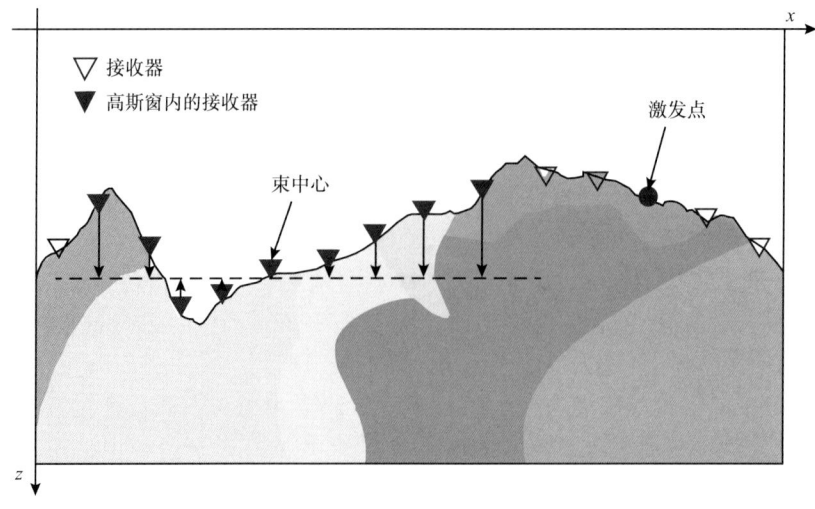

图 3-3-1 局部静校正法示意图

二、保幅延拓法

考虑如图 3-3-2 所示的二维起伏地表模型,假设 S 为起伏地表,x_s 为震源 x_r 对应震源 x_s 的接收点,$U(x_r,x_s,\omega)$ 为接收到的地震波场,x 为地下成像点,则 x 点处反向延拓的地震波场 $U(x,x_s,\omega)$ 可以通过 Kirchhoff—Helmoholtz 积分来表示(偏微分符号):

$$U(x,x_s,\omega)=\int \mathrm{d}S\left[G^*(x,x_r,\omega)\frac{\partial U(x_r,x_s,\omega)}{\partial n}-U(x_r,x_s,\omega)\frac{\partial G^*(x,x_r,\omega)}{\partial n}\right] \quad (3\text{-}3\text{-}1)$$

式中　$G(x,x_r,\omega)$——接收点 x_r 到成像点 x 的格林函数;

　　　$\dfrac{\partial}{\partial n}$——沿外法线方向求导;

　　　*——复共轭。

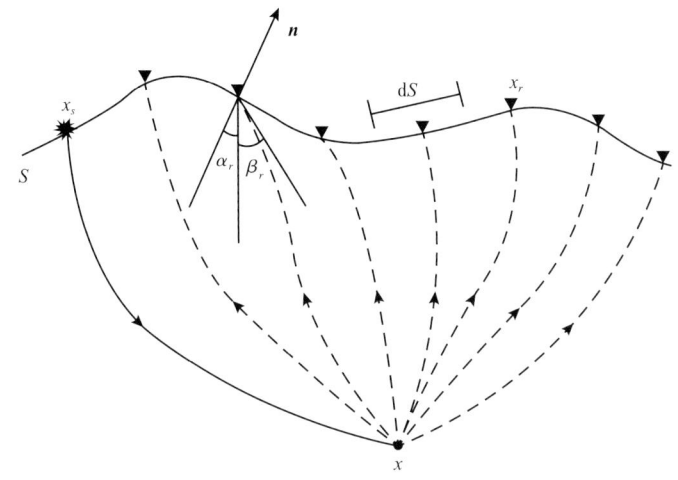

图 3-3-2　复杂地表条件下的波场反向延拓

当地表水平时,可以选取适当的格林函数来消除接收地震波场的法向导数项,此时式(3-3-1)可以简化为 Rayleigh II 积分。当地表的起伏在波长范围内变化不大时,反向延拓的地震波场 $U(x,x_s,\omega)$ 依然可以通过 Rayleigh II 积分来近似表示:

$$U(x,x_s,\omega)\approx 2\mathrm{i}\omega\int \mathrm{d}S\frac{\cos\theta_r}{V_r}G^*(x,x_r,\omega)U(x_r,x_s,\omega) \quad (3\text{-}3\text{-}2)$$

其中,$\theta_r=\beta_r-\alpha_r$,为接收点 x_r 处射线出射方向同法线之间的角度,β_r 和 α_r 分别为 x_r 处出射到达地下成像点 x 射线的出射角及地表的倾角;V_r 为 x_r 处地表速度;*代表复共轭,上式也是 Kirchhoff 基准面校正的基本理论公式。接下来,以式(3-3-2)为基础,依据常规高斯束偏移的基本思想进行推导。

首先,通过沿水平方向加入一系列的高斯窗函数,将地震记录划分为一系列重叠的区域,此时式(3-3-2)变为:

$$U(x,x_s,\omega) \approx \sqrt{\frac{2}{\pi}} \frac{\mathrm{i}\omega\Delta L}{w_0} \left|\frac{\omega}{\omega_r}\right|^{1/2} \sum_L \int \mathrm{d}S \frac{\cos\theta_r}{V_r} G^*(x,x_r,\omega)\exp$$
$$\left[-\left|\frac{\omega}{\omega_r}\right|\frac{(x_r-L)^2}{2w_0^2}\right] \times U(x_r,x_s,\omega) \quad (3\text{-}3\text{-}3)$$

接下来，根据不同方向的平面波到达接收点 x_r 与束中心 L 的走时延迟（图 3-3-3），将格林函数 $G(x,x_r,\omega)$ 通过 L 处出射的高斯束 $u_{\mathrm{GB}}(x,L,\omega)$ 的积分来近似表示：

$$G(x,x_r,\omega) \approx \frac{\mathrm{i}}{4\pi}\int \frac{\mathrm{d}p_{Lx}}{p_{Lz}} u_{\mathrm{GB}}(x,L,\omega)\exp[-\mathrm{i}\omega \boldsymbol{p}_L \cdot (x_r-L)]$$
$$\approx \frac{\mathrm{i}}{4\pi}\int \frac{\mathrm{d}p_{Lx}}{p_{Lz}} A_L \exp(\mathrm{i}\omega T_L)\exp\{-\mathrm{i}\omega[p_{Lx}(x_r-L)+p_{Lz}h]\} \quad (3\text{-}3\text{-}4)$$

其中，$\boldsymbol{p}_L = (p_{Lx},p_{Lz}) = \left(\dfrac{\sin\beta_L}{V_L},\dfrac{\cos\beta_L}{V_L}\right)$ 为高斯束中心射线的初始慢度，β_L 为射线的出射角，h 为 x_r 和 L 之间的高程差，T_L、A_L 分别为高斯束 $u_{\mathrm{GB}}(x,L,\omega)$ 的复值走时和振幅，$\exp[-\mathrm{i}\omega(p_{Lx}(x_r-L)+p_{Lz}h)]$ 为补偿格林函数震源不同于高斯束出射点时相位变化的校正因子。当 x_r 距离 L 较远时，式（3-3-4）中的近似会存在一定的振幅误差，但由于高斯函数的衰减性质，上述近似并不足以对式（3-3-3）产生太大影响。

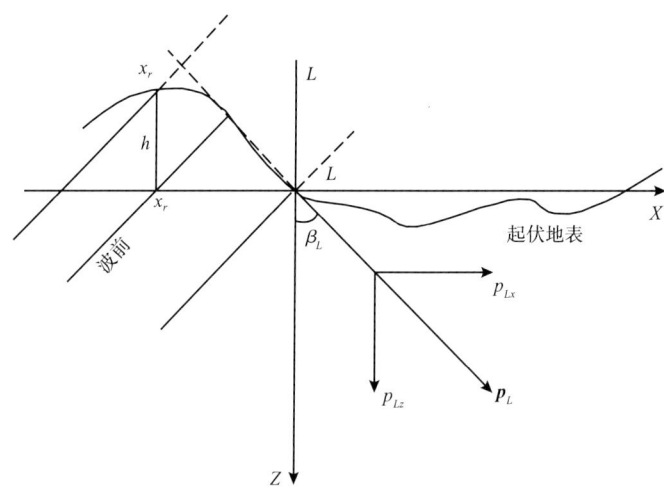

图 3-3-3　通过 L 处出射高斯束的积分来近似格林函数 $G(x,x_r,\omega)$

将式（3-3-4）代入式（3-3-3），得

$$U(x,x_s,\omega) \approx \frac{\omega\Delta L}{2\pi\sqrt{2\pi}w_0}\left|\frac{\omega}{\omega_r}\right|^{1/2}\sum_L \int \mathrm{d}S \frac{\cos\theta_r}{V_r} U(x_r,x_s,\omega)\exp\left[-\left|\frac{\omega}{\omega_r}\right|\frac{(x_r-L)^2}{2w_0^2}\right]$$
$$\times \int \frac{\mathrm{d}p_{Lx}}{p_{Lz}} A_L^* \exp(-\mathrm{i}\omega T_L^*)\exp\{\mathrm{i}\omega[p_{Lx}(x_r-L)+p_{Lz}h]\} \quad (3\text{-}3\text{-}5)$$

在上式中，对于出射角为 β_L 的高斯束所经过的地下成像点，令 $V_r \approx V_L$，并通过 $\beta_r \approx \beta_L$ 来近似表示由 x_r 到 x 射线的出射角，从而求得 $\theta_r \approx \beta_L - \alpha_r$。交换式（3-3-5）的积分次序，得到基于高斯束表示的复杂地表波场反向延拓公式：

$$U(x, x_s, \omega) = \frac{\omega \Delta L}{2\pi \sqrt{2\pi} w_0 V_L} \sum_L \int \frac{\mathrm{d} p_{Lx}}{p_{Lz}} A_L^* \exp(-\mathrm{i}\omega T_L^*) D_S(\boldsymbol{L}, p_{Lx}, \omega) \qquad (3\text{-}3\text{-}6)$$

其中：

$$\begin{aligned}
D_S(\boldsymbol{L}, p_{Lx}, \omega) = & \left|\frac{\omega}{\omega_r}\right|^{1/2} \int \mathrm{d} S \cos(\beta_L - \alpha_r) U(x_r, x_s, \omega) \exp\{\mathrm{i}\omega[p_{Lx}(x_r - L) + p_{Lz} h]\} \\
& \times \exp\left[-\left|\frac{\omega}{\omega_r}\right| \frac{(x_r - L)^2}{2 w_0^2}\right]
\end{aligned} \qquad (3\text{-}3\text{-}7)$$

为单个高斯窗内地震记录的局部倾斜叠加，式（3-3-7）不同于常规的局部倾斜叠加之处在于其包含了起伏地表的高程及倾角信息，可以直接在起伏地表进行平面波的合成。当近地表速度剧烈变化时，可以通过接收点处的近地表速度来计算上式中的相移量 $\exp[\mathrm{i}\omega p_{Lx}(x_r - L) + p_{Lz} h]$ 来提高局部平面波分解的精度。此外，上式中积分间隔 $\mathrm{d} S$ 的选取会影响成像结果中的振幅信息，若要得到保幅的成像结果，需选择 $\mathrm{d} S$ 为实际的道间隔。

对于炮域偏移，要得到真振幅意义上的偏移结果，需应用反褶积型的成像条件：

$$R(x, x_s) = \frac{1}{2\pi} \int \frac{U(x, x_s, \omega) G^*(x, x_s, \omega)}{G(x, x_s, \omega) G^*(x, x_s, \omega)} \mathrm{d}\omega \qquad (3\text{-}3\text{-}8)$$

其中，$G(x, x_s, \omega)$ 为正向传播的震源格林函数。将 $G(x, x_s, \omega)$ 通过震源出射的高斯束来表示，并将式（3-3-7）代入式（3-3-8），得到初步的成像公式：

$$\begin{aligned}
R(x, x_s) = & -\frac{\Delta L}{16\pi^3 \sqrt{2\pi} w_0} \sum_L \int \mathrm{d}\omega \frac{\mathrm{i}\omega}{G(x, x_s, \omega) G^*(x, x_s, \omega)} \int \frac{\mathrm{d} p_{sx}}{p_{sz}} A_s^* \exp(-\mathrm{i}\omega T_s^*) \\
& \times \frac{1}{V_L} \int \frac{\mathrm{d} p_{Lx}}{p_{Lz}} A_L^* \exp(-\mathrm{i}\omega T_L^*) D_S(\boldsymbol{L}, p_{Lx}, \omega)
\end{aligned} \qquad (3\text{-}3\text{-}9)$$

应用最速下降法对上式进行处理，可以得到最终的复杂地表条件下保幅高斯束偏移的成像公式：

$$\begin{aligned}
R(x, x_s) = & -\frac{\Delta L}{4\pi^2 w_0} \sum_L \int \omega \mathrm{d}\omega \sqrt{\mathrm{i}\omega} \int \mathrm{d} p_{mx} \frac{\cos \beta_s}{\cos \beta_L V_s} \\
& \times \frac{A_s^* A_L^* |T_s''(p_{sx}^0)|}{|A_s|^2 \sqrt{T^{*''}(p_{hx}^0)}} \exp[-\mathrm{i}\omega(T_s^* + T_L^*)] D_S(\boldsymbol{L}, p_{Lx}^0, \omega)
\end{aligned} \qquad (3\text{-}3\text{-}10)$$

式中 V_s——震源处地表速度，m/s；

β_s——p_{sx} 的震源到成像点射线的出射角度，(°)；

$T_s''(p_{sx})$, $T^{*''}(p_{hx})$——走时的二阶导数。

三、数值模型和实际资料处理

1. 起伏地表模型

通过对一个简单的起伏地表模型进行试算,验证保幅延拓法的保幅性。设计了如图3-3-4(a)所示的起伏地表速度模型,假设模型速度为2000m/s,在深度为1.6km及3.0km处存在密度差异造成的反射界面,假设各层反射系数相同。模型网格为601×1000,纵横向采样间隔分别为10m和4m,起伏地表最大高程差近600m。正演单炮记录如图3-3-4(b)所示,该炮记录共有301道,道与道之间的水平间距为20m,炮点位于地表CDP=301处,图中可以看到地表起伏造成的非双曲线型的同相轴。

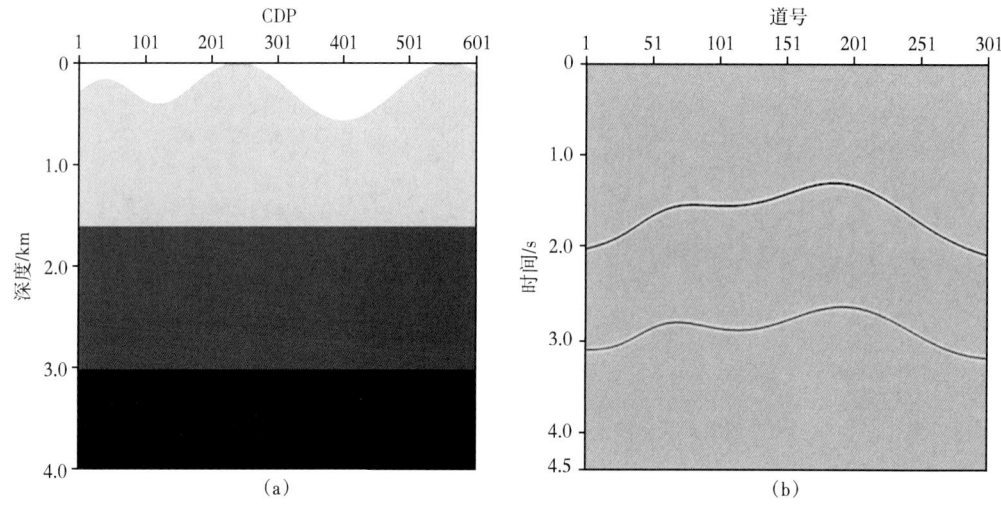

图 3-3-4 简单起伏地表模型
(a)三层起伏地表模型;(b)单炮记录

应用保幅延拓法,对上述模型进行试算。图3-3-5(a)为选取dS为实际道间距时的单炮成像结果,图3-3-5(c)为沿各反射界面所提取的归一化振幅,可以看到保幅延拓法不但有效地消除了起伏地表的影响并对各个反射层进行正确的成像,还在一定的偏移距范围内正确地恢复了界面的反射率。图3-3-5(b)为选取dS为常数时(所有道间距的几何平均)的单炮成像结果,图3-3-5(d)为沿各反射界面所提取的归一化振幅,可以看到此时虽然模型的水平反射层得到了正确的成像,但其成像振幅同理论值有着较大的误差,选择dS对成像的振幅有着重要的影响。

2. 实际资料测试

接下来应用某探区实际资料对本文所提出的保幅延拓法进行试算,并将其同基于逐步累加的波动方程偏移的成像结果进行对比。图3-3-6(a)、(b)分别为该探区偏移速度场及起伏地表形态,局部剧烈变化。图3-3-6(c)为本文保幅延拓法的成像结果,图3-3-6(d)为基于逐步累加的波动方程偏移的成像结果,可以看到两种方法的成像效果基本相同。对比其计算时间,本文方法仅为逐步累加波动方程偏移的16%左右,具有很高的计算效率。

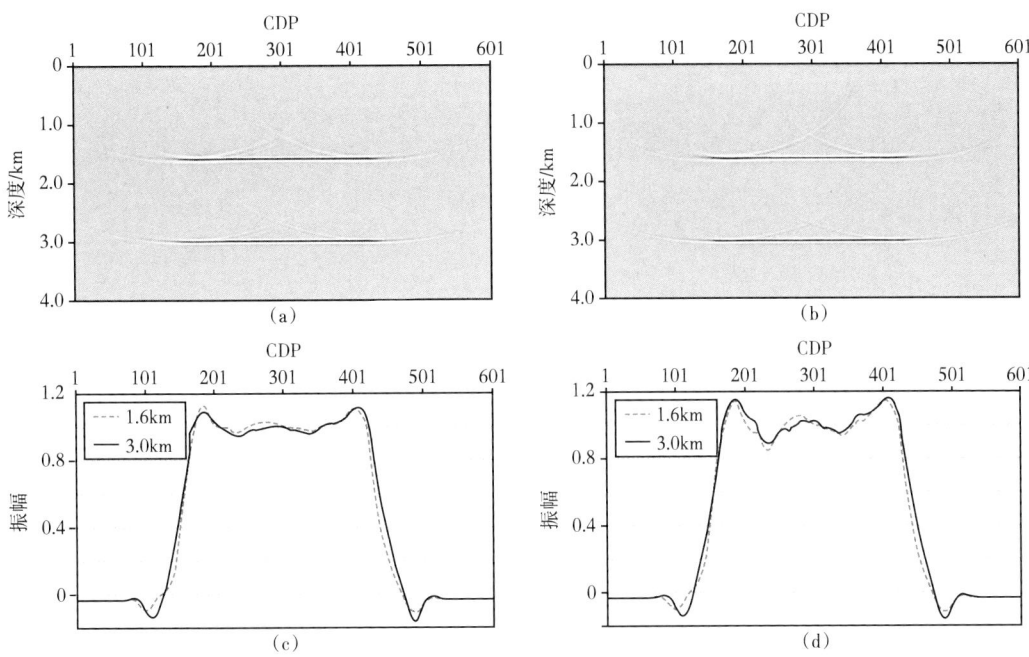

图 3-3-5 简单起伏地表模型偏移试算结果

(a) dS 为实际道间距时成像结果；(b) dS 为常数时成像结果；(c) 图 (a) 中各反射层的归一化振幅；
(d) 图 (b) 中各反射层的归一化振幅

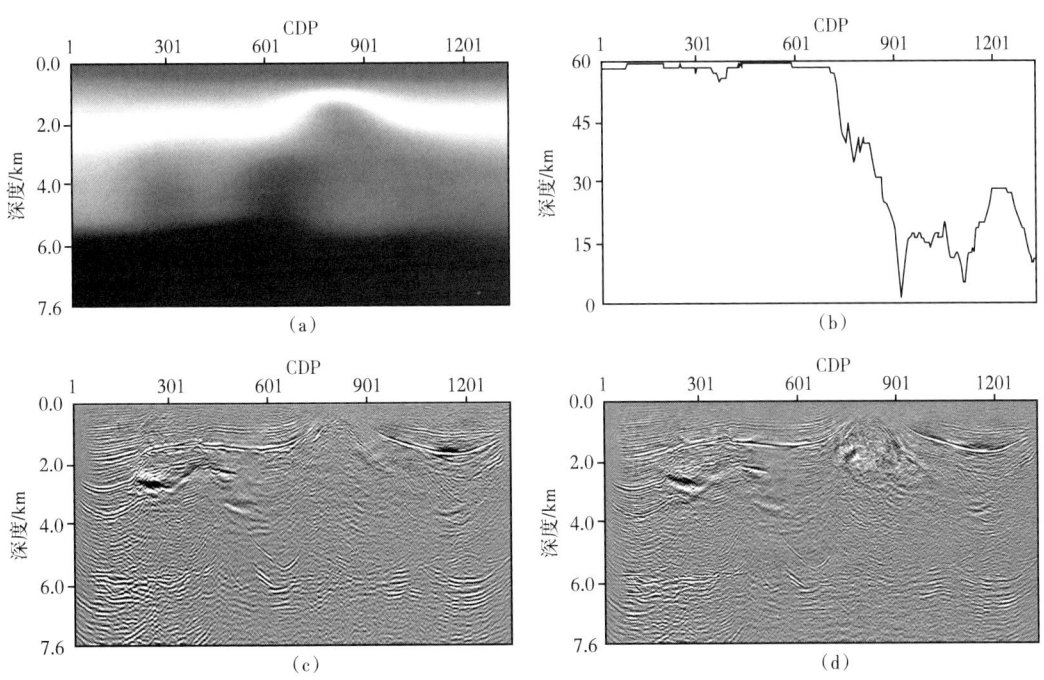

图 3-3-6 实际资料试算

(a) 速度模型；(b) 地表高程；(c) 保幅延拓法成像结果；(d) 逐步累加法单程波偏移成像结果

第四节 弹性波高斯束偏移

在传统的多分量地震数据处理过程中,首先通过波场分离将地震数据分离为纵(P)波和横(S)波,然后利用传统的声波偏移成像方法,对分离后的 P 波和 S 波分别进行成像。然而,上述处理方法没有完全利用弹性波场的矢量特性;此外,在波场分离的过程中往往不能将不同波形的能量完全分离,残余的非本型波能量,会导致成像结果中的大量噪声串扰,严重影响成像效果。

基于矢量波场延拓的弹性波地震成像方法是解决上述问题的有效途径。由于常规单程波成像方法无法准确描述耦合的弹性波的传播过程,现有的弹性波成像方法都是在时间域进行的,其大致可以分为两类:一类是弹性波逆时偏移,其基于弹性波动方程,将多分量地震数据作为边界条件进行逆时外推,然后利用激发时成像条件或者互相关成像条件求取成像值。Sun and McMechan(1986)首先将逆时偏移应用到弹性波偏移中,此后,Chang and McMechan(1994),Botelho and Stoffa(1991),Yan and Sava(2008)以及杜启振和秦童(2009)等人将其进行推广并应用到三维及各向异性介质的偏移成像中。另一类是弹性波 Kirchhoff 偏移,其通过计算本型波及转换波的走时、振幅及极性信息,沿所选择波型的走时轨迹进行叠加并求取成像值。Kuo and Dai(1984)基于均匀各向同性介质中位移格林函数的远场近似,首先提出了该方法。此后,Sena and Toksoz(1993),Hokstad(2000)以及 Druzhinin(2003)等人对其进行了发展。上述两类方法,具有各自的优势及不足,其中弹性波逆时偏移虽然具有极高的成像精度,但是其计算量巨大,而且其成像结果往往伴有大量的低频干扰及转换波成像时难以解决的极性反转问题。弹性波 Kirchhoff 偏移,虽然具有灵活高效的特点,但是其难以对多次波至进行成像,致使其对地下复杂地质构造的成像精度不高。

针对上述方法存在的不足,提出了一种同时具有较高成像精度及计算效率的弹性波成像方法——弹性波高斯束偏移。高斯束代表了地下有限范围内的局部波场,其为相互独立的且可以相互叠加,上述特点使该方法可以对多次波至进行成像,具有优于 Kirchhoff 偏移的成像精度;另外,高斯束初始波前为平面,根据此特点通过加窗的局部倾斜叠加进行平面波分解并利用对应的高斯束进行延拓成像,又使该方法具有接近于 Kirchhoff 偏移且远高于逆时偏移的计算效率。

本节首先以二维弹性波 Kirchhoff—Helmholtz 积分为基础,利用弹性动力学高斯束来表示位移格林张量,推导了解耦的弹性波波场反向延拓公式,并利用互相关成像条件来求取反射波及转换波的成像值。接下来,针对转换波成像剖面中的极性反转问题,通过分析反射界面处入射波入射角同转换波的偏振方向之间的关系,给出一种校正的方法。最后,本文通过对数值模型试算,对弹性波高斯束偏移的正确性和有效性进行验证。

假定在二维各向同性完全弹性介质中,震源为全方位辐射的 P 波线源,则此时介质中仅存在 P 波和 SV 波。定义文中的下标字符 i、j、k、l、m 取值为 1、2。其中,1 代表广义直角坐标系的水平方向 X,2 代表坐标系的垂直方向 Z,字符 v 代表不同的波型。

一、弹性动力学高斯束

若要计算由原点 x_0 出射且经过计算点 x 的高斯束位移矢量 $\hat{u}^v(x,x_0,\omega)$,以 S 点为原点，以切向矢量 t 和法向矢量 n 为坐标轴的射线中心坐标系，其中 s 为从 x_0 开始测量的弧长，n 为坐标轴 n 方向的坐标。在构建的射线中心坐标系中，高斯束位移 $\hat{u}^v(x,x_0,\omega)$ 可以通过下式来表示：

$$\hat{u}^v(x,x_0,\omega) = \frac{\varphi^v}{\sqrt{V^v(s)\rho(s)q(s)}} e^v \exp\left[i\omega\tau(s) + \frac{i\omega}{2}\frac{p(s)}{q(s)}n^2\right] \qquad (3-4-1)$$

其中，上标 v 代表不同的波型；φ^v 为复值常数；$V(s)$ 为对应不同波型的传播速度，对于 P 波，$V^v(s)$ 为 $v_p(s)$，对于 SV 波，$V^v(s)$ 为 $v_s(s)$；$\rho(s)$ 为介质密度；$\tau(s)$ 为 Q 点走时；$p(s)$，$q(s)$ 为复值动力学射线追踪参量；e^v 为 x 处高斯束的极化矢量，对于 P 波，$e^p = \left[t + n v_p(s)\frac{p(s)}{q(s)}n\right]$，其中主分量为 t，次分量为 n；对于 SV 波，$e^{sv} = \left[n - t v_s(s)\frac{p(s)}{q(s)}n\right]$，其中主分量为 n，次分量为 $-t$。

利用弹性动力学高斯束，可将由 x_0 处全方位 v 型波震源引起的 x 处的位移矢量 $U_m^v(x,x_0,\omega)$ 通过一系列以 x_0 为初始点，具有不同出射角且对 x 有贡献的高斯束的叠加来表示：

$$U_m^v(x,x_0,\omega) \approx \Psi^v \int \frac{\mathrm{d}p_1(x_0)}{p_2(x_0)} \hat{u}_m^v(x,x_0,\omega) \qquad (3-4-2)$$

其中，$p_1(x_0)$，$p_2(x_0)$ 分别为高斯束初始射线参数的水平和垂直分量，Ψ^v 为通过对比均匀介质中位移矢量的解析解与上式的高频渐进解求得权因子：

$$\Psi^v = \frac{i}{4\pi\left[V^v(x_0)\right]^2}\sqrt{\frac{\omega_r w_0^2}{\rho(x_0)}} \qquad (3-4-3)$$

式中 $\rho(x_0)$ ——x_0 处介质的密度，g/cm³。

二、弹性波波场反向延拓

在 S 所描述的观测面上，假设由震源 x_s 激发，接收点 x_r 接收到的两分量弹性波地震记录为 $u_i(x_r;\omega)$，则反向延拓的弹性波位移场 $u_m(x;x_r;\omega)$ 可以通过 Kirchhoff—Helmholtz 积分来表示：

$$u_m(x;x_r;\omega) = \int_S \mathrm{d}x_r \left[t_i(x_r;\omega) G_{im}^*(x;x_r;\omega) - u_i(x_r;\omega) \sum_{im}^*(x;x_r;\omega) \right] \qquad (3-4-4)$$

其中，* 代表复共轭；$G_{lm}(x;x_r;\omega)$ 为位移格林张量，其代表 x_r 处 l 方向单位体力所造成的 x 处位移的 m 方向的分量；$t_i(x_r)$ 为 x_r 处应力；$\sum_{im}(x;x_r)$ 为应力格林张量。上述参量具有以下性质：

$$t_i = \boldsymbol{n}_j C_{ijkl} \frac{\partial u_l}{\partial x_k}, \quad G_{im}(x;x_r;\omega) = \sum_v g_{im}^v(x;x_r;\omega), \sum_{im} = \boldsymbol{n}_j C_{ijkl} \frac{\partial G_{lm}}{\partial x_k} \quad (3\text{-}4\text{-}5)$$

其中，$\boldsymbol{n}_j$ 为 x_r 处沿外法线方向的单位矢量；$g_{im}^v(x;x_r;\omega)$ 为波型 v 的格林函数；C_{ijkl} 为四阶刚度参数，其在二维各向同性介质中具有如下性质：

$$C_{ijkl}(x) = \delta_{ij}\delta_{kl}\lambda(x) + (\delta_{ik}\delta_{jl} + \delta_{il}\delta_{jk})\mu(x) \quad (3\text{-}4\text{-}6)$$

上式中，$\lambda(x)$，$\mu(x)$ 为拉梅弹性参数，其满足如下关系：

$$\lambda(x) + 2\mu(x) = \rho(x)v_p^2(x), \quad \mu(x) = \rho(x)v_s^2(x) \quad (3\text{-}4\text{-}7)$$

δ_{ik} 为 Kronecker Delta 函数。

若假设 S 为自由地表，则根据自由应力边界条件：

$$\boldsymbol{t}(x;\omega) = 0 \qquad x \in S(z=0) \quad (3\text{-}4\text{-}8)$$

式（3-4-4）可以简化为：

$$u_m(x;x_r;\omega) = -\int_S \mathrm{d}x_r u_i(x_r;\omega) \sum_{im}^*(x;x_r;\omega) \quad (3\text{-}4\text{-}9)$$

将 $\boldsymbol{n}_j = (0,-1)$ 代入上式可得：

$$\begin{aligned}u_m(x;x_r;\omega) = \int_S \mathrm{d}x_r \Bigg\{& u_1(x;\omega)\mu(x_r)\left[\frac{\partial g_{1m}^*(x;x_r;\omega)}{\partial x_2} + \frac{\partial g_{2m}^*(x;x_r;\omega)}{\partial x_1}\right] \\ & + u_2(x_r;\omega)\left[[\lambda(x_r) + 2\mu(x_r)]\frac{\partial g_{2m}^*(x;x_r;\omega)}{\partial x_2} + \lambda(x_r)\frac{\partial g_{1m}^*(x;x_r;\omega)}{\partial x_1}\right]\Bigg\}\end{aligned} \quad (3\text{-}4\text{-}10)$$

对上式中格林函数的偏导数，取其高频近似解：

$$\frac{\partial g_{lm}(x;x_r;\omega)}{\partial x_k} \approx \mathrm{i}\omega \sum_v \boldsymbol{p}_k^v(x_r) g_{lm}^v(x;x_r;\omega) \quad (3\text{-}4\text{-}11)$$

其中 $\boldsymbol{p}_k^v(x_r)$ 为对应 v 型波的初始慢度矢量。格林函数 $g_{lm}^v(x;x_r;\omega)$ 可以通过 x_r 处震源所引起的 x 处的位移 $U_m^v(x;x_r;\omega)$ 来表示：

$$g_{lm}^v(x;x_r;\omega) = \boldsymbol{e}_l^v(x_r) U_m^v(x;x_r;\omega) \quad (3\text{-}4\text{-}12)$$

其中，$\boldsymbol{e}_l^v(x_r)$ 为 x_r 处的极性矢量。将式（3-4-11）、式（3-4-12）代入式（3-4-10）得：

$$\begin{aligned}u_m(x;x_r;\omega) &= u_m^p(x;x_r;\omega) + u_m^s(x;x_r;\omega) \\ &= -\mathrm{i}\omega \sum_v \int_S \mathrm{d}x_r \rho(x_r) U_m^{v*}(x;x_r;\omega)\left[u_1(x_r;\omega)W_1^v(x_r) + u_2(x_r;\omega)W_2^v(x_r)\right]\end{aligned}$$

$$(3\text{-}4\text{-}13)$$

式（3-4-13）为解耦的弹性波波场延拓公式，其中，$u_m^p(x;x_r;\omega)$，$u_m^s(x;x_r;\omega)$ 分

别为位移场 $u_m(x;x_r;\omega)$ 中的 P 波和 S 波成分。权值 $W_1^v(x_r)$，$W_2^v(x_r)$ 具有以下形式：

$$\begin{cases} W_1^p(x_r) = 2v_s^2(x_r)p_2^p(x_r)e_1^p(x_r) \\ W_2^p(x_r) = 2v_s^2(x_r)p_2^p(x_r)e_2^p(x_r) + \left[\dfrac{v_p^2(x_r)-2v_s^2(x_r)}{v_p(x_r)}\right] \\ W_1^s(x_r) = v_s^2(x_r)p_2^s(x_r)e_1^s(x_r) + v_s^2(x_r)p_1^s(x_r)e_2^s(x_r) \\ W_2^s(x_r) = -2v_s^2(x_r)p_1^s(x_r)e_1^s(x_r) \end{cases} \quad (3\text{-}4\text{-}14)$$

其对提取弹性波记录中的本型波能量、压制非本型波干扰有着重要的作用，本文数值算例中将对此进行验证。

利用式（3-4-2）所表示的弹性动力学高斯束的叠加积分来计算式（3-4-13）中的位移矢量 $U_m^v(x;x_r;\omega)$，便可以得到基于高斯束表示的弹性波场延拓公式。由于高斯束的初始波前为平面的，可以利用此特点将多分量地震记录分解为不同波型不同初始方向的局部平面波，然后利用相对应高斯束进行波场延拓，其具体实现过程如下：

首先，对地震记录加入一系列高斯窗，将其分为一系列重叠的局部区域。高斯窗函数具有如下性质：

$$\frac{\Delta L}{\sqrt{2\pi}w_0}\sqrt{\left|\frac{\omega}{\omega_r}\right|}\sum_L \exp\left[-\left|\frac{\omega}{\omega_r}\right|\frac{(x_r-L)}{2w_0^2}\right] \approx 1 \quad (3\text{-}4\text{-}15)$$

其中，$x=L$ 为高斯窗的中线，也是束中心 L 的水平坐标；ΔL 为其水平间隔。将式（3-4-14）代入式（3-4-13）得：

$$\begin{aligned} u_m(x;x_r;\omega) = &-\frac{\mathrm{i}\omega\Delta L}{\sqrt{2\pi}w_0}\sqrt{\left|\frac{\omega}{\omega_r}\right|}\sum_v\sum_L\int_S \mathrm{d}x_r \rho(x_r)U_m^{v*}(x;x_r;\omega) \\ & \left[u_1(x_r;\omega)W_1^v(x_r)+u_2(x_r;\omega)W_2^v(x_r)\right]\exp\left[-\left|\frac{\omega}{\omega_r}\right|\frac{(x_r-L)}{2w_0^2}\right] \end{aligned} \quad (3\text{-}4\text{-}16)$$

接下来，根据不同方向的平面波到达接收点 x_r 与束中心 L 的走时延迟引入相移校正因子，将 $U_m^v(x;x_r;\omega)$ 通过 L 处出射的高斯束来表示：

$$U_m^v(x;x_r;\omega) \approx \Psi^v\int \hat{u}_m^v(x;L;\omega)\exp\left[-\mathrm{i}\omega p_1^v(L)(x_r-L)\right]\frac{\mathrm{d}p_1^v(L)}{p_2^v(L)} \quad (3\text{-}4\text{-}17)$$

将上式代入式（3-4-13），令 $\rho(x_r)\approx\rho(L)$，$W_1^v(x_r)\approx W_1^v(L)$，$W_2^v(x_r)\approx W_2^v(L)$，并交换积分次序，便可以得到反向延拓的 P 波位移 $u_m^p(x;x_r;\omega)$ 及 S 波位移 $u_m^s(x;x_r;\omega)$：

$$\begin{aligned} u_m^p(x;x_r;\omega) = &-\frac{\Delta L\omega}{4\pi}\sum_L\int \frac{\mathrm{d}p_1^p(L)}{p_2^p(L)}\sqrt{\rho(L)}\hat{u}_m^{p*}(x;L;\omega) \\ & \times\left[W_1^p(L)D_1^p(L;p_1^p;\omega)+W_2^p(L)D_2^p(L;p_1^p;\omega)\right] \end{aligned} \quad (3\text{-}4\text{-}18)$$

$$u_m^s(x;x_r;\omega) = -\frac{\Delta L \omega}{4\pi}\sum_L \int \frac{\mathrm{d}p_1^s(L)}{p_2^s(L)}\sqrt{\rho(L)}\hat{u}_m^{s*}(x;L;\omega)$$
$$\times \left[W_1^s(L)D_1^s(L;p_1^s;\omega) + W_2^s(L)D_2^s(L;p_1^s;\omega)\right] \quad (3\text{-}4\text{-}19)$$

其中，$D_n^v(L;P_1^v;\omega)$ 为对不同波型多分量地震记录的加窗局部倾斜叠加：

$$D_n^v(L;P_1^v;\omega) = \sqrt{\frac{|\omega|}{2\pi}}\int_S \mathrm{d}x_r u_n(x_r;\omega)\exp\left[\mathrm{i}\omega p_1^v(L)(x_r-L) - \left|\frac{\omega}{\omega_r}\right|\frac{(x_r-L)^2}{2w_0^2}\right] \quad (3\text{-}4\text{-}20)$$

权值 $W_1^v(L)$，$W_2^v(L)$ 此时为：

$$W_1^p(L) = 2\gamma^2(L)p_2^p(L)\mathrm{e}_1^p(L), \quad W_2^p(L) = 2\gamma^2(L)p_2^p(L)\mathrm{e}_2^p(L) + \left(\frac{1-2\gamma^2(L)}{v_p(L)}\right) \quad (3\text{-}4\text{-}21\mathrm{a})$$

$$W_1^s(L) = p_2^s(L)\mathrm{e}_1^s(L) + p_1^s(L)\mathrm{e}_2^s(L), \quad W_2^s(L) = -2p_1^s(L)\mathrm{e}_1^s(L), \quad \gamma(L) = \frac{v_s(L)}{v_p(L)} \quad (3\text{-}4\text{-}21\mathrm{b})$$

三、成像公式及极性校正

根据 Claerbout 成像原理，在此通过求取震源波场与不同波型的反向延拓的接收波场之间的零时刻互相关来计算成像值。首先将震源位移波场 $U_m^p(x;x_s;\omega)$ 通过弹性动力学高斯束来表示：

$$U_m^p(x;x_s;\omega) \approx \frac{\mathrm{i}}{4\pi v_p^2(x_s)}\sqrt{\frac{\omega_r w_0^2}{\rho(x_s)}}\int \frac{\mathrm{d}p_1^p(x_s)}{p_2^p(x_s)}\hat{u}_m^p(x;x_s;\omega) \quad (3\text{-}4\text{-}22)$$

接下来根据 P 波及 S 波的传播特点，结合式（3-4-18），式（3-4-19）所表示的反向延拓的接收波场，定义如下成像公式：

$$I^{pp}(x) = \int U_2^{p*}(x;x_s;\omega)u_2^p(x;x_r;\omega)\mathrm{d}\omega$$
$$= \frac{\Delta L\sqrt{\omega_r w_0^2}}{16\pi^2}\sum_L \int \mathrm{d}\omega \frac{\mathrm{i}\omega}{v_p^2(x_s)}\sqrt{\frac{\rho(L)}{\rho(x_s)}}\frac{\mathrm{d}p_1^p(x_s)\mathrm{d}p_1^p(L)}{p_2^p(x_s)p_2^p(L)} \quad (3\text{-}4\text{-}23)$$
$$\times \hat{u}_2^{p*}(x;x_s;\omega)\hat{u}_1^{p*}(x;L;\omega)\left[W_1^p(L)D_1^p(L;p_1^p;\omega) + W_2^p(L)D_2^p(L;p_1^p;\omega)\right]$$

$$I^{ps}(x) = \int U_2^{p*}(x;x_s;\omega)u_1^s(x;x_r;\omega)\mathrm{d}\omega$$
$$= \frac{\Delta L\sqrt{\omega_r w_0^2}}{16\pi^2}\sum_L \int \mathrm{d}\omega \frac{\mathrm{i}\omega}{v_p^2(x_s)}\sqrt{\frac{\rho(L)}{\rho(x_s)}}\int \frac{\mathrm{d}p_1^p(x_s)\mathrm{d}p_1^s(L)}{p_2^p(x_s)p_2^s(L)} \quad (3\text{-}4\text{-}24)$$
$$\times \hat{u}_2^{p*}(x;x_s;\omega)\hat{u}_1^{s*}(x;L;\omega)\left[W_1^s(L)D_1^s(L;p_1^s;\omega) + W_2^s(L)D_2^s(L;p_1^s;\omega)\right]$$

其中，$I^{pp}(x)$ 为 P-P 单炮成像值，$I^{ps}(x)$ 为 P-S 单炮成像值，将所有炮记录进行偏移并叠加，便得到最终的弹性波成像结果。

在对转换波进行成像时，往往出现转换波偏振方向不同而导致的成像剖面中的极性反转现象，严重影响叠加成像的效果。针对上述问题，在此提出一种校正方法。图 3-4-1 显示了 P-S 转换波的传播过程，可以看到由于入射 P 波具有不同符号的入射角（$\alpha_1>0$，$\alpha_2<0$，以逆时针为正），使 O_1 点产生的 P-S 转换波具有正水平方向（以向右为正）的位移分量，O_2 产生的 P-S 转换波具有负水平方向的位移分量，最终使 R_1、R_2 点接收到的 X 分量地震记录具有相反的极性。也就是说 X 分量记录中转换 S 波的极性同 P 波入射角的正负有关，因此可以根据 P 波入射角 α 的正负直接对成像结果进行校正，为此引入符号函数，将 P-S 成像公式（3-4-24）改写为：

$$I^{ps}(x) = \frac{\Delta L \sqrt{\omega_r w_0^2}}{16\pi^2} \sum_L \int d\omega \frac{i\omega}{v_p^2(x_s)} \sqrt{\frac{\rho(L)}{\rho(x_s)}} \int \frac{dp_1^p(x_s) dp_1^s(L)}{p_2^p(x_s) p_2^s(L)} \text{sgn}(\alpha) \\ \times \hat{u}_2^{p*}(x;x_s;\omega) \hat{u}_1^{s*}(x;L;\omega) \left[W_1^s(L) D_1^s(L;p_1^s;\omega) + W_2^s(L) D_2^s(L;p_1^s;\omega) \right]$$ （3-4-25）

在高斯束偏移的过程中包含着地下射线的传播角度信息，可以直接利用此角度信息来对 P 波入射角进行求取。

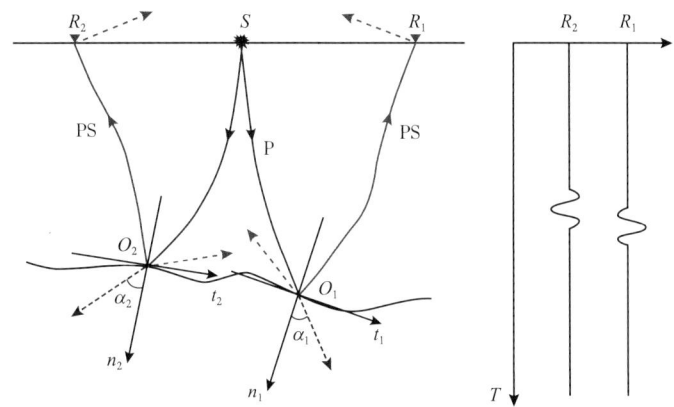

图 3-4-1　P-S 转换波在反射界面处的偏振

注：震源 S 产生的 P 波入射到反射界面处的 O_1、O_2 点处，产生 P-S 转换波并被地面 R_1、R_2 处水平分量检波器接收。其中，红色点线代表转换波极化方向，t、n 代表反射界面处的切线和法线。

四、数值模型处理

1. 平层模型

模型一为三层水平层状介质模型。模型网格为 301×401，纵横向采样间隔都为 10m，两个水平反射层分别位于 1400m 及 2700m 处。随着深度的增大，P 波速度分别为 2500m/s、2900m/s、3200m/s、S 波速度分别为 1500m/s、1800m/s、2600m/s，密度设定为常数。模拟弹性波记录主频为 30Hz，共有 51 炮，每炮 151 道，道间距为 20m，时间采样点数为 1500，采样间隔为 2ms。图 3-4-2（a），图 3-4-2（b）分别为第 26 炮单炮记录的 X、Z 分量。图 3-4-2（c）为仅对 Z 分量记录的 P-P 单炮成像结果，可以明显看到 Z 分量记录中的 S 波成分所导致的串扰噪声（箭头所指处），图 3-4-2（d）为采用式（3-4-24）对两分量记录加权后得到的 P-P 单炮成像结果，此时串扰噪声得到了有效压制。图 3-4-2（e）为 X 分量记录的 P-S 单炮成像结果，图 3-4-2（f）为两分量记录加权后的 P-S 单炮成像结果，可以看到，相比于图 3-4-2（e），图 3-4-2（f）中的串扰噪声得到了有效压制（箭头所指处），且成像结果中的极性反转现象得到了有效的校正（椭圆所标识处）。图 3-4-2（g）、图 3-4-2（h）分别为对所有炮偏移叠加后的 P-P、P-S 成像结果，可以看到两者均清晰地反映了界面的真实形态，且由于 S 波传播速度较慢，使 P-S 成像结果具有相对更高的分辨率。

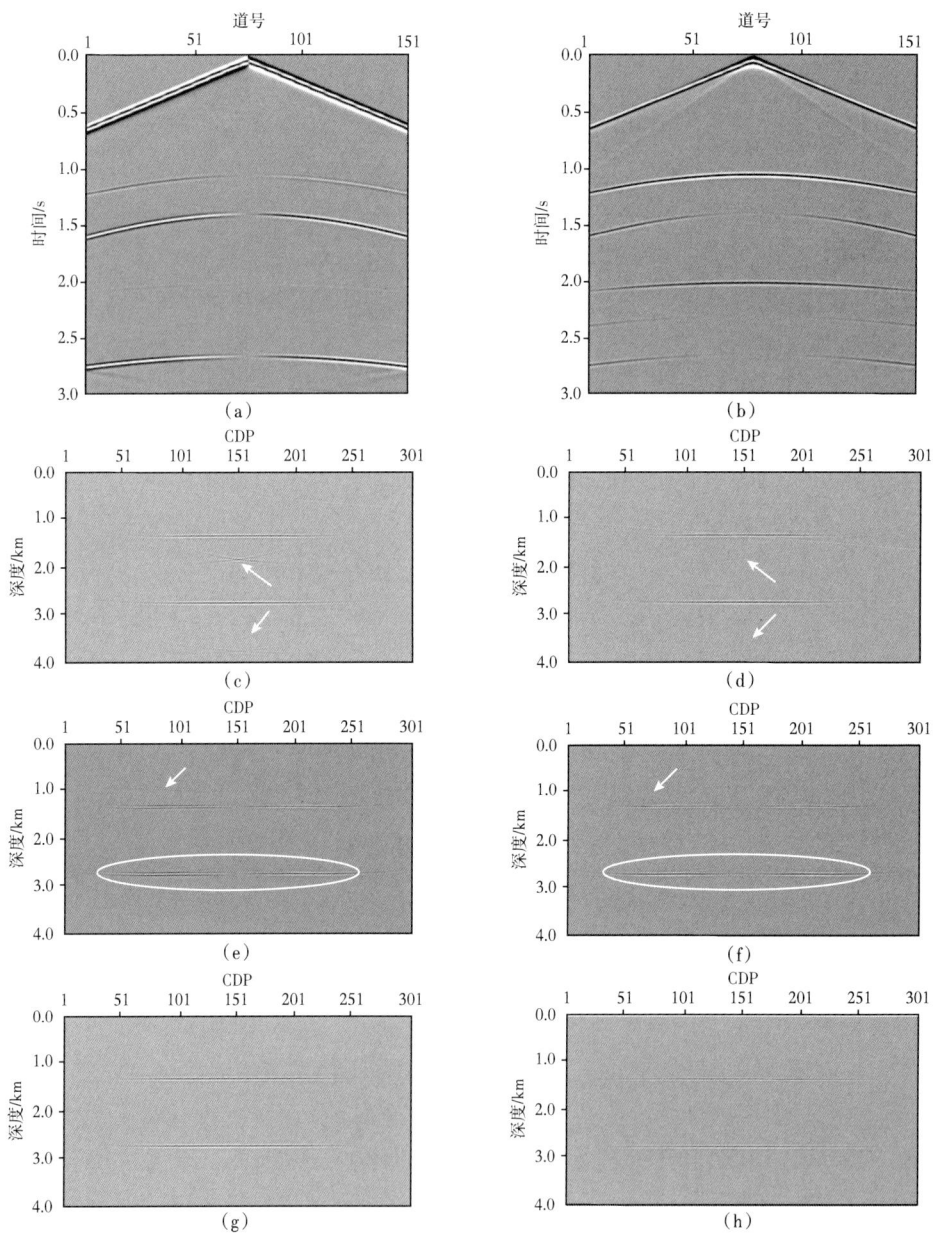

图 3-4-2 层状模型偏移试算

（a）水平分量单炮记录；（b）垂直分量单炮记录；（c）垂直分量记录 P-P 波单炮成像结果；（d）两分量记录的 P-P 单炮成像结果；（e）水平分量记录 P-S 波单炮成像结果；（f）经过极性校正后的两分量记录的 P-S 成像结果；（g）P-P 波成像叠加结果；（h）P-S 波成像叠加结果

2. 斜层模型

模型网格为 401×301，纵横向采样间隔都为 10m，模型中存在一倾斜反射层。层的上下半部分 P 波速度分别为 2000m/s 和 2600m/s，S 波速度分别为 1500m/s、2000m/s、2600m/s，密度设定为常数。模拟弹性波记录主频为 30Hz，共有 81 炮，每炮 401 道，道间距为 10m，时间采样点数为 1500，采样间隔为 2ms。图 3-4-3（a）、图 3-4-3（b）分别为第 1 炮单炮记录的 X，Z 分量，可以看到由矩形网格表示的反射界面间断而产生大量绕射波。图 3-4-3（c）和图 3-4-3（d）分别为第一炮记录的 P-P、P-S 成像结果，可以看到偏移后地震记录中的绕射波得到较好的收敛，模型中的反射界面也得到了正确的归位，P-S 成像结果具有相同的极性。图 3-4-3（e）、图 3-4-3（f）为最终 P-P、P-S 成像叠加结果，可以看到由于 P-S 反射具有更大的入射角，使 P-S 成像结果具有更广的成像范围。

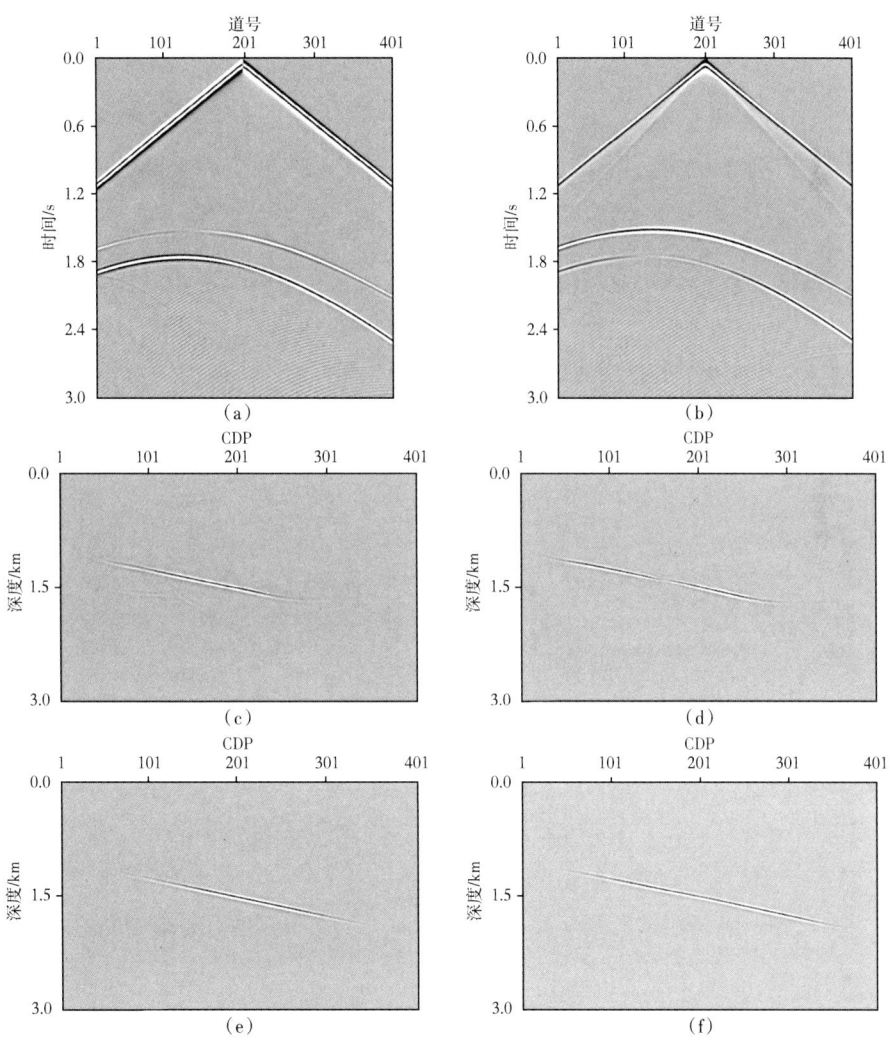

图 3-4-3　斜层模型偏移试算

（a）X 分量单炮记录；（b）Z 分量单炮记录；（c）P-P 单炮成像结果；（d）经过极性校正后的 P-S 成像结果；
（e）P-P 波成像叠加结果；（f）P-S 波成像叠加结果

3. 复杂断层模型

利用一个复杂层状介质模型来测试本方法的成像效果，速度模型如图3-4-4（a）和图3-4-4（b）所示，其网格大小为1000×550，纵横向采样间隔分别为10m、5m，同样将密度设定为常数。模型共分为7层，其中包含断层、洼陷等复杂构造。模拟弹性波记录主频为25Hz，共有200炮，每炮361道，道间距为10m，时间采样点数为1200，采样间隔为2ms。图3-4-4（c）和图3-4-4（d）分别为第1炮单炮记录的X、Z分量，可以看到由于地下构造复杂导致记录中的波场信息也非常复杂。图3-4-4（e）和图3-4-4（f）分别为最终的P-P、P-S成像结果，可以看到两者均较好地反映了速度模型的构造情况，模型中的断层、洼陷及起伏的底层均得到了较好的成像。

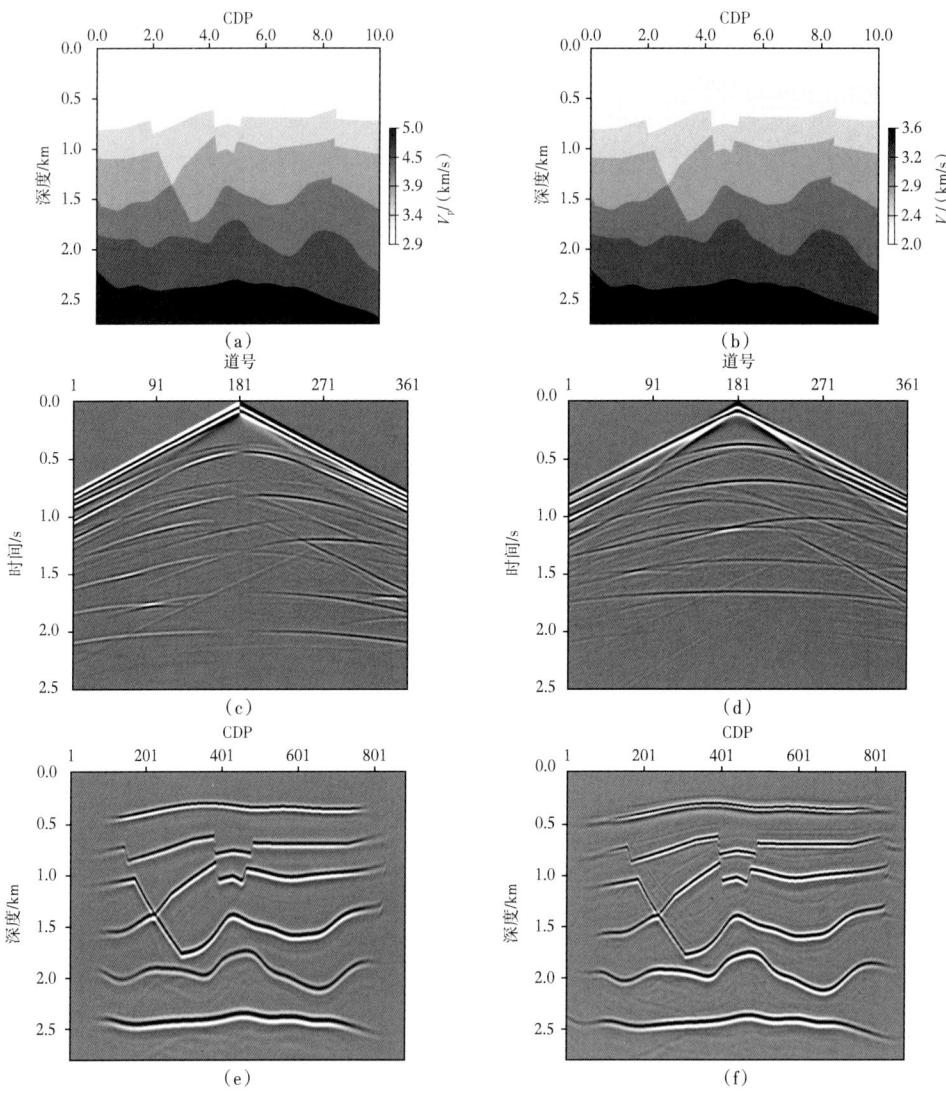

图3-4-4 复杂模型偏移试算
（a）P波速度模型；（b）S波速度模型；（c）X分量单炮记录；（d）Z分量单炮记录；
（e）P-P波成像叠加结果；（f）P-S波成像叠加结果

第五节 本章小结

高斯束偏移是一种优良的叠前深度域偏移成像方法，其不但具有很高的计算效率和灵活性，还可以对多次波至进行成像，具有优于常规 Kirchhoff 偏移且接近于波动方程偏移的成像精度，此外，高斯束偏移还可以对陡倾角构造及各向异性介质进行成像。本章介绍了复杂介质中高斯束偏移成像方法进行了研究，目的在于挖掘高斯束偏移所具有的潜力，提高其应用范围、计算效率、成像精度及实用性，着重考虑以下几个方面：（1）实用且高效的高斯束偏移算法；（2）复杂地表条件下保幅的高斯束偏移方法；（3）适用于弹性波多分量地震资料的高斯束偏移方法；（4）高斯束偏移过程中共成像点道集的提取方法；（5）高斯束偏移参数的选取准则。对于高斯束偏移，有如下的结论和认识：

（1）作为一种射线类的偏移方法，高斯束偏移具有较高的实用价值和广阔的应用前景。其不但可以适用于不同道集的叠前数据及复杂的地表条件，还可以应用于弹性波多分量叠前资料的偏移成像处理，并能够抽取不同类型的成像道集用于偏移速度分析。除此之外，还具有较高的计算效率和成像精度，使其非常适合三维情况下的深度域偏移成像，并能成为一种三维迭代速度建模的有效工具。

（2）计算效率是高斯束偏移实现过程中应当考虑的重要因素。高效算法是提高偏移计算效率的关键途径，特别是在三维的情况下，偏移孔径的优化选取算法也可以有效地提高计算效率。

（3）在倾斜叠加过程中考虑地表高程信息及近地表的横向速度变化，复杂地表条件下的保幅高斯束偏移可以有效提高近地表的成像精度，依据保幅延拓公式和成像条件，可以得到近似反映地下随角度变化反射系数的成像结果。在具体实现的过程中，应当考虑地表的倾角及道间距信息以获得更为准确的成像振幅。

（4）本章介绍的弹性波高斯束偏移是一种准确而有效的多分量叠前地震数据的偏移方法，通过将弹性波记录作为矢量波场进行延拓，在波场延拓的过程中对耦合的矢量波场进行解耦，可以对 P 波和 S 波进行分别成像，并且在一定程度上压制不同波形的串扰噪声。该方法可以进一步利用弹性动力学高斯束的极性信息来提取标量波场进行成像，提高成像质量，压制串扰噪声。

（5）不同类型共成像点道集的提取也是高斯束偏移的一大优点，特别是 ADCIGs。与波动方程偏移所需的复杂的映射转换不同，高斯束偏移可以直接利用其隐含的传播角度信息来进行 ADCIGs 的提取。高斯束偏移也可以通过提取局部偏移距、时移共成像道集进行 ADCIGs 的转换，但是同直接提取方法相比，不存在任何优势，而且效率低下。三维 ADCIGs、转换波 ADCIGs 及 PWDCIGs 的提取也是高斯束偏移所具有独特优势。

（6）在高斯束偏移过程中，关键参数（初始宽度、束中心间隔、参考频率、初始射线参数采样）的选择决定了最终的成像效果，其选取要结合速度、数据的频带宽度等信息。成像角度的控制也是高斯束偏移中所需考虑的重要因素，过大的成像角度往往会导致折射波成像造成低频噪声，过小的成像角度又会压制大角度反射甚至陡倾角构造的成像能量。

第四章 基于单程波的保幅叠前深度偏移

基于单程波方程的叠前深度偏移技术已广泛应用于复杂地质构造成像领域,随着能源工业对地震勘探精度要求的不断提高,利用地震数据偏移成像振幅信息为 AVO—AVA 分析提供可靠的岩性参数和储层信息成为地震勘探技术发展的必然趋势。与不适定和非线性的地震数据反演技术相比,地震偏移成像技术能够采用适定和线性的求解方法间接提取地下岩石物性参数,根据振幅信息定性划分岩性,以地震波理论为基础的真振幅叠前深度偏移是叠前偏移方法中最具有地质意义的精确成像方法,它能消除介质传播因素对地震波振幅的影响,输出深度域聚焦与归位之后的真振幅角度域共成像点道集,从而提高 AVO—AVA 分析的精度和储层预测的成功率。本章首先对真振幅偏移成像的概念进行解释,详细论述推导地下复杂介质中描述动力学特征的单程波动方程的近似过程,揭示单程波动方程中各项的物理意义及其振幅保真特性,然后推导出了带误差补偿的频率空间域有限差分法保幅波场延拓算子,并优化了地面边界条件和成像条件,最后利用模型数值试验和实际资料处理测试单程波动方程真振幅偏移方法的振幅保真特性。

第一节 真振幅偏移成像概念的解释

真振幅偏移已经在地震成像、反演与储层描述中成为热点话题。不过,关于真振幅偏移的争论还有很多。本节从地震波在介质中的传播过程出发,对真振幅偏移成像的概念进行解释。首先搞清真振幅的含义,一般情况下,反射地震信号的振幅受多种因素的影响。这些因素主要分为两类:一类称为采集因素,如震源与检波器的方向性、检波器的耦合情况等;另一类称为传播与散射因素,如几何扩散、散射、微曲多次反射、界面弯曲与倾斜、相干噪声、非弹性衰减、透射损失及各向异性等。若把与反射无关的因素对振幅的影响消除掉,得到的一次反射波可以认为是真振幅反射信号。

在影响地震波振幅的因素中,非弹性衰减、透射损失及各向异性等效应的机理较复杂,比较难校正。传统的地震勘探理论一般假设介质为各向同性,吸收衰减与透射损失不存在或者相应的振幅补偿已事先完成。在比较理想的采集条件下,认为震源仅是激发纵波的点源,地表不同位置不同时刻的震源特征完全一致,检波器的方向因子为 1。于是,在余下的因素中,几何扩散与远场效应(波的传播方向)对地震波振幅的影响最大。

图 4-1-1 显示了均匀介质中同一震源激发的地震波传到反射界面上某两个散射点(惠更斯二次源)再传到地面被记录下来的射线路径图。在这个过程中,地震波振幅变化经历了三次事件,即从震源到散射点的下行传播、散射(或反射)及从散射点传到地面接收点的上行传播。两次传播过程中的几何扩散效应都会衰减地震波的振幅,衰减幅度由路径长度、传播方向决定;在界面上的反射也可能改变地震波的振幅大小,各个平面波分量的反

射与透射遵循 Zeoppritz 方程。于是，在简单介质情况下，地震偏移的波场反向传播按不同路径完成几何扩散校正，即可实现真振幅恢复。经过以上讨论之后，把那些在地震波场反传播过程中基本完成几何扩散校正的主要振幅进行恢复处理，成像振幅与地下反射系数相等或成正比关系的地震波偏移方法称为真振幅偏移，也称为保幅偏移。因为要保留随角度变化的振幅信息，所以真振幅偏移必然是叠前偏移。对于波动方程偏移方法，波场传播算子、边界条件及成像条件都会影响成像振幅的保真程度。

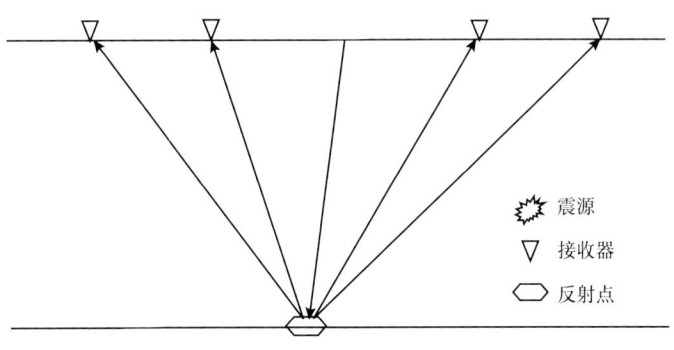

图 4-1-1　角度相关反射示意图

第二节　标量声波方程的分裂和解耦

在地震勘探中，地震波传播的实际介质是十分复杂的，通常具有非均匀性、各向异性和非完全弹性性质。各向异性和非完全弹性介质的地震波理论和实验研究较为困难，当前地震勘探主要考虑地震波频率范围内地下介质的非均匀性，如地层、断裂断层、透镜体、盐丘、礁体等。在各向同性介质假设下，远场观测的地震勘探可以引用弹性力学的基本理论。

根据固体弹性理论，均匀且各向同性的完全弹性介质中，质点振动沿空间的传播可以用位移方程表示成：

$$(\lambda + \mu)\mathrm{grad}\,\theta + \mu\nabla^2 \boldsymbol{u} + \rho \boldsymbol{F} = \rho \frac{\partial \boldsymbol{u}^2}{\partial t^2} \qquad (4\text{-}2\text{-}1)$$

式中　$\boldsymbol{u}$——位移向量；

　　　θ——取 div$\boldsymbol{u}$；

　　　$\boldsymbol{F}$——体力向量；

　　　λ、μ——拉梅系数；

　　　ρ——介质密度；

　　　∇^2——即 $\dfrac{\partial^2}{\partial x^2} + \dfrac{\partial^2}{\partial y^2} + \dfrac{\partial^2}{\partial z^2}$，拉普拉斯算子；

　　　grad——梯度算子；

　　　div——散度算子。

方程（4-2-1）决定着弹性介质的运动状态及在弹性介质中的传播，称为拉梅方程。

弹性体的运动状态由弹性体每一点上的位移向量 u 所决定。作为质点位置坐标和时间的函数，位移向量 u 满足弹性介质运动平衡方程公式（4-2-2），任何一个向量场都可以表示为两个向量场之和：

$$u_p = \mathrm{grad}\phi \qquad (4\text{-}2\text{-}2a)$$

$$u_s = \mathrm{curl}\,\psi \qquad (4\text{-}2\text{-}2b)$$

所以向量 u 可以写作：

$$u = u_p + u_s = \mathrm{grad}\phi + \mathrm{curl}\,\psi \qquad (4\text{-}2\text{-}3)$$

其中，ϕ 和 ψ 称为位移位。

在均匀各向同性完全弹性介质中，存在两种相互独立的波动类型。在胀缩外力作用下，介质中会产生体积相对胀缩或压缩。在这种状态下介质质点围绕其平衡位置做前后或往返运动，单元体不做旋转而产生的波称为纵波；在旋转外力作用下，介质中会产生角度转动的扰动，即横波。它们都可以用如下齐次波动方程表示：

$$\nabla^2 f = \frac{1}{v^2(x,y,z)}\frac{\partial^2 f}{\partial t^2} \qquad (4\text{-}2\text{-}4)$$

式中　f——即 $f(x, y, z, t)$，为波函数，可代表纵、横波的各种物理量；

　　　v——波的传播速度，m/s。

实际上，介质的非均匀性通常使纵波、横波相互耦合和转换，为了简化问题，地震勘探中主要应用纵波信息。固体介质中的纵波是一种胀缩应变波，它与流体中的声波具有相同的性质，因此，地震波的传播问题可以用相对简单的声波方程来研究。

在密度恒定的各向同性完全弹性介质中，假设地震波震源是 $t=0$ 时刻激发的脉冲，则地震波的传播可以用如下时间—空间域的三维标量声波方程表示：

$$\left(\frac{1}{v^2}\frac{\partial^2}{\partial t^2} - \frac{\partial^2}{\partial x^2} - \frac{\partial^2}{\partial y^2} - \frac{\partial^2}{\partial z^2}\right)P(t,x,y,z) = 0 \qquad (4\text{-}2\text{-}5)$$

式中　$P(t, x, y, z)$——压缩（纵）波分量；

　　　v——恒定压缩（纵）波传播速度，m/s。

式（4-2-4）的 Helmholtz 方程形式如下：

$$\left(\frac{\partial^2}{\partial x^2} + \frac{\partial^2}{\partial y^2} + \frac{\partial^2}{\partial z^2} + \frac{\omega^2}{v^2}\right)\tilde{P}(\omega,x,y,z) = 0 \qquad (4\text{-}2\text{-}6)$$

在三维非均匀介质情况下，张关泉（1993）推导出基于光滑介质（几何光学介质）假设的全标量波动方程的近似表达式：

$$\left[\left(\Lambda + \frac{\partial}{\partial z}\right)\left(\Lambda - \frac{\partial}{\partial z}\right) + \frac{v'}{v}(I+H)\Lambda\right]P(t,x,y,z) = 0 \qquad (4\text{-}2\text{-}7)$$

其中，算子 $\Lambda = \left(\dfrac{1}{v^2}\dfrac{\partial^2}{\partial t^2} - \dfrac{\partial^2}{\partial x^2} - \dfrac{\partial^2}{\partial y^2} \right)^{\frac{1}{2}}$，称为拟微分算子，其在频率—波数域的表征为：$\lambda = \mathrm{i}\dfrac{\omega}{v}\left[1 - \dfrac{c^2}{\omega^2}\left(k_x^2 + k_y^2 \right) \right]^{\frac{1}{2}}$，$I$ 是单位算子，$v' = \dfrac{\partial v}{\partial z}$，$H$ 也为拟微分算子，满足方程：

$$\left[\dfrac{\partial^2}{\partial t^2} - \left(v\dfrac{\partial}{\partial x} \right)^2 - \left(v\dfrac{\partial}{\partial y} \right)^2 \right] H = \left(v\dfrac{\partial}{\partial x} \right)^2 + \left(v\dfrac{\partial}{\partial y} \right)^2 \qquad (4\text{-}2\text{-}8)$$

由上述标量波动方程的近似表达式得到上、下行波方程组的表征形式如下：

$$\left(\dfrac{\partial}{\partial z} + \Lambda \right) D(t,x,y,z) + \dfrac{v'}{2v}(I+H)(D+U) = 0 \qquad (4\text{-}2\text{-}9\mathrm{a})$$

$$\left(\dfrac{\partial}{\partial z} - \Lambda \right) U(t,x,y,z) + \dfrac{v'}{2v}(I+H)(D+U) = 0 \qquad (4\text{-}2\text{-}9\mathrm{b})$$

其中，上、下行波分别满足：

$$U(t,x,y,z) = \dfrac{1}{2}\left(\Lambda + \dfrac{\partial}{\partial z} \right) P(t,x,y,z) \qquad (4\text{-}2\text{-}10\mathrm{a})$$

$$D(t,x,y,z) = \dfrac{1}{2}\left(\Lambda - \dfrac{\partial}{\partial z} \right) P(t,x,y,z) \qquad (4\text{-}2\text{-}10\mathrm{b})$$

可以看出，变速情况下的单程波方程中，上下行波是耦合在一起的，耦合项 $\dfrac{v'}{2v}(I+H)(D+U)$ 反映波的透射和反射；$\dfrac{v'}{2v}$ 为在位置 (x,z) 处，沿 z 方向垂直入射时的反射系数；$(I+H)$ 反映斜入射时反射系数的倾角校正因子。如果将此耦合项忽略不计，即不考虑其反射和透射，那么方程（4-2-9）中余下部分描述的是单程波的传播。

如果地面激发的是下行波 D，反射系数 $\dfrac{v'}{2v}$ 值较小，则由反射产生的上行波 U 相对于 D 亦是小量，则在下行波方程中可忽略 U，即忽略由 U 反射所产生的多次反射下行波，对于上行波方程，同样忽略多次反射波，则单程波方程变为：

$$\left(\dfrac{\partial}{\partial z} + \Lambda \right) D(t,x,y,z) + \dfrac{v'}{2v}(I+H) D = 0 \qquad (4\text{-}2\text{-}11\mathrm{a})$$

$$\left(\dfrac{\partial}{\partial z} - \Lambda \right) U(t,x,y,z) + \dfrac{v'}{2v}(I+H) U = 0 \qquad (4\text{-}2\text{-}11\mathrm{b})$$

令 $\Gamma = \dfrac{v'}{2v}(I+H)$，则真振幅单程波方程可写为：

$$\left(\frac{\partial}{\partial z}+\Lambda\right)D(t,x,y,z)+\Gamma D=0 \qquad (4\text{-}2\text{-}12a)$$

$$\left(\frac{\partial}{\partial z}-\Lambda\right)U(t,x,y,z)+\Gamma U=0 \qquad (4\text{-}2\text{-}12b)$$

张关泉（1993）证明了式（4-2-9）与全标量波动方程（4-2-5）在高频近似（几何光学逼近）意义下等价，即它们具有相同的程函方程和首阶振幅系数满足的输运方程。

由于 $D+U=\Lambda P$，即分裂解耦得到的单程波动方程中的上行波 U 和下行波 D 并不是全波场 P 的声压分量，如果直接代入到动力学成像公式中，得到的成像值并不能准确地反映相应空间点的声压反射系数特征。因此在成像前应把波场 U 和 D 变换成声压波场。Zhang（2001）提出在进行成像计算前，先做如下的波场变换：

$$p_D = \Lambda^{-1} D \qquad (4\text{-}2\text{-}13a)$$

$$p_U = \Lambda^{-1} U \qquad (4\text{-}2\text{-}13b)$$

则它们满足下面的单程波方程：

$$\left(\frac{\partial}{\partial z}+\Lambda-\Gamma\right)p_D(x,y,z;\omega)=0 \qquad (4\text{-}2\text{-}14a)$$

$$\left(\frac{\partial}{\partial z}-\Lambda-\Gamma\right)p_U(x,y,z;\omega)=0 \qquad (4\text{-}2\text{-}14b)$$

Zhang（2003）证明了式（4-2-14）与全标量波动方程（4-2-9）在高频近似意义下具有相同的程函方程和首阶振幅系数满足的输运方程。在光滑介质（或分段连续介质）的假设前提下，式（4-2-14）可以近似替代全标量波动方程（4-2-9），并满足波动传播的运动学和动力学特征。

第三节　带误差补偿 XWFD 保幅波场延拓算子

一、XWFD 保幅波场延拓算子

基于张关泉提出的单程波分解方程，张宇通过定义新的压力波场，得到了如下所示的保幅共炮偏移算法，满足式（4-3-1）的单程波方程和边界条件：

$$\begin{cases} \left(\dfrac{\partial}{\partial z}+\Lambda-\Gamma\right)p_D(x,y,z;\omega)=0 \\ p_D(x,y,z=0;\omega)=-\dfrac{1}{2\mathrm{i}}\Lambda^{-1}\delta(\vec{x}-\vec{x}_s) \end{cases} \qquad (4\text{-}3\text{-}1a)$$

和

$$\begin{cases} \left(\dfrac{\partial}{\partial z} - \Lambda - \Gamma\right) p_U(x,y,z;\omega) = 0 \\ p_U(x,y,z=0;\omega) = Q(x,y;\omega) \end{cases} \quad (4\text{-}3\text{-}1\text{b})$$

从式（4-3-1）出发，推导 XWFD 保幅波场延拓算子，以下行波场为例，式（4-3-1）可以进一步展开为（为方便以下各式中的 p 代表 p_D）：

$$\dfrac{\partial p}{\partial z} = \underbrace{\mathrm{i}\dfrac{\omega}{v}\sqrt{1 + \dfrac{v^2}{\omega^2}\left(\dfrac{\partial^2}{\partial x^2} + \dfrac{\partial^2}{\partial y^2}\right)}p}_{\text{I}} - \underbrace{\dfrac{v'}{2v}\dfrac{1}{1 + \dfrac{v^2}{\omega^2}\left(\dfrac{\partial^2}{\partial x^2} + \dfrac{\partial^2}{\partial y^2}\right)}p}_{\text{II}} = 0 \quad (4\text{-}3\text{-}2)$$

式（4-3-2）分为两部分求解，其中第 I 项为常规的波动方程求解方程，它保持了波动方程的运动学特征；第 II 项保持着波动方程的动力学特征，它包含了波在传播过程中的振幅变化信息。第 I 项的解在频率空间域可分为两部分，频率空间域的有限差分和时移校正，如式（4-3-3）所示：

$$\dfrac{\partial p}{\partial z} = \pm \dfrac{\mathrm{i}w}{v(x,y,z)}\left(1 + \sum_{i=1}^{n}\dfrac{\alpha_i R_x}{1+\beta_i R_x} + \sum_{i=1}^{n}\dfrac{\alpha_i R_y}{1+\beta_i R_y}\right)p \quad (4\text{-}3\text{-}3)$$

其中
$$R_x = \dfrac{v^2(x,y,z)}{w^2}\dfrac{\partial^2}{\partial x^2},\ R_y = \dfrac{v^2(x,y,z)}{w^2}\dfrac{\partial^2}{\partial y^2}$$

α_i 和 β_i 是连分式展开系数，对系数进行优化可以得到适宜于不同倾角的优化系数，随着 n 值的增大，成像精度也就越高，与此同时，计算效率也在下降。

第 II 项可以表示为：

$$\dfrac{\partial p}{\partial z} = \Gamma_0 p + (\Gamma - \Gamma_0)p \quad (4\text{-}3\text{-}4)$$

其中 $\Gamma = -\dfrac{1}{2}\dfrac{\partial}{\partial z}\ln\lambda(x,y,z)$，式（4-3-4）可以表示为：

$$\dfrac{\partial p}{\partial z} = \underbrace{-\dfrac{1}{2}\dfrac{\partial}{\partial z}(\ln\lambda_0)p}_{\text{III}} \underbrace{-\dfrac{1}{2}\dfrac{\partial}{\partial z}(\ln\lambda)p + \dfrac{1}{2}\dfrac{\partial}{\partial z}(\ln\lambda_0)p}_{\text{IV}} \quad (4\text{-}3\text{-}5)$$

式（4-3-5）也分为两个部分，III 和 IV，求解第 III 项可以得到频率波数域振幅补偿项，如式（4-3-6）所示：

$$p(\omega,k_x,k_y,z+\Delta z) = \left[\dfrac{v_0(z+\Delta z)\sqrt{1-\dfrac{v_0^2(z)}{\omega^2}(k_x^2+k_y^2)}}{v_0(z)\sqrt{1-\dfrac{v_0^2(z+\Delta z)}{\omega^2}(k_x^2+k_y^2)}}\right]^{\frac{1}{2}} p(\omega,k_x,k_y,z) \quad (4\text{-}3\text{-}6)$$

其中，$v_0(z)$ 为第 z 层的背景速度，k_x、k_y 是空间 x 和 y 方向的波数，展开第Ⅳ项可以表示为：

$$\frac{\partial p}{\partial z} = -\frac{1}{2}\frac{\partial}{\partial z}\left\{\ln\frac{\omega}{v}\left[1-\frac{v^2}{\omega^2}(k_x^2+k_y^2)\right]^{\frac{1}{2}}\right\}p +$$
$$\frac{1}{2}\frac{\partial}{\partial z}\left\{\ln\frac{\omega}{v_0}\left[1-\frac{v_0^2}{\omega^2}(k_x^2+k_y^2)\right]^{\frac{1}{2}}\right\}p \quad (4\text{-}3\text{-}7)$$

$$\frac{\partial p}{\partial z} = \frac{1}{2}\left\{\underbrace{\frac{\partial}{\partial z}\ln\frac{\omega}{v_0}-\frac{\partial}{\partial z}\ln\frac{\omega}{v}}_{A}+\underbrace{\frac{1}{2}\frac{\partial}{\partial z}\ln\frac{\left[1-\frac{v_0^2}{\omega^2}(k_x^2+k_y^2)\right]}{\left[1-\frac{v}{\omega^2}(k_x^2+k_y^2)\right]}}_{B}\right\}p \quad (4\text{-}3\text{-}8)$$

式（4-3-8）可以分为 A 和 B，其中 A 的求解与式（4-3-6）类似，由此得到频率空间域振幅补偿如式（4-3-9）所示：

$$p(\omega,x,y,z+\Delta z) = \left[\frac{v(x,y,z+\Delta z)v_0(z)}{v(x,y,z)v_0(z+\Delta z)}\right]^{\frac{1}{2}} p(\omega,x,y,z) \quad (4\text{-}3\text{-}9)$$

求解 B 并推导得到有限差分振幅补偿项如下（刘定进，2007）：

$$p(w,x,y,z+\Delta z)\left[1-(\alpha_x+\beta_x)T_x-(\alpha_y+\beta_y)T_y\right] = $$
$$p(w,x,y,z)\left[1-(\alpha_x+\beta_x)T_x-(\alpha_y+\beta_y)T_y\right] \quad (4\text{-}3\text{-}10)$$

其中：

$$\alpha_x = 1/6$$
$$\beta_x = \frac{v^2(z+1)-v^2(z)-v_0^2(z+1)+v_0^2(z)}{8w^2\Delta z \Delta x^2}$$
$$\beta_y = \frac{v^2(z+1)-v^2(z)-v_0^2(z+1)+v_0^2(z)}{8w^2\Delta z \Delta y^2}$$

式（4-3-3）、式（4-3-5）、式（4-3-9）和式（4-3-10）构成了频率空间域有限差分保幅波场延拓算子。

二、频率—空间域有限差分误差补偿

以下行波场为例，在不做任何近似时的深度域波场延拓算子可以表示为：

$$\frac{\partial p}{\partial z} = \frac{\mathrm{i}w}{v(x,z)}\sqrt{1+R_x}\tilde{u} = \mathrm{i}\frac{w}{v(x,z)}Pp \quad (4\text{-}3\text{-}11)$$

其中，$P = \sqrt{1+R_x}$，应用连分式优化系数展开的波场延拓算子如式（4-3-3）所示，将式（4-3-3）简写为：

$$\frac{\partial p}{\partial z} = \mathrm{i}\frac{w}{v(x,z)} Q p \tag{4-3-12}$$

其中，$Q = 1 + \sum_{i=1}^{n} \frac{\alpha_i R_x}{1 + \beta_i R_x}$。

两者之差就是差分算子的误差 E，即：

$$E = P - Q = \sqrt{1+R_x} - \left(1 + \sum_{i=1}^{n} \frac{\alpha_i R_x}{1 + \beta_i R_x}\right) \tag{4-3-13}$$

频率—空间域的低阶方程（$n=1$）有限差分误差 E 在频率—波数域可准确计算（速度无横向变化），表示为：

$$E = \sqrt{1 - \left(\frac{vk_x}{w}\right)^2} - \left[1 - \frac{\alpha\left(\frac{vk_x}{w}\right)^2}{1 - \beta\left(\frac{vk_x}{w}\right)^2}\right] \tag{4-3-14}$$

补偿这种误差可以在一步或若干步上进行相移校正。对于上行波场，它和下行波场的误差补偿 E 是相同的，在延拓过程中只需改变 i 前的符号即可。所以带误差补偿的频率—空间有限差分波场深度延拓算子可以表示为

$$\frac{\partial p}{\partial z} = \frac{\mathrm{i}w}{v(x,z)}[Q+E]p \tag{4-3-15}$$

它的处理包含了三步：频率—空间域的有限差分处理、频率—空间域的时移处理、频率—波数域的误差补偿处理，所以相对于常规的频率—空间域有限差分算子效率要稍低一些，但由于误差补偿在延拓若干步长上进行一次也可以得到较好的效果，所以相对于傅里叶有限差分算子来说，它省去了很多频率—波数域的处理，效率要更高一些。

第四节 基于单程波方程保幅偏移的边界条件

从以上公式的推导中可以看到，传统的下行波方程传播算子的边界条件是不合适的，为了得到声压反射系数，必须先将单程波场转化为声压波场，再利用真振幅的延拓方法进行波场延拓。

下行声压波场的边界条件可以表示为：

$$p_D(x,y,z=0;\omega) = \frac{1}{2}\Lambda^{-1}\delta(x-x_s) \tag{4-4-1}$$

转化到频率波数域：

$$p_D(k_x, k_y, z=0; \omega) = \frac{\mathrm{i}}{2k_z(z=0)} S(\omega) \qquad (4\text{-}4\text{-}2)$$

其中，

$$k_z(z=0) = \frac{\omega}{v_0(z=0)} \sqrt{1 - \frac{v_0^2(z=0)(k_x^2 + k_y^2)}{\omega^2}}$$

由地面接收系统接收到的炮记录 Q 可以直接作为波场 p 的上行声压波场参与向下延拓的计算。为考察下行波边值条件的物理含义，对比该边值条件校正前、后下行波的波前面。其中介质速度为 $v=2000\mathrm{m/s}$，震源函数为 20Hz 的 Ricker 子波。图 4-4-1（a）是边界未经处理的下行波 $t=1\mathrm{s}$ 时刻的波前面，图 4-4-1（b）为按地面边值条件校正后同一时刻的下行波波前面。图 4-4-1（c）和图 4-4-1（d）分别是用常规和保幅偏移方法，以 $v_m=0.8v$ 的速度进行波场延拓得到的波前情况。可见，若按传统方法延拓下行波，波前振幅各方向不均衡，散射角越大，则振幅越小，而校正后的下行波波前面在各个方向的振幅比较均衡，这符合均匀介质中点源激发波前能量扩散的实际情况。

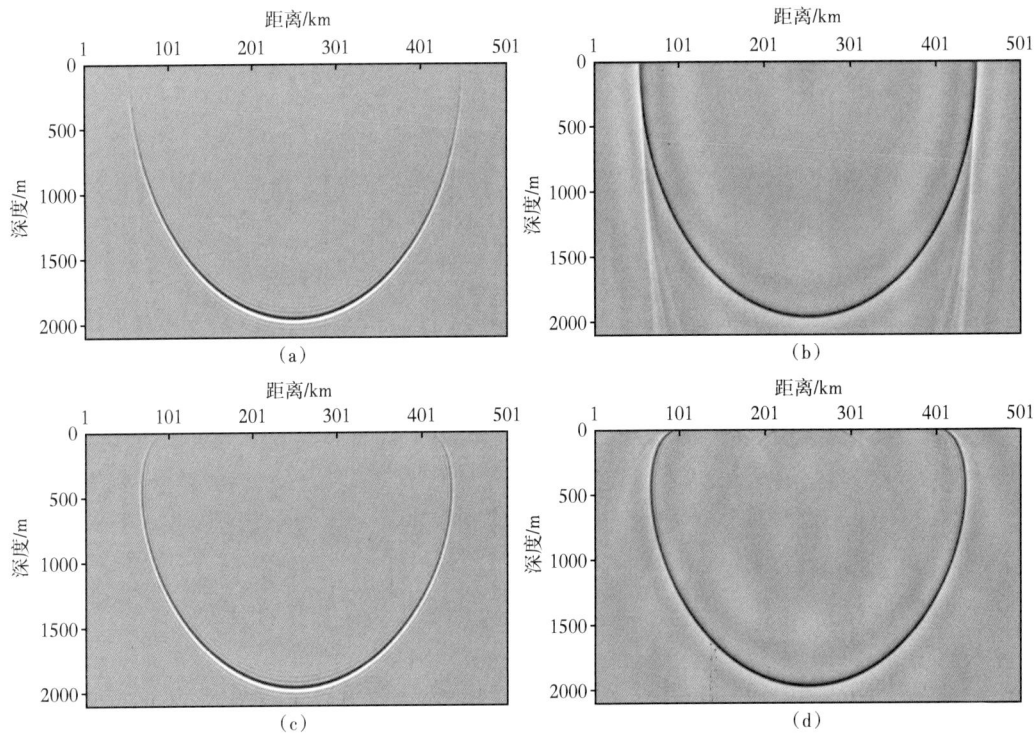

图 4-4-1　下行波波前面

（a）传统波场延拓算子，基于正确速度场；（b）基于保幅波场延拓算子和边界条件，基于正确速度场；
（c）传统波场延拓算子，基于 $0.8v$ 的速度场；（d）基于保幅波场延拓算子和边界条件，基于 $0.8v$ 速度场

图 4-4-2 显示了均匀介质中不同波动方程模拟得到的下行波场效果图。在均匀介质情况下，速度为 4000m/s，接收点分布于地下 1000m 深度处，共 501 个接收道。图 4-4-2（a）、蓝图 4-4-2（b）和图 4-4-2（c）分别为用基于传统波场延拓算子的下行波、保幅波场延拓算

子的下行波和基于全声波方程正演模拟得到的模拟波场。可见，真振幅情况下的下行波振幅衰减慢，而传统下行波方程模拟波场虽然在走时上与真振幅下行波一致，但振幅衰减要快很多。全声波方程正演模拟[图4-4-2（c）]波场的振幅衰减要明显比传统单程波方程的慢，而基于单程波方程的保幅波场延拓方法[图4-4-2（b）]和全声波方程模拟的结果[图4-4-2（c）]较为吻合，这也证明了保幅波场延拓方法的有效性。当然，保幅方法在增强有效信号的同时也会不可避免地引入了一些噪声，如图4-4-2（b）所示，但是，其整体趋势比较明显。

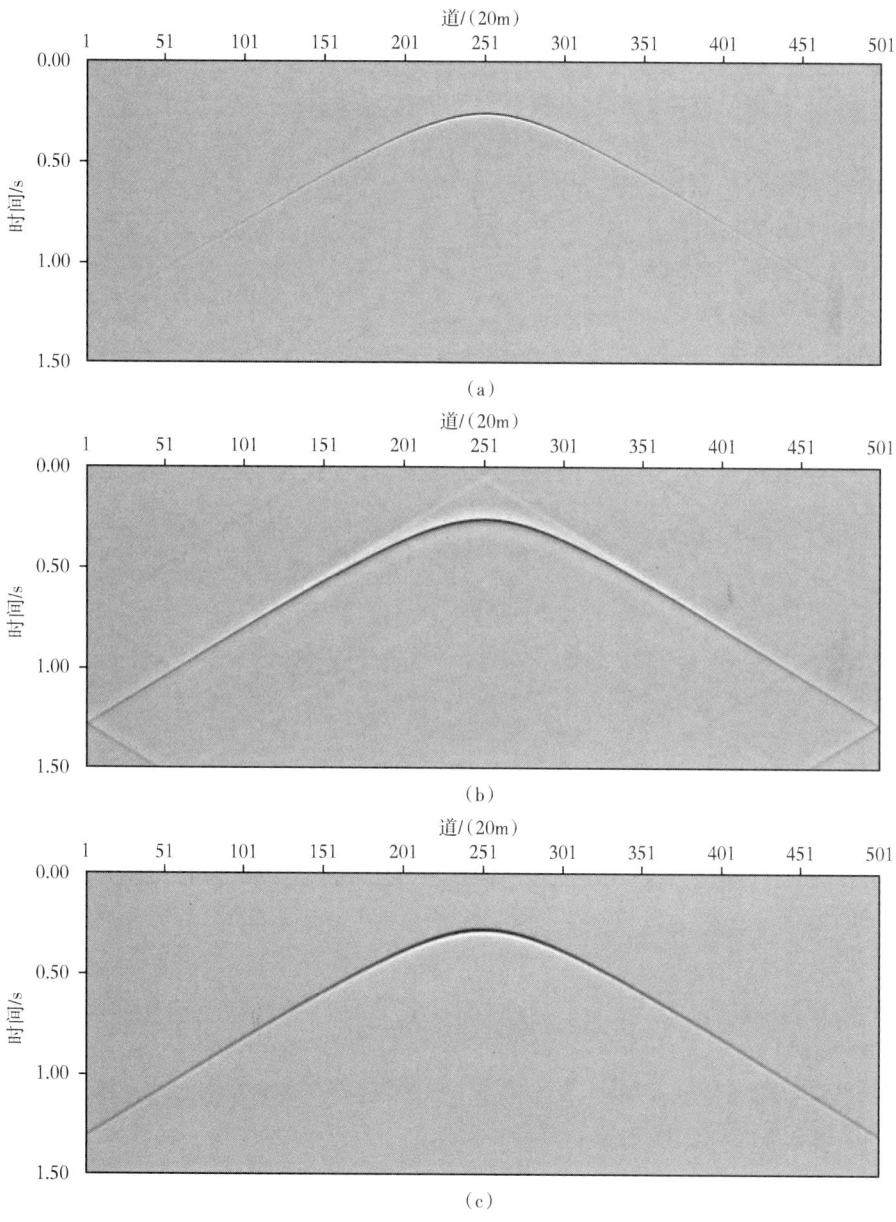

图 4-4-2　均匀介质下行波扩散效果图
（a）传统波场延拓算子；（b）基于保幅的波场延拓算子；（c）全声波方程正演模拟

第五节 保幅偏移中的稳定成像条件

在介质的速度参数已知的条件下，确定反射图像的任务就是求反射点的空间位置及其反射系数。由于无法求出确切的反射系数，实际上是用能反映该反射点反射系数相对值的反射波振幅来表示的。因此，在目前阶段，反射成像实际上就是把地面上观测到的反射波归位到产生它的反射点上去，能做到这一点就算实现了成像，实际就是地震偏移问题，因此，地震偏移与地震成像在现阶段可以视为同一概念。

为了实现地震偏移成像，首先要进行上行波场的反向外推。外推后求出的各点波场值，有的是来自本点的反射波，有的是该点下方许多点上的反射波，因此，要在外推波场中提取成像值。Claerbout 提出的反射波成像原则是：反射面位于这些点上，其入射波的初至与反射波的产生时间相同。基于炮域的保幅偏移必须是基于反褶积的成像条件才能够达到保幅的目的，但是这种反褶积条件存在明显的缺陷，当分母项为很小的数的时候，会出现计算不稳定现象，严重影响了成像质量。Antoine 等（2006）为改善成像条件的稳定，提出了一些稳定性的应用方法，应用一种基于 Gaussian 函数的窗函数，对成像条件中的分母项进行平滑，可以消除分母项中振幅为零的点，其中，平滑的效果主要由两个因素控制：平滑参数和平滑函数。

一、保幅偏移应用传统成像条件缺陷

成像条件是保幅波动方程叠前深度偏移的一个重要因素。传统构造成像中应用的相关成像条件（4-5-1a）忽略了公式中的分母实数项，因此它只能保证正确的相位，这种成像条件不能用于保幅偏移。动力学的保幅成像条件见式（4-5-1b），当分母项趋于零的时候，成像值出现不稳定现象。虽然加入阻尼因子 σ 会一定程度上减少这种不稳定性，但是阻尼值的选取和它给成像带来的噪声都影响成像效果。

$$R_{\text{cor}}(x,y,z) = \frac{1}{2\pi}\int p_u(x,z;w)p_d^*(x,y,z;w)\mathrm{d}w \qquad (4\text{-}5\text{-}1\text{a})$$

$$R_{\text{dec}}(x,y,z) = \frac{1}{2\pi}\int \frac{p_u(x,z;w)p_d^*(x,z;w)}{p_d(x,z;w)p_d^*(x,z;w)}\mathrm{d}w \qquad (4\text{-}5\text{-}1\text{b})$$

$$R_{\text{dec\_dr}}(x,y,z) = \frac{1}{2\pi}\int \frac{p_u(x,z;w)p_d^*(x,z;w)}{p_d(x,z;w)p_d^*(x,z;w)+\sigma}\mathrm{d}w \qquad (4\text{-}5\text{-}1\text{c})$$

二、改进型的稳定保幅成像条件

这种成像条件的改进主要是通过对反褶积成像条件中的分母项进行平滑来消除奇异值的影响，平滑窗的类型和长度起到了重要的作用，平滑过程是一个褶积过程。对一维函数 $f(x)$ 的平滑可以表示为：

$$f_s(x) = s_\alpha * f = \int_{-\infty}^{\infty} s_\alpha(x-\xi) f(\xi) \mathrm{d}\xi \quad (4\text{-}5\text{-}2)$$

其中，s_α 是依赖于平滑参数 α 的核函数，平滑参数 α 用来控制平滑的程度。一个平滑算子的核函数具有正态性、非负性、单调性和频谱单调收敛性。平滑算子比较多，一般都是基于它所应用的窗函数来命名，如矩形窗平滑算子、三角窗平滑算子和 Gaussian 窗平滑算子等。以下介绍应用效果较好的 Gaussian 窗平滑算子，其核函数为：

$$s_\alpha(x) = \frac{1}{\sqrt{2\pi}\lambda} \exp\left(-\frac{x^2}{2\lambda^2}\right) \quad (4\text{-}5\text{-}3)$$

其中，平滑参数 λ 是 Gaussian 窗的长度。在分母中应用平滑窗函数的成像条件，可以表示为：

$$R_{\mathrm{smooth}}(x,z) = \int \frac{p_u(x,z,\omega) p_d^*(x,z,\omega)}{<< p_d(x,z,\omega) p_d^*(x,z,\omega) >>} \mathrm{d}\omega \quad (4\text{-}5\text{-}4)$$

其中，

$$\ll p_d(x,z,\omega) p_d^*(x,z,\omega) \gg = \int_{-\infty}^{\infty} s_\alpha(x-\xi) p_d(\xi,z,\omega) p_d^*(\xi,z,\omega) \mathrm{d}\xi \quad (4\text{-}5\text{-}5)$$

每延拓至某一深度层时，对于一个特定的频率 ω，将 $p_d(x,z,\omega) p_d^*(x,z,\omega)$ 看作是横向位置 x 的函数，以 Gaussian 窗中点处为中点，在窗宽 α 范围内，对该点处的值进行平滑处理。

三、保幅偏移稳定成像条件数值计算

本小节利用 Marmousi 模型数据对该方法进行叠前深度偏移试验，图 4-5-1（a）和图 4-5-1（b）都是基于反褶积型的成像条件，为保持稳定，阻尼因子分别选取为 $\sigma=0.002$ 和 $\sigma=0.02$，由于浅层三大断裂的影响，速度变化剧烈，成像条件稳定性显得更为重要，浅层成像受到了较大的影响，局部信息模糊不清，随着阻尼因子的减小，这种不稳定性更加严重。基于 Gaussian 窗函数的平滑函数对成像条件的平滑，使偏移结果得到了极大的改善［图 4-5-1（c）］，即使在构造复杂、局部横向变速剧烈的 Marmousi 模型保幅偏移中，噪声也得到了压制，保证了成像的稳定性。

成像条件是保幅偏移中非常重要的一个环节，将基于 Gaussian 窗的平滑函数应用到保幅偏移的成像条件中，既保持了原有的反褶积型成像条件，又保持了其计算上的稳定性。有以下几个方面的认识：

（1）反褶积型成像条件的不稳定性是制约基于单程波方程保幅偏移的因素之一，应用基于平滑函数的成像条件提高了保幅偏移的稳定性。通过对平层模型和 Marmousi 模型的试算，表明合适的平滑算子作用后的成像条件得到的偏移结果要明显好于加入阻尼因子的反褶积型成像效果。

（2）选择的平滑窗长度越大，对应的成像结果越好，稳定性越高，但是对应的计算量会增加，因为参与平滑的点数变多了。为方便起见，选用了单炮偏移中的所有道数的点数

参与了平滑运算。

（3）与其他矩形窗函数相比，Gaussian 窗无须依据特定条件确定窗口长度，而且频谱特性比较好，所以选取基于 Gaussian 窗函数的平滑函数对反褶积成像条件中的分母项进行平滑处理。

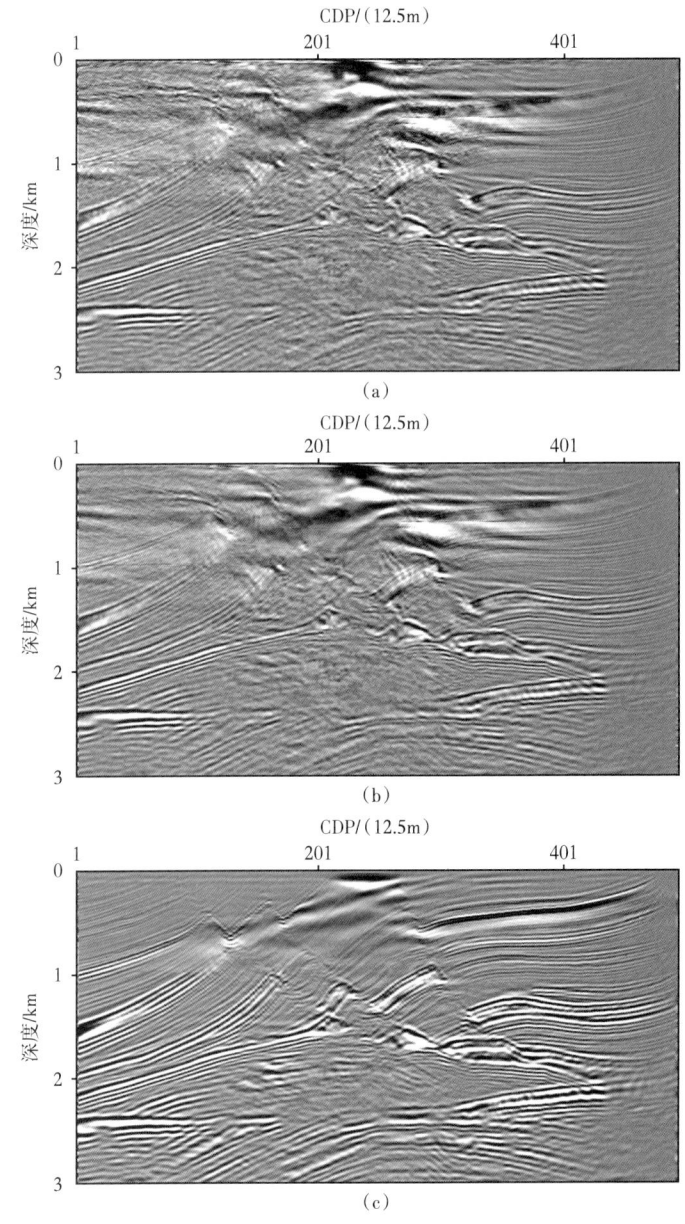

图 4-5-1　Marmousi 模型试算

(a) 基于反褶积成像条件的单炮保幅偏移，$\sigma=0.02$；(b) 基于反褶积成像条件的单炮保幅偏移，$\sigma=0.002$；
(c) 基于平滑函数成像条件的单炮保幅偏移

第六节　单程波算子保幅偏移模型和实际资料测试

一、脉冲响应测试

对二维模型进行了脉冲响应测试，脉冲放置在 x=1000m，t=420ms 处，所用模型是速度 v=2000m/s 的均匀速度场。对不同的算子进行了脉冲测试，图 4-6-1（a）、图 4-6-1（b）、图 4-6-1（c）和图 4-6-1（d）分别为基于传统 XWFD 偏移算子、XWFD 保幅偏移算子、加误差补偿的 XWFD 偏移算子和加误差补偿的 XWFD 保幅偏移算子的脉冲响应。从图 4-6-1（a）中可以看出，加误差补偿的 XWFD 虽然没有噪声，但是不能使高角度成像，而且随着角度增大，能量逐渐减少；不加误差补偿的保幅 XWFD 虽然高角度能量变强，但是噪声非常强 ［图 4-6-1（b）］；图 4-6-1（d）所示加误差补偿的保幅 XWFD 偏移算子明显适应陡倾角的成像，而且高角度能量也得到了补偿，偏移噪声的压制也比较好。

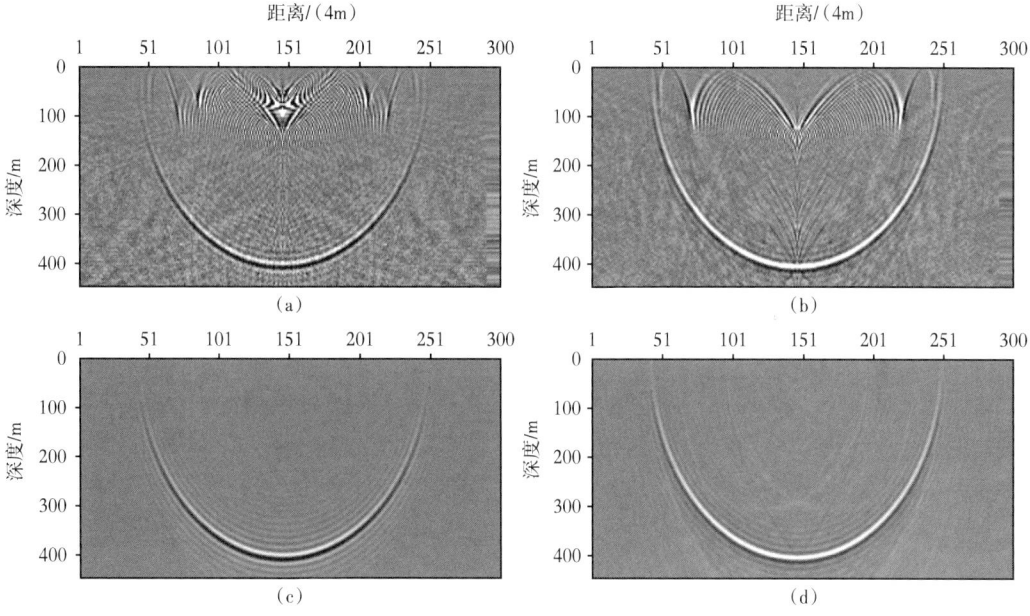

图 4-6-1　基于不同偏移算子的脉冲响应测试

（a）基于传统 XWFD；（b）基于 XWFD 保幅偏移算子；（c）基于加误差补偿的 XWFD；（d）加误差补偿的保幅 XWFD

二、单界面水平层状介质模型试算

本节采用单界面水平层状介质模型来验证基于单程波动方程真振幅叠前深度偏移方法的振幅保真性。图 4-6-2（a）为二维单界面水平层状介质速度模型，上层介质速度为 2000m/s，下层介质速度为 2500m/s，介质界面位于 2000m 深度处。震源位于速度模型地面中心处，采用 301 道双边接收上行声压波场，检波器间距为 20m，图 4-6-2（b）为单炮记录。

图 4-6-2（c）和图 4-6-2（d）展示了不同成像条件下传统单程波方程和保幅单程波方程单炮集叠前深度偏移的成像剖面。其中，图 4-6-2（c）对应相关成像条件下的传统波场

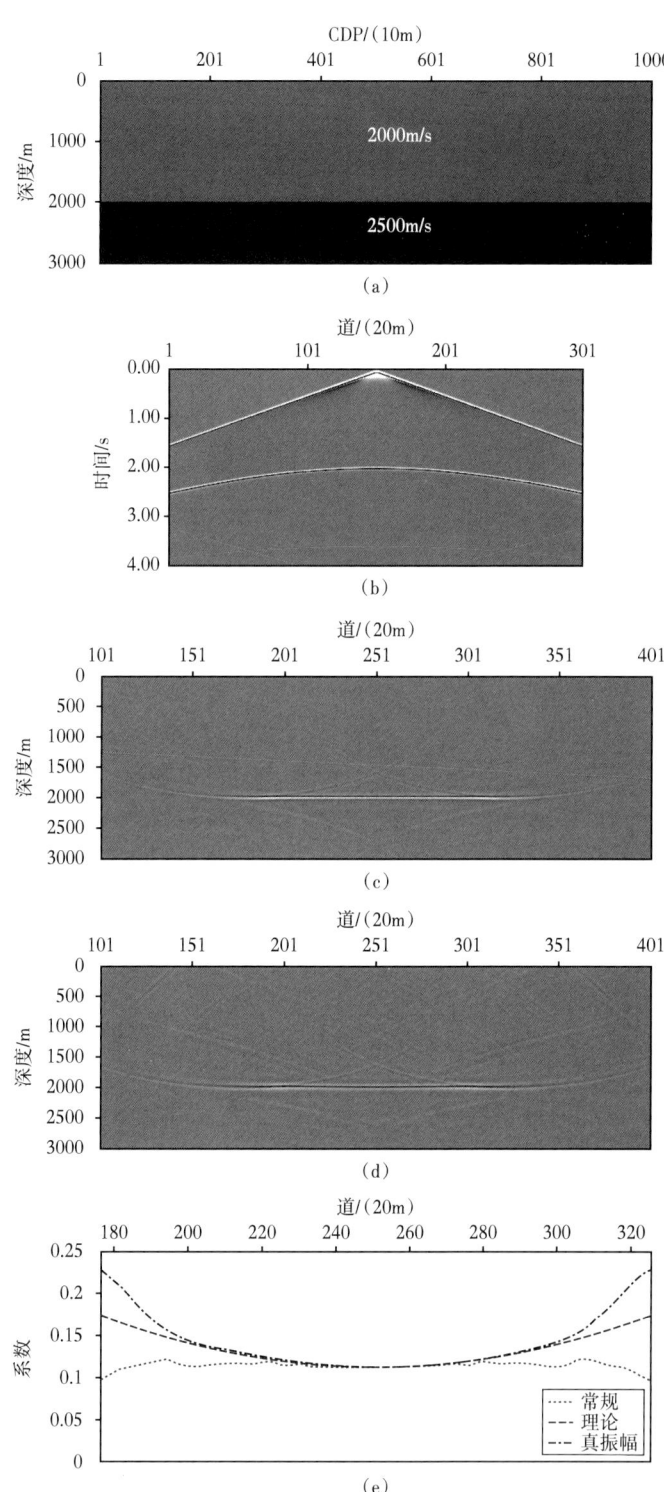

图 4-6-2　单界面平层模型偏移计算

(a)速度模型；(b)单炮记录；(c)基于传统单程波偏移算子的偏移结果；(d)基于保幅型的单程波偏移结果；
(e)拾取反射层振幅及与理论反射系数对比

延拓算子的叠前深度偏移剖面,图4-6-2(d)对应动力学成像条件,基于保幅的波场延拓算子对该平层模型进行单炮叠前深度偏移结果。分别对偏移结果剖面沿深度层拾取峰值振幅,并进行归一化处理使其在同一个数量级上以便与理论声压反射系数曲线进行对比。如图4-6-2(e)所示,在均匀介质中,无论采用何种相关成像条件,基于常规偏移方法得到的成像振幅都不能反映界面的反射系数特征。当采用保幅偏移方法,应用声压反射系数成像条件时,除了边界之外,振幅曲线与理论反射系数曲线都非常吻合,并且整体趋势一致,这表明保幅偏移方法的必要性和有效性。

三、起伏地表模型试算

应用加拿大逆掩断层模型进行试算,该模型的速度场等信息在第二章已经介绍。下面分别基于不同的深度延拓算子,应用基于波场逐步累加的直接下延法叠前深度偏移来对该模型进行试算。图4-6-3(a)是基于常规频率—空间域有限差分法(XWFD)算子的处理结果,从图中可以看出不但偏移噪声大而且深层构造的成像模糊不清。图4-6-3(b)是基于

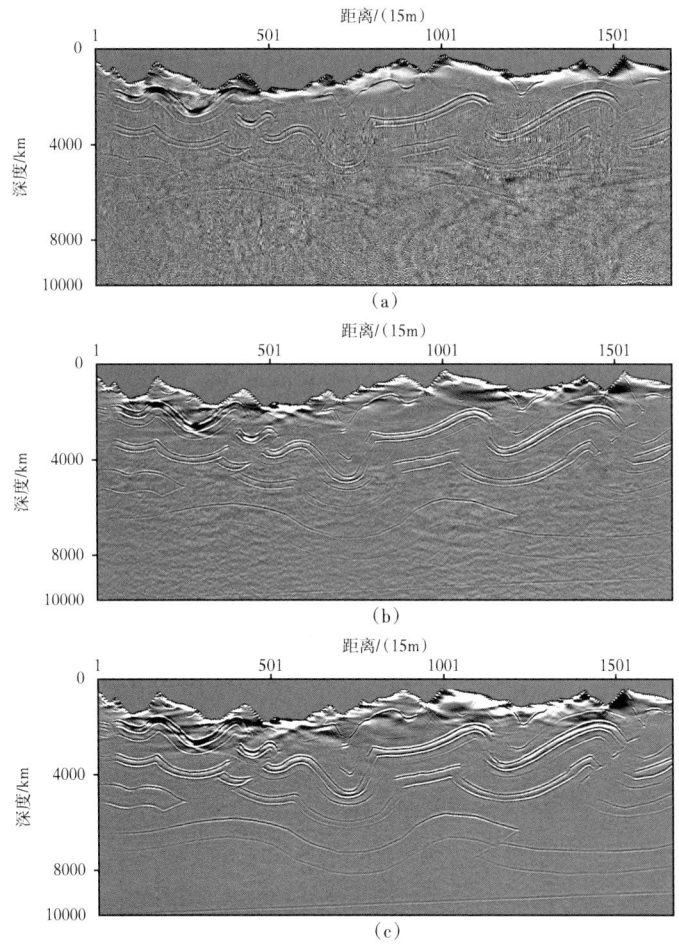

图4-6-3 基于不同算子应用直接下延法对起伏模型进行叠前深度偏移处理
(a)常规的XWFD;(b)基于FFD的保幅偏移;(c)带误差补偿的XWFD保幅偏移

保幅 FFD 算子的叠前深度偏移,虽然能够完成大体构造的成像,但是偏移噪声较大,使一些局部特征不够清晰。图 4-6-3(c)是基于本文介绍的带误差的 XWFD 保幅波场延拓算子的偏移结果,相对于前两种算子,结果有了一定的改善,断点结构清晰,偏移噪声较小。

四、起伏地表实际资料试算

为进一步验证该方法对实际资料的适应性,对某探区的某实际资料进行了偏移处理。图 4-6-4(a)给出了该探区偏移速度场,图 4-6-4(c)是实际资料的炮记录,图 4-6-4(b)是起伏地表的形态。其中 0m 所对应的位置为所定义的基准面,该地区的最大高程为 58m,局部变化剧烈。图 4-6-5(a)、图 4-6-5(b)和图 4-6-5(c)是基于常规 XWFD、常规 FFD 和带误差补偿的 XWFD 保幅算子,用直接下延法对该实际资料进行叠前深度偏移处

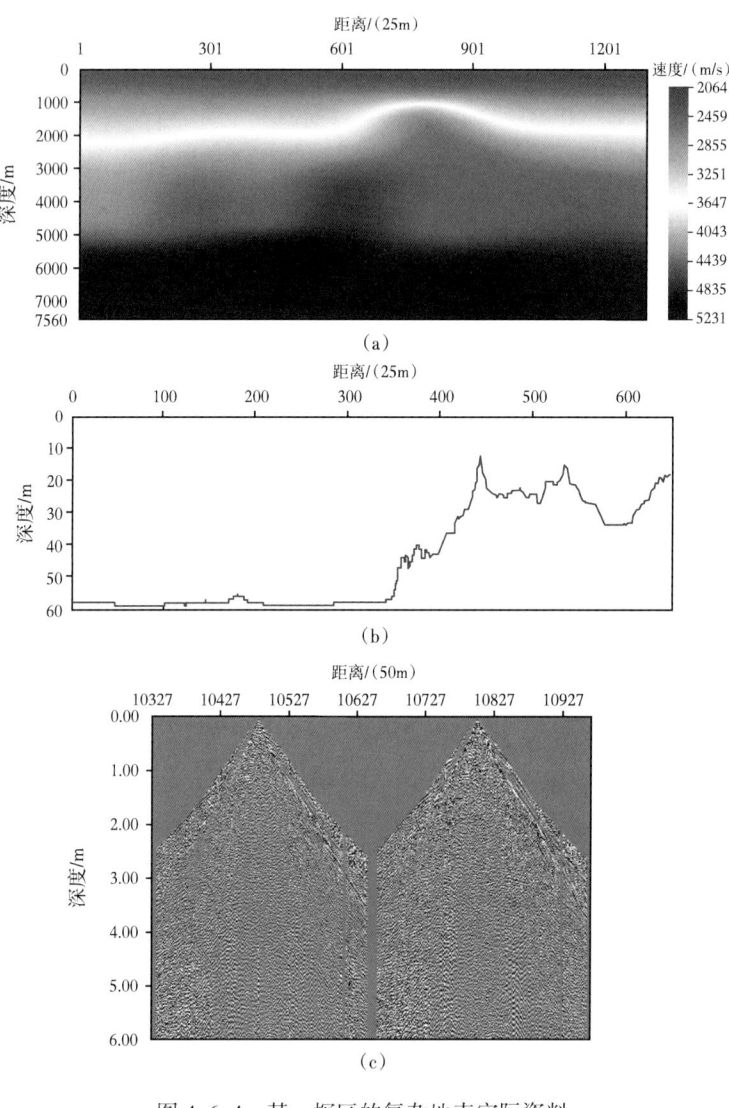

图 4-6-4 某一探区的复杂地表实际资料
(a)偏移速度场;(b)起伏地表的高程;(c)原始炮记录

理。从图中可以看出，三种方法都可以较好地消除起伏地表的影响，然而，在成像效果上却有着明显的差异。基于常规 XWFD 算子的方法能够对构造基本成像 [图 4-6-5（a）]，但是深层信息比较模糊，偏移噪声较大；基于常规 FFD 算子的偏移效果 [图 4-6-5（b）] 要好于前者，但是要差于本文所介绍的带误差补偿的 XWFD 保幅的偏移方法 [图 4-6-5（c）]，尤其是在深层更为明显，误差补偿压制了偏移噪声，而保幅算子的引入提高了深层能量，使深层构造的信息更为细腻，局部信息更为明了。

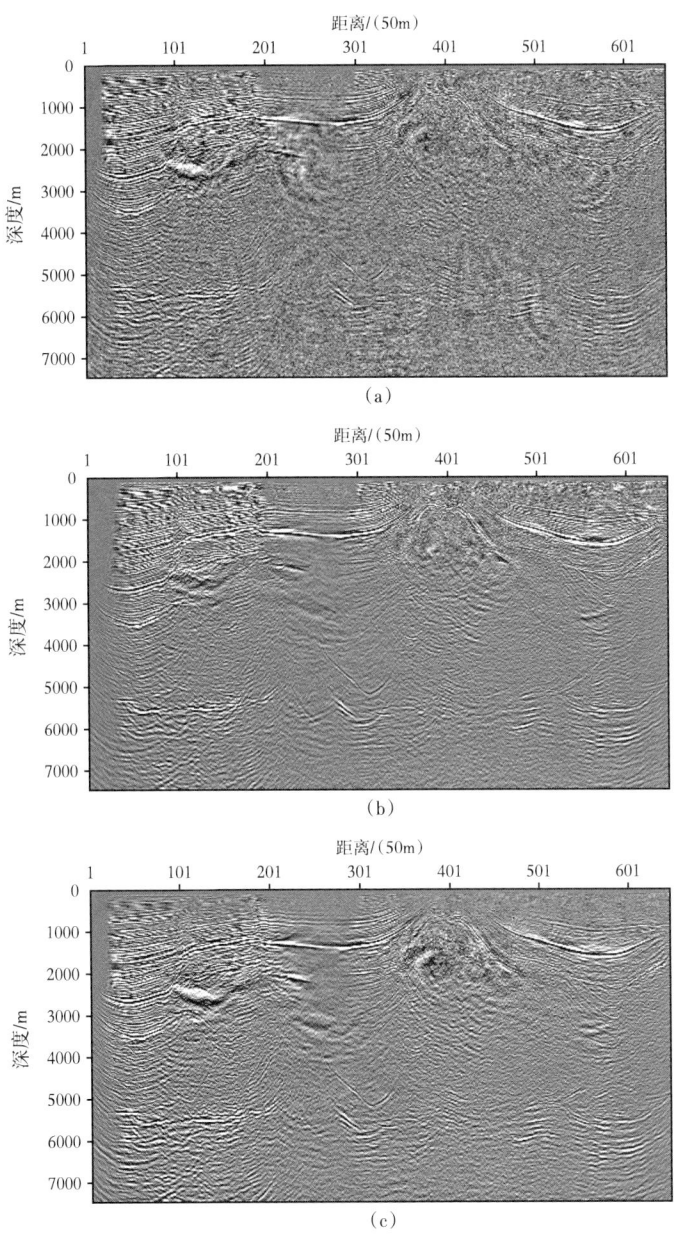

图 4-6-5　基于不同算子应用直接下延法对实际资料进行叠前深度偏移处理
（a）传统 XWFD；（b）常规 FFD；（c）带误差补偿的保幅 XWFD

第七节 双平方根方程真振幅叠前深度偏移方法

波动方程叠前深度偏移可以用单平方根方程在单炮道集中进行，也可以用双平方根（DSR）方程在多炮多偏移距域中进行，比如中点—半偏移距道集、共偏移距道集、共方位角道集等，DSR实际上是一种观测排列沿深度方向进行的延拓。

单炮道集是野外观测道集，具有明确的物理意义，但是为了兼顾各种波传播角度，单炮偏移需要扩展一定的边道，并且炮点和检波点要同时向下外推，导致计算量很大（而且由于地下构造千变万化，扩展的道也不一定合适）。另外，单炮偏移在炮点向下外推时需要人为地给出一个子波作为震源函数，该函数的形态会直接影响偏移成像的结果，但选择一个合适的子波是很难的（最理想是从地震数据中提取震源子波，但震源子波提取是资料处理中一个非常困难的课题）。单平方根方程炮域叠前深度偏移的优势是所有能用于描述波在复杂介质中传播的算子均可用于外推成像，另一个明显的优势是它对野外观测系统的适用性强，最多要求单炮道集是规则的。双平方根方程叠前深度偏移是把炮点和检波点同时向下外推，无论对何种道集进行偏移，每一个道集均覆盖整个成像范围，它具有倾角假频少、边界处理简单、无需求取震源子波及计算效率高等特点，而且其成像道集更适合后续的偏移速度分析、振幅与偏移距关系（AVO）分析、振幅与传播角关系（AVA）分析等等，因而在许多情况下更为适用。

双平方根方程地震偏移的基础理论是在20世纪80年代由Claerbout与Yilmaz等（1980）创立的。它不是基于人们熟悉的爆炸反射面成像概念，而是基于沉降观测成像概念。在双平方根方程叠前深度偏移过程中，只对上行波场进行延拓，相当于向地下同时延拓震源与检波点，当二者重合时（零偏移距），零时间的波场值就作为该空间点的成像值。基于双平方根方程的多炮—多偏移距道集叠前深度偏移同时向下延拓炮点波场和检波点波场，因而并非所有适合单平方根方程的偏移算子都可以很容易地应用到双平方根方程中，但傅里叶类偏移算子可以方便地推广到多炮—多偏移距道集叠前深度偏移方法中。Popovic（1996）将裂步延拓算子推广到共中心点—炮检距域相移法DSR叠前偏移中。程玖兵等从理论上对比分析了几种基于稳相近似的DSR偏移方法，并对它们的成像能力与适用范围进行分析和评价。Jin（2002）把广义屏波场传播算子应用于DSR叠前深度偏移中，孙沛勇等（2002）基于波场延拓的非稳态相移公式，通过引入参考速度，并对双平方根项中的两个平方根项做泰勒级数展开，经过适当的数学推导，得出了新的共中心点—炮检距域波场延拓的双平方根非稳态相移高阶屏近似公式。受采集条件与经济成本限制，现代三维地震勘探仍以窄方位观测为主。

理论相对成熟的单程波方程炮记录偏移效率太低，单炮接收范围外镶边（零值）道太多会增加许多额外计算，太少又不利于陡倾角地层的成像。虽然单程波方程合成面炮偏移在计算效率上很有优势，但对Cross line方向覆盖次数太低的窄方位数据而言，仍然有一些问题需要解决。程玖兵等（2005）提出了窄方位地震数据双平方根方程偏移方法，在三维DSR偏移方法上又向前推进了一步。Zhang（2005）提出了基于单程波方程的保幅偏移方法，同时提出了基于双平方根方程的保幅偏移方法，而且基于DSR方程的偏移方法更容易过渡到角度域。刘定进等（2007）进一步推导了保幅DSR波场延拓算子的具体实现形式。

本节首先对基于 DSR 方程的叠前深度偏移理论进行介绍，得到基于 DSR 方程的叠前深度偏移延拓算子，以及相应的成像条件。然后依据基于单平方根方程的偏移算法和基于双平方根方程的偏移算法在互相关成像条件下的等价性，推导出用 DSR 方程表示的保幅单程波动方程，最后通过模型数值试验的处理验证基于 DSR 方程的常规偏移的构造成像效果，以及基于 DSR 方程的真振幅偏移的振幅保真性。

同其他波动方程偏移方法一样，DSR 方程偏移也是由波场延拓与成像两步组成。DSR 方程偏移的波场延拓相当于把激发—接收面向地下沉降，其成像过程是从延拓波场中提取零炮检距、零时间的值作为空间点的像。

一、传统 DSR 方程传播算子

令检波点下降 dz_g 距离进入地层内，所观测上行波的旅行时间变化将为：

$$\frac{\partial t}{\partial z_g} = -\left[\frac{1}{v^2} - \left(\frac{\partial t}{\partial g}\right)^2\right]^{1/2} \quad (4\text{-}7\text{-}1)$$

炮点下移距离为 dz_s，同样有：

$$\frac{\partial t}{\partial z_s} = -\left[\frac{1}{v^2} - \left(\frac{\partial t}{\partial s}\right)^2\right]^{1/2} \quad (4\text{-}7\text{-}2)$$

当炮点检波点下移时，旅行时间都变小，所以上式都为负号。

当炮点检波点下移完全相同时，即 $dz = dz_s = dz_g$，旅行时就变为：

$$dt = \frac{dt}{dz_g}dz_g + \frac{dt}{dz_s}dz_s = \left(\frac{dt}{dz_g} + \frac{dt}{dz_s}\right)dz \quad (4\text{-}7\text{-}3)$$

上式可以写为：

$$\frac{\partial t}{\partial z} = -\left\{\left[\frac{1}{v_s^2} - \left(\frac{\partial t}{\partial g}\right)^2\right]^{1/2} + \left[\frac{1}{v_r^2} - \left(\frac{\partial t}{\partial s}\right)^2\right]^{1/2}\right\} \quad (4\text{-}7\text{-}4)$$

依据式（4-7-4），上式可以写成式（4-7-5）的表达式：

$$\frac{\partial p}{\partial z} = \frac{\partial t}{\partial z} \cdot \frac{\partial p}{\partial t} \quad (4\text{-}7\text{-}5)$$

$$\frac{\partial p}{\partial z} = -\left\{\left[\frac{1}{v_s^2} - \left(\frac{\partial t}{\partial g}\right)^2\right]^{1/2} + \left[\frac{1}{v_r^2} - \left(\frac{\partial t}{\partial s}\right)^2\right]^{1/2}\right\}\frac{\partial p}{\partial t} \quad (4\text{-}7\text{-}6)$$

通过三维傅里叶变换可以将上行波数据 $p(s, g, t)$ 转换为 $\tilde{p}(k_s, k_g, w)$，此时上式可以表示为：

$$\frac{\partial \tilde{p}}{\partial z} = -\mathrm{i}w\left\{\left[\frac{1}{v_s^2}-\left(\frac{k_g}{w}\right)^2\right]^{1/2}+\left[\frac{1}{v_g^2}-\left(\frac{k_s}{w}\right)^2\right]^{1/2}\right\}\tilde{p} \quad (4-7-7)$$

式中 p——地震波场；

t——旅行时，s；

z——深度，m；

v_s，v_g——炮点、接收点坐标处的速度，m/s。

在炮点—接收点坐标系下进行波场延拓是可行的，不过，此坐标系下地面地震道呈菱形分布，偏移前需补上许多零值道扩成矩形分布才便于波场延拓计算。显然，这些补上的地震道增加了许多额外的计算量，并不经济。因此 DSR 偏移一般在中点—半炮检距坐标系下进行。

炮点—接收点坐标 s，g 与中点—半炮检距坐标 m，h 满足如下关系：

$$m = \frac{g+s}{2} \quad (4-7-8\mathrm{a})$$

$$h = \frac{g-s}{2} \quad (4-7-8\mathrm{b})$$

进而可以得到如下微分关系：

$$\frac{\partial t}{\partial s} = \frac{\partial t}{\partial y}\frac{\partial y}{\partial s}+\frac{\partial t}{\partial h}\frac{\partial h}{\partial s} = \frac{1}{2}\left(\frac{\partial t}{\partial m}-\frac{\partial t}{\partial h}\right) \quad (4-7-9\mathrm{a})$$

$$\frac{\partial t}{\partial g} = \frac{\partial t}{\partial y}\frac{\partial y}{\partial g}+\frac{\partial t}{\partial h}\frac{\partial h}{\partial g} = \frac{1}{2}\left(\frac{\partial t}{\partial m}+\frac{\partial t}{\partial h}\right) \quad (4-7-9\mathrm{b})$$

将式（4-7-9a）与式（4-7-9b）代入式（4-7-8），得到中点—半炮检距坐标系下的 DSR 方程：

$$\frac{\partial p}{\partial z} = \left[\sqrt{s_s^2-\frac{1}{4}\left(\frac{\partial t}{\partial m}-\frac{\partial t}{\partial h}\right)^2}+\sqrt{s_g^2-\frac{1}{4}\left(\frac{\partial t}{\partial m}+\frac{\partial t}{\partial h}\right)^2}\right]\frac{\partial p}{\partial t} \quad (4-7-10)$$

其中，$s_s = \dfrac{1}{v_s}$，$s_g = \dfrac{1}{v_g}$。

将上式变换到频率波数域更方便求解其波场延拓算子：

$$\frac{\partial \tilde{p}}{\partial z} = \left[w\sqrt{\frac{1}{v_s^2}-\frac{1}{4w^2}\left(k_m^2-k_h^2\right)}+w\sqrt{\frac{1}{v_g^2}-\frac{1}{4w^2}\left(k_m^2+k_h^2\right)}\right]\tilde{p} \quad (4-7-11)$$

式中 k_m，k_h——中心点和半偏移距方向波数；

ω——圆频率，Hz。

式(4-7-11)中微分项的平方增加了方程的复杂度，它按有限差分方法求解非常困难，尽管 Zhang（2002）提出的算子分裂方法可以实现有限差分法 DSR 方程偏移，但仍然比较烦琐。因此，DSR 方程偏移大都采用基于摄动理论的双域传播算子（Stoffa，1990；Alexander et al，1996；程玖兵等，2001），得到其分布傅里叶波场延拓算子，主要由下面两个部分构成：

$$\tilde{p}(k_m,k_h,w,z+\Delta z) = \tilde{p}(k_m,k_h,w,z)e^{ik_z\Delta z} \quad (4\text{-}7\text{-}12a)$$

$$\tilde{p}(m,h,w,z+\Delta z) = \tilde{p}(m,h,w,z)e^{i\Delta s\Delta z} \quad (4\text{-}7\text{-}12b)$$

其中，$k_z = w\sqrt{\dfrac{1}{v_s^2} - \dfrac{1}{4w^2}(k_m^2 - k_h^2)} + w\sqrt{\dfrac{1}{v_g^2} - \dfrac{1}{4w^2}(k_m^2 + k_h^2)}$，$\Delta s = \dfrac{1}{v_s} + \dfrac{1}{v_r} - \dfrac{2}{\bar{v}}$，$\bar{v}$ 是层内平均速度。

二、DSR 方程叠前深度偏移的成像条件

任意深度上炮点和接收点重合处零时刻的波场值就是该处散射点的瞬时响应，可以当成该空间点的像。如果把 DSR 方程传播算子记为 W，则每一层的成像值可按如下的成像条件（零时间、零炮检距）从延拓后的波场中计算出来（Claerbout，1985），即：

$$I(k_m,z_{n+1}) = p(t=0,k_m,h=0,z_{n+1}) = \int d\omega \int dk_h [W \cdot \tilde{p}(\omega,k_m,k_h;z_n)] \quad (4\text{-}7\text{-}13)$$

其中 $I(k_m, z_{n+1})$ 代表成像值，关于 ω、k_h 的积分反映了 DSR 偏移的成像条件：$t=0$ 和 $h=0$。从中点波数域转入空间域，就得到了地下空间的像。

三、DSR 方程保幅偏移与 SSR 方程保幅偏移关系

地球物理学家们很早就认识到，如果在共炮偏移中使用互相关成像条件，那么基于 DSR 方程的偏移算法和 SSR 方程的偏移算法是等价的，因此可以用双平方根算子定义振幅保持的单程波方程。

第三章中详细阐述了炮域的波动方程保幅叠前深度偏移方法，得出了关于上、下行压力波场的保幅单程波方程：

$$\left(\dfrac{\partial}{\partial z} + \Lambda_s - \Gamma_s\right)p_D(x_s,y_s,z;\omega) = 0 \quad (4\text{-}7\text{-}14)$$

$$\left(\dfrac{\partial}{\partial z} - \Lambda_r - \Gamma_r\right)p_U(x_r,y_r,z;\omega) = 0 \quad (4\text{-}7\text{-}15)$$

其中，

$$\Lambda_s = \dfrac{i\omega}{v(x_s,z)}\sqrt{1 + \dfrac{v^2(x_s,z)}{\omega^2}\left(\dfrac{\partial}{\partial x_s}\right)^2} \quad (4\text{-}7\text{-}16a)$$

$$\Lambda_r = \frac{\mathrm{i}\omega}{v(x_r,z)}\sqrt{1+\frac{v^2(x_r,z)}{\omega^2}\left(\frac{\partial}{\partial x_r}\right)^2} \quad (4\text{-}7\text{-}16\mathrm{b})$$

$$\Gamma_s = \frac{v'(x_s,z)}{2v(x_s,z)}\left[1-\frac{v^2(x_s,z)\left(\dfrac{\partial}{\partial x_s}\right)^2}{\omega^2+v^2(x_s,z)\left(\dfrac{\partial}{\partial x_s}\right)^2}\right] = \frac{v'(x_s,z)}{2v(x_s,z)}\frac{1}{1+\dfrac{v^2(x_s,z)}{\omega^2}\left(\dfrac{\partial}{\partial x_s}\right)^2} \quad (4\text{-}7\text{-}16\mathrm{c})$$

$$\Gamma_r = \frac{v'(x_r,z)}{2v(x_r,z)}\left[1-\frac{v^2(x_r,z)\left(\dfrac{\partial}{\partial x_r}\right)^2}{\omega^2+v^2(x_r,z)\left(\dfrac{\partial}{\partial x_r}\right)^2}\right] = \frac{v'(x_r,z)}{2v(x_r,z)}\frac{1}{1+\dfrac{v^2(x_r,z)}{\omega^2}\left(\dfrac{\partial}{\partial x_r}\right)^2} \quad (4\text{-}7\text{-}16\mathrm{d})$$

根据 Wapenaar 的思想，可以运用下式对上、下行波场进行组合近似替代声波波场：

$$p(x_s,x_r,z;\omega) = \int p_U(x_r,z;x;\omega)p_D^*(x_s,z;x;\omega)\mathrm{d}x \quad (4\text{-}7\text{-}17)$$

则有：

$$\frac{\partial p}{\partial z} = \int\left(\frac{\partial p_U}{\partial z}p_D^* + p_U\frac{\partial p_D^*}{\partial z}\right)\mathrm{d}x \quad (4\text{-}7\text{-}18)$$

而由单平方根定义的保幅单程波方程式，可得：

$$\frac{\partial p_u}{\partial z} = (\Lambda_r + \Gamma_r)p_u \quad (4\text{-}7\text{-}19\mathrm{a})$$

$$\frac{\partial p_d}{\partial z} = (-\Lambda_s + \Gamma_s)p_d \Rightarrow \frac{\partial p_d^*}{\partial z} = (\Lambda_s + \Gamma_s)p_d^* \quad (4\text{-}7\text{-}19\mathrm{b})$$

将式（4-7-19）代入式（4-7-18）得：

$$\begin{aligned}\frac{\partial p}{\partial z} &= \int\left[(\Lambda_r+\Gamma_r)p_u p_d^* + p_u(\Lambda_s+\Gamma_s)p_d^*\right]\mathrm{d}x \\ &= \int(\Lambda_r+\Gamma_r+\Lambda_s+\Gamma_s)p_u p_d^*\mathrm{d}x \\ &= (\Lambda_r+\Gamma_r+\Lambda_s+\Gamma_s)\int p_u p_d^*\mathrm{d}x \\ &= (\Lambda_r+\Gamma_r+\Lambda_s+\Gamma_s)p\end{aligned} \quad (4\text{-}7\text{-}20)$$

即由 DSR 算子定义的单程波方程为：

$$\left(\frac{\partial}{\partial z}-\Lambda_r-\Gamma_r-\Lambda_s-\Gamma_s\right)p = 0 \quad (4\text{-}7\text{-}21)$$

边界条件为：

$$p(x_s;x_r;z=0;\omega)=Q(x_r,x_s;\omega)$$

其中，$Q(x_r,x_s;\omega)$ 为由地面接收系统获得的炮集记录。

四、基于 DSR 方程的保幅分步傅里叶传播算子

为了方便求解，并能更清楚地认识到式（4-7-21）中各项的物理意义，利用裂步傅里叶（SSF）的双域方法对式（4-7-21）进行求解，得到适应横向速度变化的保幅传播算子（刘定进等，2007），式（4-7-21）可以写成：

$$\frac{\partial \tilde{p}}{\partial z} - \frac{\mathrm{i}\omega}{v(x_s,z)}\sqrt{1+\frac{v^2(x_s,z)}{\omega^2}\left(\frac{\partial}{\partial x_s}\right)^2}\tilde{p} - \frac{\mathrm{i}\omega}{v(x_r,z)}\sqrt{1+\frac{v^2(x_r,z)}{\omega^2}\left(\frac{\partial}{\partial x_r}\right)^2}\tilde{p}$$
$$-\frac{v'(x_s,z)}{2v(x_s,z)}\left[\frac{1}{1+\frac{v^2(x_s,z)}{\omega^2}\left(\frac{\partial}{\partial x_s}\right)^2}\right]\tilde{p} - \frac{v'(x_r,z)}{2v(x_r,z)}\left[\frac{1}{1+\frac{v^2(x_r,z)}{\omega^2}\left(\frac{\partial}{\partial x_r}\right)^2}\right]\tilde{p} = 0 \quad (4\text{-}7\text{-}22)$$

将 (x_s,x_r) 变换到中点—半炮检距坐标系 (m,h)，有：

$$\begin{cases} m=\frac{1}{2}(x_r+x_s) \\ h=\frac{1}{2}(x_r-x_s) \end{cases} \Leftrightarrow \begin{cases} x_s=(m-h) \\ x_r=(m+h) \end{cases} \quad (4\text{-}7\text{-}23)$$

则其微分关系为：

$$\begin{cases} \dfrac{\partial}{\partial x_s} = \dfrac{\partial}{\partial h}\dfrac{\partial h}{\partial x_s} + \dfrac{\partial}{\partial m}\dfrac{\partial m}{\partial x_s} = \dfrac{1}{2}\left(\dfrac{\partial}{\partial m}-\dfrac{\partial}{\partial h}\right) \\ \dfrac{\partial}{\partial x_r} = \dfrac{1}{2}\left(\dfrac{\partial}{\partial m}+\dfrac{\partial}{\partial h}\right) \end{cases}$$

$$\begin{cases} \left(\dfrac{\partial}{\partial x_s}\right)^2 = \dfrac{1}{4}\left(\dfrac{\partial}{\partial m}-\dfrac{\partial}{\partial h}\right)^2 \\ \left(\dfrac{\partial}{\partial x_r}\right)^2 = \dfrac{1}{4}\left(\dfrac{\partial}{\partial m}+\dfrac{\partial}{\partial h}\right)^2 \end{cases} \quad (4\text{-}7\text{-}24)$$

则有：

$$\frac{\partial \tilde{p}}{\partial z} - \frac{\mathrm{i}\omega}{v(m-h,z)}\sqrt{1+\frac{v^2(m-h,z)}{4\omega^2}\left(\frac{\partial}{\partial m}-\frac{\partial}{\partial h}\right)^2}\tilde{p} - \frac{\mathrm{i}\omega}{v(m+h,z)}\sqrt{1+\frac{v^2(m+h,z)}{4\omega^2}\left(\frac{\partial}{\partial m}+\frac{\partial}{\partial h}\right)^2}\tilde{p}$$
$$-\frac{v'(m-h,z)}{2v(m-h,z)}\left[\frac{1}{1+\frac{v^2(m-h,z)}{4\omega^2}\left(\frac{\partial}{\partial m}-\frac{\partial}{\partial h}\right)^2}\right]\tilde{p} - \frac{v'(m+h,z)}{2v(m+h,z)}\left[\frac{1}{1+\frac{v^2(m+h,z)}{4\omega^2}\left(\frac{\partial}{\partial m}+\frac{\partial}{\partial h}\right)^2}\right]\tilde{p} = 0$$

$$(4\text{-}7\text{-}25)$$

显然，式（4-7-25）要比传统 DSR 传播算子复杂得多，求解也更加困难。根据摄动理论，设每个深度层的参考速度为 $v_0=v_0(z)$，则上式可重写为：

$$\frac{\partial \tilde{p}}{\partial z} - \frac{\mathrm{i}\omega}{v_0(z)}\sqrt{1+\frac{v_0^2(z)}{4\omega^2}\left(\frac{\partial}{\partial m}-\frac{\partial}{\partial h}\right)^2}\tilde{p} - \frac{\mathrm{i}\omega}{v_0(z)}\sqrt{1+\frac{v_0^2(z)}{4\omega^2}\left(\frac{\partial}{\partial m}+\frac{\partial}{\partial h}\right)^2}\tilde{p}$$

$$-\frac{v_0'(z)}{2v_0(z)}\left[\frac{1}{1+\frac{v_0^2(z)}{4\omega^2}\left(\frac{\partial}{\partial m}-\frac{\partial}{\partial h}\right)^2}\right]\tilde{p} - \frac{v_0'(z)}{2v_0(z)}\left[\frac{1}{1+\frac{v_0^2(z)}{4\omega^2}\left(\frac{\partial}{\partial m}+\frac{\partial}{\partial h}\right)^2}\right]\tilde{p} + E\cdot\tilde{p} = 0$$

（4-7-26）

其中，

$$E = -\left[\frac{\mathrm{i}\omega}{v(m-h,z)}\sqrt{1+\frac{v^2(m-h,z)}{4\omega^2}\left(\frac{\partial}{\partial m}-\frac{\partial}{\partial h}\right)^2} - \frac{\mathrm{i}\omega}{v_0(z)}\sqrt{1+\frac{v_0^2(z)}{4\omega^2}\left(\frac{\partial}{\partial m}-\frac{\partial}{\partial h}\right)^2}\right]$$

$$-\left[\frac{\mathrm{i}\omega}{v(M+H,z)}\sqrt{1+\frac{v^2(M+H,z)}{4\omega^2}\left(\frac{\partial}{\partial M}+\frac{\partial}{\partial H}\right)^2} - \frac{\mathrm{i}\omega}{v_0(z)}\sqrt{1+\frac{v_0^2(z)}{4\omega^2}\left(\frac{\partial}{\partial M}+\frac{\partial}{\partial H}\right)^2}\right]$$

$$-\left[\frac{v'(m-h,z)}{2v(m-h,z)}\frac{1}{1+\frac{v^2(m-h,z)}{4\omega^2}\left(\frac{\partial}{\partial m}-\frac{\partial}{\partial h}\right)^2} - \frac{v_0'(z)}{2v_0(z)}\frac{1}{1+\frac{v_0^2(z)}{4\omega^2}\left(\frac{\partial}{\partial m}-\frac{\partial}{\partial h}\right)^2}\right]$$

$$-\left[\frac{v'(m+h,z)}{2v(m+h,z)}\frac{1}{1+\frac{v^2(m+h,z)}{4\omega^2}\left(\frac{\partial}{\partial m}+\frac{\partial}{\partial h}\right)^2} - \frac{v_0'(z)}{2v_0(z)}\frac{1}{1+\frac{v_0^2(z)}{4\omega^2}\left(\frac{\partial}{\partial m}+\frac{\partial}{\partial h}\right)^2}\right]$$

式（4-7-26）可以分解为三个方程：

$$\frac{\partial \tilde{p}}{\partial z} - \frac{\mathrm{i}\omega}{v_0(z)}\sqrt{1+\frac{v_0^2(z)}{4\omega^2}\left(\frac{\partial}{\partial m}-\frac{\partial}{\partial h}\right)^2}\tilde{p} - \frac{\mathrm{i}\omega}{v_0(z)}\sqrt{1+\frac{v_0^2(z)}{4\omega^2}\left(\frac{\partial}{\partial m}+\frac{\partial}{\partial h}\right)^2}\tilde{p} = 0 \quad （4-7-27a）$$

$$\frac{\partial \tilde{p}}{\partial z} - \frac{v_0'(z)}{2v_0(z)}\left[\frac{1}{1+\frac{v_0^2(z)}{4\omega^2}\left(\frac{\partial}{\partial m}-\frac{\partial}{\partial h}\right)^2}\right]\tilde{p} - \frac{v_0'(z)}{2v_0(z)}\left[\frac{1}{1+\frac{v_0^2(z)}{4\omega^2}\left(\frac{\partial}{\partial m}+\frac{\partial}{\partial h}\right)^2}\right]\tilde{p} = 0 \quad （4-7-27b）$$

$$\frac{\partial \tilde{p}}{\partial z} + E\cdot\tilde{p} = 0 \quad （4-7-27c）$$

式（4-7-27a）和式（4-7-27b）可在频率—波数域求解。式（4-7-27a）的频率—波数域形式为：

$$\frac{\partial \tilde{p}}{\partial z} = -\mathrm{i} k_z \tilde{p} \qquad (4\text{-}7\text{-}28)$$

其中：

$$k_z = -\mathrm{sign}(\omega)\left(k_{z_s} + k_{z_r}\right)$$

$$k_{z_s} = \sqrt{\left[\frac{\omega}{v_0(z)}\right]^2 - \left(\frac{k_m - k_h}{2}\right)^2}$$

$$k_{z_r} = \sqrt{\left[\frac{\omega}{v_0(z)}\right]^2 - \left(\frac{k_m + k_h}{2}\right)^2}$$

所以，式（4-7-28）的解为：

$$\tilde{p}(k_m, k_h, z+\Delta z, \omega) = \tilde{p}(k_m, k_h, z, \omega)\mathrm{e}^{-\mathrm{i}\Delta z k_z} \qquad (4\text{-}7\text{-}29)$$

式（4-7-27b）的频率—波数域形式为：

$$\frac{\partial \tilde{p}}{\partial z} = \frac{v_0'(z)}{2v_0(z)}\left[\frac{1}{1+\dfrac{v_0^2(z)}{4\omega^2}\left(\dfrac{\partial}{\partial m}-\dfrac{\partial}{\partial h}\right)^2}\right]\tilde{p} + \frac{v_0'(z)}{2v_0(z)}\left[\frac{1}{1+\dfrac{v_0^2(z)}{4\omega^2}\left(\dfrac{\partial}{\partial m}+\dfrac{\partial}{\partial h}\right)^2}\right]\tilde{p}$$

$$\Rightarrow \frac{\partial \tilde{p}}{\partial z} = \frac{v_0'(z)}{2v_0(z)} \frac{\dfrac{\omega^2}{v_0^2(z)}}{\dfrac{\omega^2}{v_0^2(z)}\left[1-\dfrac{v_0^2(z)}{\omega^2}\left(\dfrac{k_m-k_h}{2}\right)^2\right]}\tilde{p} + \frac{v_0'(z)}{2v_0(z)} \frac{\dfrac{\omega^2}{v_0^2(z)}}{\dfrac{\omega^2}{v_0^2(z)}\left[1-\dfrac{v_0^2(z)}{\omega^2}\left(\dfrac{k_m+k_h}{2}\right)^2\right]}\tilde{p}$$

$$\Rightarrow \frac{\partial \tilde{p}}{\partial z} = \frac{v_0'(z)}{2v_0(z)}\frac{k_0^2(z)}{k_{z_s}^2}\tilde{p} + \frac{v_0'(z)}{2v_0(z)}\frac{k_0^2(z)}{k_{z_r}^2}\tilde{p}$$

$$\Rightarrow \frac{\partial \tilde{p}}{\partial z} = -\left(\frac{\partial}{\partial z}\ln\sqrt{k_{z_s}}\right)\tilde{p} - \left(\frac{\partial}{\partial z}\ln\sqrt{k_{z_r}}\right)\tilde{p}$$

$$(4\text{-}7\text{-}30)$$

如果写成逐层延拓形式，有：

$$\tilde{p}(k_m, k_h, z+\Delta z, \omega) = \tilde{p}(k_m, k_h, z, \omega)\mathrm{e}^{\ln A + \ln B} = AB\tilde{p}(k_m, k_h, z, \omega) \qquad (4\text{-}7\text{-}31)$$

其中

$$A = \sqrt{\frac{k_{z_s}(z)}{k_{z_s}(z+\Delta z)}}$$

$$B = \sqrt{\frac{k_{z_r}(z)}{k_{z_r}(z+\Delta z)}}$$

式（4-7-27c）要在空间域对前两个方程延拓后的波场进行补偿，以处理横向速度变化对相位和振幅的影响。参照裂步傅里叶方法可以得到该式的近似解法：

$$\tilde{p}(m,h,z+\Delta z,\omega) = \tilde{p}(m,h,z,\omega) e^{i\omega[\Delta s(m-h,z)+\Delta s(m+h,z)]\Delta z} \quad (4\text{-}7\text{-}32)$$

其中：

$$\Delta s(m-h,z) = \frac{1}{v(m-h,z)} - \frac{1}{v_0(z)}$$

$$\Delta s(m+h,z) = \frac{1}{v(m+h,z)} - \frac{1}{v_0(z)}$$

并且

$$\tilde{p}(m,h,z+\Delta z,\omega) = \sqrt{\frac{v(m-h,z+\Delta z)v_0(z)}{v(m-h,z)v_0(z+\Delta z)}} \cdot \sqrt{\frac{v(m+h,z+\Delta z)v_0(z)}{v(m+h,z)v_0(z+\Delta z)}} \tilde{p}(m,h,z,\omega) \quad (4\text{-}7\text{-}33)$$

上式一方面对横向速度扰动引起的时移进行校正，另外还根据入射方向与界面附近的速度变化对波场振幅进行补偿。综上所述，式（4-7-29）、式（4-7-31）、式（4-7-32）、式（4-7-33）组成了基于 SR 方程的保幅裂步傅里叶传播算子。

五、成像条件对 DSR 方程偏移振幅的影响

DSR 方程叠前深度偏移采用的"零时间、零炮检距"成像条件，自提出后一直沿用至今。该成像条件的物理意义非常直观，数学形式比较简单，也很容易实现，完全满足构造成像要求。不过，这种成像条件对振幅的处理是有争议的。

在二维介质中，DSR 方程叠前深度偏移成像条件可重新写成：

$$\begin{aligned} I(m_x,z_{n+1}) &= \int d\omega \int dk_{h_x} \left[\tilde{p}(\omega,m_x,k_{h_x};z_{n+1}) \right] \\ &= \int d\omega \left[\tilde{p}(\omega,m_x,h_x=0;z_{n+1}) \right] \end{aligned} \quad (4\text{-}7\text{-}34)$$

其中 $\tilde{p}$ 为上行波场，式（4-7-34）表明，DSR 方程叠前深度偏移把所有炮点和接收点完全重合情况下零时刻的上行波波场叠加起来当成成像值。因此偏移图像仅能指示波阻抗变化的位置，并没有保留随角度变化的振幅信息。显然，通过这种常规的 DSR 方程偏移无法得到随角度变化的反射系数图像。

由下一章关于共反射角成像理论可知，采用如下部分成像条件可得到包含角度信息的偏移图像，即：

$$I(x_s,x_g,z) = \int d\omega \tilde{p}\left(\omega,\frac{k_{m_s}-k_{h_s}}{2},\frac{k_{m_s}+k_{h_s}}{2},z\right) \quad (4\text{-}7\text{-}35)$$

然后应用成像空间的角度映射关系，便可以由波动方程偏移距域共成像点道集实现角度域的保幅偏移。

六、DSR 偏移理论模型数值试算

1. 平层模型

首先通过一个平层模型来验证本文 DSR 偏移方法的适应性，图 4-7-1（a）、（b）所示分别是该模型的速度场和单炮记录，该模型是四层模型，速度分别是 1500m/s、1900m/s、2400m/s 和 3000m/s，单边激发，共 101 道接收，道间距为 20m，1000 个采样点，采样间隔 2ms。分别基于传统分布傅里叶 DSR 偏移算子和保幅型的 DSR 偏移算子进行偏移试算，结果如图 4-7-1（c）、（d）所示。图 4-7-1（d）补偿振幅的同时也不可避免地引入了一定的干扰噪声。

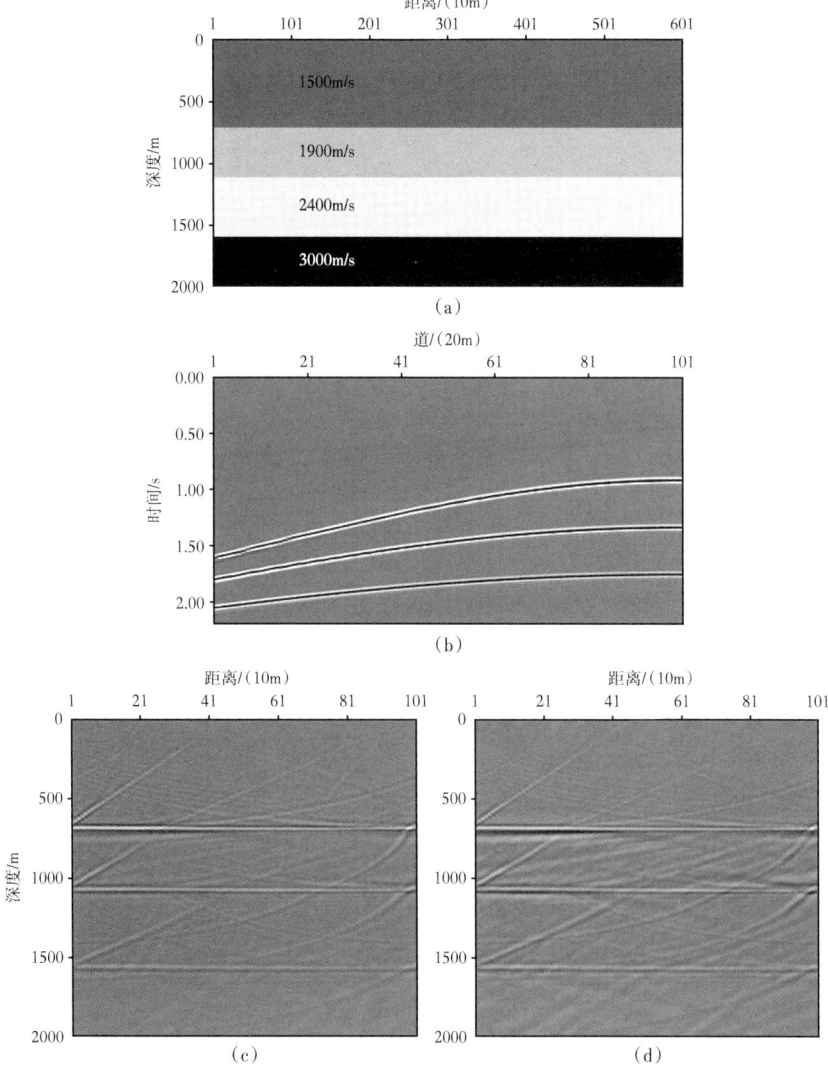

图 4-7-1　平层模型试算

（a）平层模型速度场；（b）单炮记录；（c）基于 DSR 分布傅里叶偏移算子偏移结果；
（d）基于保幅 DSR 分布傅里叶偏移算子偏移结果

2. Marmousi 模型

在二维 SEG Marmousi 模型数据上进行了 DSR 全偏移试验。该模型速度场横向变化比较剧烈，含有复杂的地质特征，上部是几套陡倾断层，中间是背斜式隆起，下部 2400m 附近有一低速度侵入盐体，该速度模型在前面章节中已经介绍过。科研人员一直把此模型的合成数据体作为检验叠前深度偏移算法精度的国际通用标准数据体。DSR 偏移实际上是在中心点—半偏移距域内进行的，所以需要将数据从炮域变换到中心点—半偏移距域内。图 4-7-2（a）是原始单炮记录，图 4-7-2（b）是偏移距为 200 米的道集，横向点位置是不同的共中心点。图 4-7-2（c）、（d）分别是基于传统分布傅里叶 DSR 偏移算子和保幅型 DSR 的偏移结果。相对于平层模型，Marmousi 模型效果更为明显，深层局部位置偏移振幅有了一定的改善。

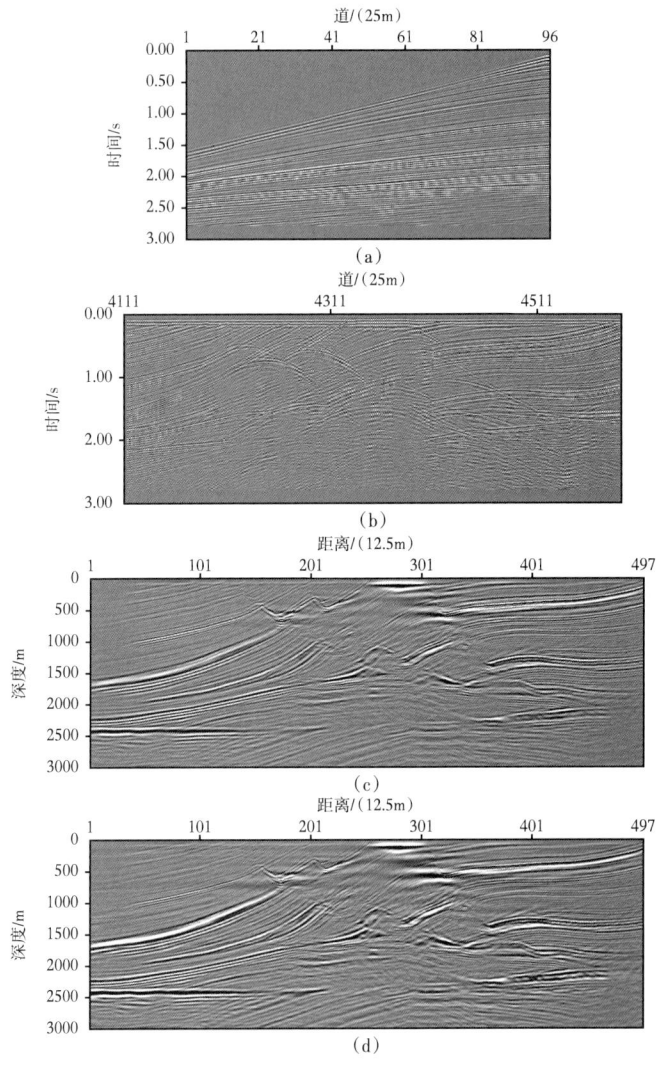

图 4-7-2　Marmousi 模型试算

（a）单炮记录；（b）共偏移距道集；（c）基于 DSR 分布傅里叶偏移算子偏移结果；
（d）基于保幅 DSR 分布傅里叶偏移算子偏移结果

第八节 本章小结

本章主要从标量波动方程出发,基于拟微分算子理论,进行波场分裂而得到常密度非均匀介质单程波动方程,将常规的单程波场延拓方法转化为单程声压波场后进行波场延拓,并在此基础上推导出带误差补偿的 XWFD 保幅波场延拓算子实现波动方程保幅偏移。为了消除反褶积成像条件中的不稳定现象,引入平滑函数成像条件,对成像条件进行了优化,保证计算的稳定性。

基于单程波保幅偏移方法进行了简单模型试算,从偏移剖面上拾取的振幅 AVO 与理论反射系数相近,表明了计算方法的正确性,进一步将该偏移算子应用到起伏地表的情况,借以改善起伏地表情况下的成像质量。

基于沉降观测系统的双平方根的偏移方法,相对于单平方根方程偏移方法,基于双平方根的偏移方法计算效率高,并且延拓至每一深度层上后的偏移距道集更加便利于提取角度域共成像点道集。从保幅单程波方程出发,类似的得到了保幅型的双平方根偏移算子,并对 Marmousi 模型试算取得了较好的应用效果。

第五章　起伏地表条件下的照明补偿

现实中的地震采集道数是有限的，而地下复杂构造下的地震反射波将会反射到地表的无限位置，所以通过有限位置上布置地震道接收的数据来成像地下介质的构造必然会产生误差。在起伏地表情况下，这种情况将更为严重。Wu 等（2004）提出了角度域的孔径校正方法，在一定程度上改善了成像效果。Xie 等（2004，2006）通过倾斜叠加的方法，将波场分解到局部角度域，并在角度域进行孔径校正，数值计算证明了这种方法的有效性。但是基于倾斜叠加的方法是非常耗时的。基于小束波的局部分解可以同时得到波场在局部空间位置和波数，通过局部波数域局部指数框架（LEF）分解得到局部角度域的孔径校正因子（Mao and Wu 2007）。本章首先介绍 LCB（Local Cosine Basis）波束偏移的基本理论，然后分析 LEF 波束分解，基于波场逐步—累加的波场延拓方法，最终在局部倾角域实现起伏地表条件下的孔径校正，提高深部成像照明度。

第一节　基于 LCB 小波束偏移方法

一、LCB 小波束概述

基于波动方程的偏移方法可以在双域中完成，通过快速傅里叶变换，适应速度横向变化并且具有较高的计算效率（Ristow et al.）。然而对于一些诸如盐丘模型等。具有很强速度横向变化的地区，这些偏移方法仍然面临着挑战。在双域的偏移方法中，每一个延拓深度层上只有一个全局的背景速度，在均匀介质中的传播是通过在频率—波数域中的相移来实现，针对速度扰动引起的波场变化是在空间域中完成的。对于强速度变化的介质，这种扰动也是非常大的。在这种介质下的高角度波的传播研究仍然是一个棘手的问题。

传播算子的全局性特征是造成波场外推困难的物理因素，近二十年来，许多研究都致力于发展基于波场局部空间分解的局域化传播算子来替代全局算子，以提高波场传播、成像的精度。事实上，波动方程的求解过程是波场分解的数学基础与波场传播的物理规律相结合的过程，这里所说的数学基础是指对于波场，或更一般的信号，所用到的信号表示的数学理论和方法，如傅里叶变换等。局域化算子与全局化算子的主要区别在于所采用的波场分解数学方法不同。为兼顾信号构造域（时间或空间域）和谱域（频率或波数域）的特征而在傅里叶分析基础上提出的窗口傅里叶变换（Windowed Fourier Transform，简称 WFT），以及 20 世纪 80 年代末，特别是 90 年代以来发展起来的具有窗口自适应性和多尺度分析能力的小波变换极大地推动了波场演化问题中以局域化算子替代全局传播算子的发展。

Steinberg（1993），Steinberg 和 Birman（1995）采用 WFT 推导出了基于扰动理论的小波束域传播算子表示式，他们的研究推动了局域化传播算子研究的发展。局域化算子主要依赖于非均匀介质的局部性质，所以与全局化算子相比更易于得到较为精确的波场近似解。但是，基于 WFT 的波场分解与重构需要相当大的计算量，因此 Steinberg 等人的方法很难应用于实际计算中。此外，该方法是将全局扰动代入偏微分波动方程而得到的，在高度非均匀介质中，这种全局扰动不能很好地反映出介质的局部变化特征。窗化的屏方法（Wu and Jin，1997；Jin and Wu，1998，1999）避开了参考速度全局化的缺点。在该方法中，通过 WFT，引入了局部参考速度和局部扰动的概念。由于精确的 WFT 重构计算量非常大，该方法采用了重叠程度很大的窗函数及经验内插方法，因此仅适用于存在个别明显介质边界的情况。

小波束的方法是基于局部参考速度和局部扰动理论提出来的（Wu et al.，2000）。基于该理论的偏移方法已经经历了若干发展阶段。最初是应用 GDF（Gabor—Daubechies Frame）（Wu and Chen，2001，2002a，b，2006），紧接着发展为速度更快的 LCB（Local Cosine Bases）（Wang and Wu，2002；Luo and Wu，2003；Luo et al.，2004）。基于单向波算子分解和相位屏近似方法，发展了以空间—波数参数化的小波束域波场外推算法，得到了采用 G—D 框架和局部余弦基分解的小波束域局域化传播算子的解析表达式，并且在局部扰动理论的基础上，给出了补偿局部速度扰动的相位修正算子的近似表示。在波场传播过程中需要应用小波束的波场延拓算子（稀疏算子传播矩阵），并进行局部扰动校正。由于局部化的参考速度，这类方法得到比传统偏移算子更为精确的成像结果。本节将系统阐述 LCB 小波束偏移的基础理论方法，以及其稀疏矩阵波场延拓算子的推导过程。

二、局部余弦基

离散小波变换基本函数所组成的框架称为小波框架，离散 WFT 基本函数所组成的框架称为窗口傅里叶框架。小波框架与窗口傅里叶框架的一个重要差别在于前者既可构成正交基，也可构成非正交基，而后者一般不能构成正交基，其信号的框架分解具有一定的冗余度。框架理论的发展及其在数据分析处理中的应用为波场外推局域化算子的研究提供了新的思路。

局部余弦基（LCB）（Coifman and Meyer，1991）是 Cosines 函数和一系列平滑紧密的钟（Bell）函数构成（图 5-1-1）。这些局部化的余弦基仍然保持其正交性，并且在这些窗内满足 Heisenberg 的不准原理即空间和波数不能同时确定。局部余弦变换和 WFT 及短时傅里叶变换（STFT）（Daubechies，1992）都有着相似性，但是后者由于低贝里昂定理阻碍，使窗化的指数函数不能成为正交基，局部 Cosine 小波可以克服这种局限。基原子由空间位置 $\bar{x}_n$，间距 $L_n = \bar{x}_{n+1} - \bar{x}_n$ 和波数索引 m 确定：

$$b_{mn}(x) = \sqrt{\frac{2}{L_n}} B_n(x) \cos\left[\pi\left(m + \frac{1}{2}\right)\frac{x - \bar{x}_n}{L_n}\right] \tag{5-1-1}$$

式中　$B_n(x)$——平滑的钟函数，并相互重叠。

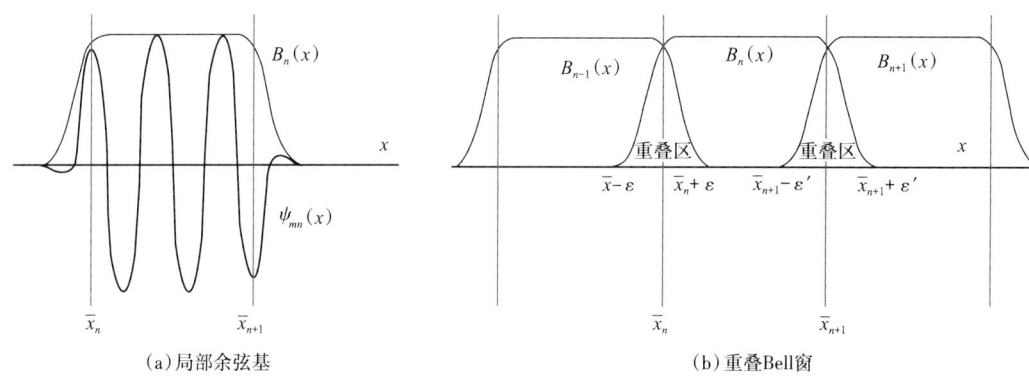

(a)局部余弦基　　　　　　　　　　(b)重叠Bell窗

图 5-1-1　局部余弦基和重叠 Bell 窗的结构示意图（据 Wu et al., 2008）

钟函数可以定义为：

$$B_n(x) = \begin{cases} 0, x < \bar{x}_n - \varepsilon \\ \beta\left(\dfrac{x - \bar{x}_n}{\varepsilon}\right), \bar{x}_n - \varepsilon \leqslant x \leqslant \bar{x}_n + \varepsilon \\ 1, \bar{x}_n + \varepsilon \leqslant x \leqslant \bar{x}_{n+1} - \varepsilon' \\ \beta\left(\dfrac{\bar{x}_{n+1} - x}{\varepsilon'}\right), \bar{x}_{n+1} - \varepsilon' < x \leqslant \bar{x}_{n+1} + \varepsilon' \\ 0, x > \bar{x}_{n+1} + \varepsilon' \end{cases} \quad (5\text{-}1\text{-}2)$$

其中 ε 和 ε' 是左边和右边的重叠半径，$\beta(x)$ 是形状函数，定义为：

$$\beta_{k+1}(x) = \beta_k\left(\sin\dfrac{\pi x}{2}\right), \quad x \in [-1, 1] \quad (5\text{-}1\text{-}3)$$

当 $k \geqslant 0$ 时：

$$\beta_0(x) = \sin\left[\dfrac{\pi}{4}(1 + x)\right], x \in [-1, 1] \quad (5\text{-}1\text{-}4)$$

$\beta_{k+1}(x)$ 的平滑度随着 k 的增大而增大，当 $k=0$ 时：

$$\beta_1(x) = \sin\left[\dfrac{\pi}{4}\left(1 + \sin\dfrac{\pi x}{2}\right)\right] \quad (5\text{-}1\text{-}5)$$

钟函数的特点可以用下式表示：

$$\begin{cases} B_n(x)^2 + B_n(2\bar{x}_n - x)^2 = 1, x \in [\bar{x}_n - \varepsilon, \bar{x}_n + \varepsilon] \\ B_n(x)^2 + B_n(2\bar{x}_{n+1} - x)^2 = 1, x \in [\bar{x}_{n+1} - \varepsilon', \bar{x}_{n+1} + \varepsilon'] \\ B_n(x) = 1, x \in [\bar{x}_n + \varepsilon, \bar{x}_{n+1} - \varepsilon'] \end{cases} \quad (5\text{-}1\text{-}6)$$

这样的特点既确保了其正交性，同时也保证有快速的小波变换算法。

基函数同样可以表示为波数域的表达式：

$$b_{mn}(\xi) = \frac{1}{2}\sqrt{\frac{2}{L_n}}\left[e^{-i\bar{x}_x\bar{\xi}_m}B_n(\xi-\bar{\xi}_m) + e^{i\bar{x}_x\bar{\xi}_m}B_n\times(\xi+\bar{\xi}_m)\right], \quad (5-1-7)$$

其中 $B_n(\xi)$ 是钟函数 $B_n(x)$ 的傅里叶变换，并且有 $\bar{\xi}_m = \left[\pi\left(m+\frac{1}{2}\right)\right]/L_n$。

局部余弦变换（LCT）（包括逆变换）可以通过快速算法来完成（Mallat, 1999）。快速的 LCT 变换首先通过折叠消除重叠区域，使整个函数变成一个不重叠的周期函数，再通过快速离散余弦变换（DCT）实现局部投影。这种快速算法具有 $O(N_x\log_2 N_w)$ 阶的计算效率，快速傅里叶变换的计算速度是 $O(N_x\log_2 N_x)$ 阶，其中 N_x 是整个轴上需要变换的点数，N_w 是窗长度的采样点个数，当 N_x 很大时，LCT 的计算效率要高于 FFT。

三、小波束域单程波的传播

小波束是小波束域最基本的构成，通过 LCT 可以将波场分解为小波束。单程波同样可以分解到小波束域，在强非均匀介质中传播时，由于介质的影响，小波束将会被扭曲发散，已经传播后的小波束将不再是基本的小波束。所以，为了将传播后的波场重新表示为小波束，必须对扭曲的小波束进行重新分解。在波场传播过程中，只考虑前向传播对成像的贡献，所以也就是只考虑单程波情况下的波在小波束域内的传播。

1. 波场分解

在频率—空间域中，标量声波方程可以表示为：

$$\left[\partial_x^2 + \partial_z^2 + \frac{w^2}{v^2(x,z)}\right]u(x,z,w) = 0 \quad (5-1-8)$$

式中　w——频率；
　　　$v(x,z)$——速度；
　　　$u(x,z,w)$——频率—空间域的波场，为方便起见，用 $u(x,z)$ 来代替。

波场在深度 z 层上，沿着 x 方向窗化，可以分解为：

$$u(x,z) = \sum_n\sum_m\langle u(x,z),b_{mn}(x)\rangle b_{mn}(x) = \sum_n\sum_m \hat{u}(\bar{x}_n,\bar{\xi}_m;z)b_{mn}(x) \quad (5-1-9)$$

其中 $b_{mn}(x)$ 是分解小波束。由于 LCB 的正交性，$b_{mn}(x)$ 同样可以是重建的小波束。$\hat{u}(\bar{x}_n,\bar{\xi}_m;z)$ 是在空间窗 $\bar{x}_n$，波数范围 $\bar{\xi}_m$ 处的小波束分解系数。$\langle,\rangle$ 表示内积，其中，$\langle u(x,z),b_{mn}(x)\rangle = \int u(x,z)b_{mn}^*(x)\mathrm{d}x$，* 代表复共轭。注意到因为 $b_{mn}(x)$ 是实数，所以，$b_{mn}^*(x) = b_{mn}(x)$，图 5-1-2（a）描述了将波场分解为小波束的过程。

2. 小波束域中波的传播

将式（5-1-9）代入式（5-1-8）后得到如下的标量声波方程：

$$\sum_n \sum_m \hat{u}(\bar{x}_n, \bar{\xi}_m; z) \left[\partial_x^2 + \partial_z^2 + \frac{w^2}{v^2(x,z)} \right] b_{mn}(x) = 0 \quad (5\text{-}1\text{-}10)$$

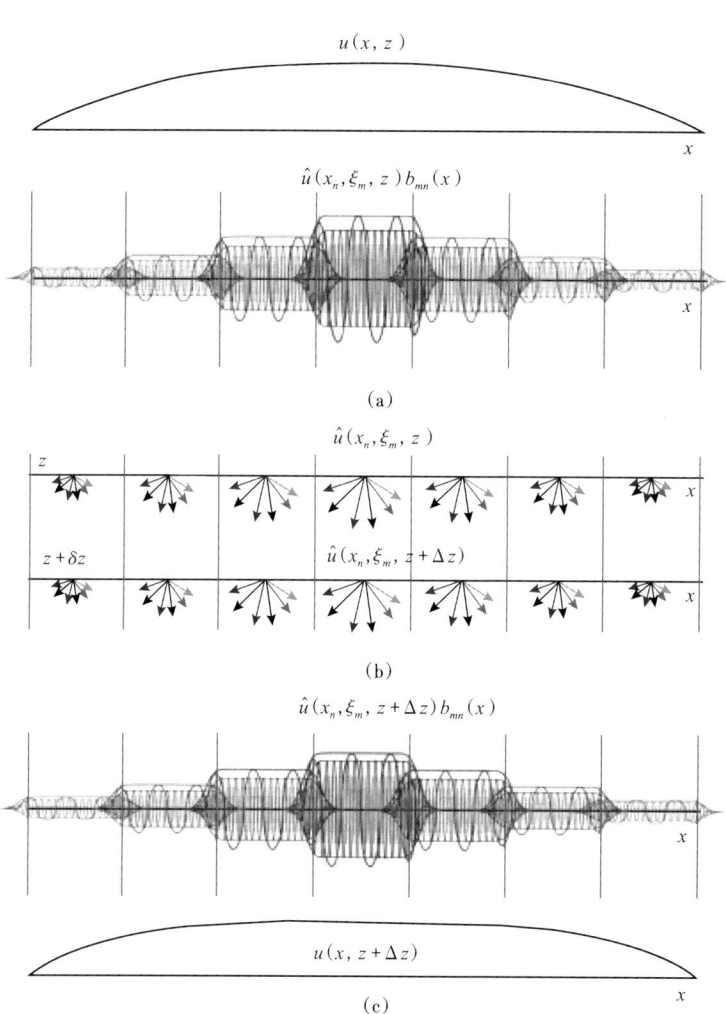

图 5-1-2　单程波在小波束域中的传播（据 Wu et al., 2008）
（a）空间域波场分解为多个小波束的叠加；（b）波场在小波束域中的传播；
（c）基于新的小波束，波场在 z+Δz 深度层的重建

式（5-1-10）中，$\hat{u}(\bar{x}_n, \bar{\xi}_m; z)$ 是一系列关于深度 z 的系数，这些系数是常数，传播的影响也就包含在小波束的演化中。对于单程波近似，可以将小波束的演化表示为

$$a_{mn}(x) = e^{\pm iA_n \Delta z} b_{mn}(x) \quad (5\text{-}1\text{-}11)$$

a_{mn} 是小波束 b_{mn} 经过介质传播后的波束，A_n 是平方根算子：

$$A_n = \sqrt{\partial_x^2 + \frac{w^2}{v^2(x,z)}} \quad (5\text{-}1\text{-}12)$$

a_{mn} 不再是一个小波束,因为经过介质的传播后,被扭曲了,应用同样的基函数,对 a_{mn} 再进行小波束分解:

$$a_{mn}(x) = \sum_l \sum_j \langle a_{mn}, b_{jl} \rangle b_{jl}(x) \qquad (5\text{-}1\text{-}13)$$

传播算子矩阵在小波束域可以表示为:

$$P_{jl,mn} = P(\bar{x}_l, \bar{\xi}_j; \bar{x}_n, \bar{\xi}_m) = \langle a_{mn}(x), b_{jl}(x) \rangle \qquad (5\text{-}1\text{-}14)$$

小波束域的波场在深度 $z+\Delta z$ 处可以表示为:

$$\hat{u}(\bar{x}_l, \bar{\xi}_j; z+\Delta z) = \sum_n \sum_m P(\bar{x}_l, \bar{\xi}_j; \bar{x}_n, \bar{\xi}_m)\hat{u}(\bar{x}_n, \bar{\xi}_m; z) = \sum_n \sum_m P_{jl,mn}(\bar{x}_n, \bar{\xi}_m; z) \qquad (5\text{-}1\text{-}15)$$

$P_{jl,mn}$ 是小波束传播算子矩阵元素,决定着小波束的传播和交互耦合,图 5-1-2(b) 描述了小波束的传播和波束间的交互耦合。

3. 波场重建

由于应用的是正交基函数来进行小波束的分解,所以重建原子和分解原子是一样的。如图 5-1-2(c)所示,波场在 $z+\Delta z$ 深度上的重建,重建后的波场可以表示为:

$$u(x, z+\Delta z) = \sum_n \sum_m \hat{u}(\bar{x}_n, \bar{\xi}_m; z) a_{mn}(x) = \sum_l \sum_j \hat{u}(\bar{x}_l, \bar{\xi}_j; z+\Delta z) b_{jl}(x) \qquad (5\text{-}1\text{-}16)$$

四、局部扰动近似的小波束传播

式(5-1-14)定义了传播算子矩阵,事实上,在非均匀介质中,计算小波束传播算子是非常复杂的。小波束在传播过程中的演化是由式(5-1-11)决定的,其中包含了一个平方根算子项,一般来讲,这种算子没有精确的解,只能通过不断近似来得到其近似解。

高频近似解可以应用到平缓变度介质中的小波束传播(Foster and Huang,1991;Steinberg,1993),然而,这种渐近解的精度在强变速介质中是无法满足需要的。Wu(2000)提出了应用高效的小波变换及稀疏传播矩阵算子得到局部扰动近似的小波束传播算子,在小波束域完成了其传播。由于没有高频近似,所以这种算子能够适应速度的变化,保证算子的精度。

1. 局部扰动近似

在局部扰动近似中,将在每个窗 $\bar{x}_n$ 内引入局部参考速度 $v_0(\bar{x}_n, z)$,基于这个参考速度,在每个点处计算其速度扰动。由于局部参考速度对于横向变速的适应性,使得局部点处的速度扰动相对来说也比较小,可以在每个窗内进行相移校正。平方根近似可以表示为式(5-1-17)(Wu et al.,2000;Chen et al.,2006;Wu et al.,2008):

$$A_n \equiv \sqrt{\partial_x^2 + \frac{w^2}{v^2(x,z)}} \approx \sqrt{\partial_x^2 + \frac{w^2}{v^2(\bar{x}_n, z)}} + \Delta k_n(x) + \cdots \qquad (5\text{-}1\text{-}17)$$

其中,$\Delta k_n(x) = w\{[1/v(x,z)] - [1/v_0(\bar{x}_n, z)]\}$ 是局部扰动。这样将式(5-1-17)代入

（5-1-13）就可以得到双域的近似表达式（Wu and de Hoop，1996；de Hoop et al.，2000）：

$$a_{mn}(x) = e^{i\Delta k_n(x)\Delta z}\frac{1}{2\pi}\int d\xi e^{i\xi x}e^{i\sqrt{w^2/v_0^2(\bar{x}_n,z)-\xi^2}}b_{mn}^2(\xi) = e^{i\Delta k_n(x)\Delta z}\frac{1}{2\pi}\int d\xi e^{i\xi x}e^{i\zeta_n\Delta z}b_{mn}(x) \quad (5\text{-}1\text{-}18)$$

其中：

$$b_{mn}(\xi) = \int dx e^{-i\xi x}b_{mn}(x) \quad (5\text{-}1\text{-}19)$$

式（5-1-19）是波数域基向量，ξ 是水平 x 方向波数，并且有：

$$\zeta_n = \sqrt{\frac{w^2}{v_0^2(\bar{x}_n,z)}-\xi^2} \quad (5\text{-}1\text{-}20)$$

式中 ζ_n——局部参考速度下，垂直方向波数。

传统波场延拓算子在每个深度层处只有一个参考速度，这将导致一些局部点的速度扰动项非常大，进而影响计算精度。基于小波束的方法，每个窗内都有自己的参考速度，如图（5-1-3）所示，这样，局部扰动就变得非常小。相屏校正主要是针对小角度的波误差最小，当局部扰动非常小的情况下，波场也就限制到主要以小角度波为主，也就相当于提高了计算精度。

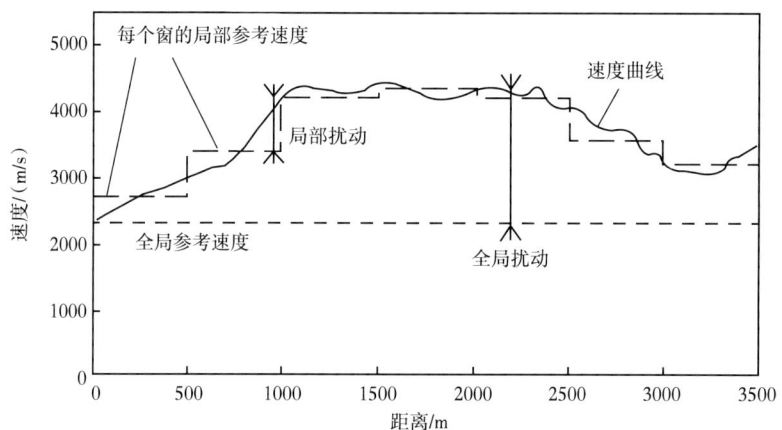

图 5-1-3　全局参考速度与局部参考速度对比（Wu et al.，2008）

$$a_{mn}(x) = \Phi_n(x)\frac{1}{2\pi}\int d\xi e^{i\xi x}e^{i\zeta_n\Delta z}b_{mn}(\xi)$$
$$\Phi_n(x) = \begin{cases} e^{i\Delta k_n(x)\Delta z}, x \in [\bar{x}_n - \varepsilon, \bar{x}_{n+1} - \varepsilon'] \\ 1, 其他 \end{cases} \quad (5\text{-}1\text{-}21)$$

其中，$\Phi_n(x)$ 是相屏滤波窗，$[\bar{x}_n - \varepsilon, \bar{x}_{n+1} - \varepsilon']$ 是钟函数 $B_n(x)$ 的范围，注意到 ζ_n 中的 v_0 是随着窗的变化而变化的。

2. 小波束域中的单程波传播算子

式（5-1-18）与式（5-1-21）还是在空间波数域表示的小波束波场延拓算子，下面将介绍小波束域中的波场延拓算子，定义式（5-1-22）为背景参考速度 $v_0(\bar{x}_n, z)$ 下的传播：

$$a_{mn}^0(x) = \frac{1}{2\pi}\int d\xi e^{i\xi x}e^{i\zeta_n \Delta z}b_{mn}(\xi) \qquad (5\text{-}1\text{-}22)$$

经过介质的传播后，$z+\Delta z$ 层上的小波束已经发生了变化，不再是原来的基函数，该小波束的重新分解可以表示为：

$$\begin{aligned}\int dx b_{jl}(x)a_{mn}^0(x) &= \frac{1}{2\pi}\int dx b_{jl}(x)\int d\xi e^{i\xi x}e^{i\zeta_{n,l}\Delta z}b_{mn}(\xi)\\&= \frac{1}{2\pi}\int d\xi b_{jl}(-\xi)b_{mn}(\xi)e^{i\zeta_{n,l}\Delta z} = P_{jl,mn}^0\end{aligned} \qquad (5\text{-}1\text{-}23)$$

其中，

$$b_{jl}(\xi) = \int dx b_{jl}(x)e^{-i\xi x} \qquad (5\text{-}1\text{-}24)$$

$P_{jl,mn}^0$ 是背景速度下的小波束传播的核函数（传播算子矩阵）。它描述了深度 z 上 $\bar{x}_n$ 位置处的窗，$\bar{\xi}_m$ 个波束对深度 $z+\Delta z$ 层上 $\bar{x}_l$ 位置处的窗及 $\bar{\xi}_j$ 小波束的传播贡献。重建空间域的波场，需要进行逆小波束变换（RLCB），深度 $z+\Delta z$ 层上演化后的小波束可以写为：

$$a_{mn}(x) = \Phi_n(x)\sum_l\sum_j b_{jl}(x)P_{jl,mn}^0 = \sum_l P_{l,n}^1(x)\sum_j b_{jl}(x)P_{jl,mn}^0 \qquad (5\text{-}1\text{-}25)$$

其中，

$$P_{l,n}^1(x) = \begin{cases}\Phi_n(x), l = n\\ 1, l \neq n\end{cases}$$

上式是局部扰动算子。波场在深度 $z+\Delta z$ 深度的重建可以表示为深度 z 上所有小波束叠加的贡献：

$$\begin{aligned}u(x, z+\Delta z) &= \sum_n\sum_m \hat{u}(\bar{x}_n, \bar{\xi}_m; z)a_{mn}(x)\\&= \sum_n\sum_m \hat{u}(\bar{x}_n, \bar{\xi}_m; z)\sum_l P_{l,n}^1(x)\sum_j b_{jl}(x)P_{jl,mn}^0\\&= \sum_l\sum_j b_{jl}(x)\sum_n P_{l,n}^1(x)\sum_m P_{jl,mn}^0 \hat{u}(\bar{x}_n, \bar{\xi}_m; z)\\&= \sum_l \Phi_l(x)\sum_j b_{jl}(x)\sum_n\sum_m P_{jl,mn}^0 \hat{u}(\bar{x}_n, \bar{\xi}_m; z)\end{aligned} \qquad (5\text{-}1\text{-}26)$$

从式（5-1-26）中可以看出小波束算子的分布完成：

$$P_{jl,mn} = P_{l,n}^1 P_{jl,mn}^0 \qquad (5\text{-}1\text{-}27)$$

式（5-1-27）包含了小波束域中的背景传播，以及局部窗内的相屏校正。

3. LCB 背景小波束传播算子

背景传播算子的计算可以表示为

$$P_{jl,mn}^0 = \frac{1}{4\pi\sqrt{L_l L_n}} \int d\xi \Big[e^{-i\bar{\xi}_j \bar{x}_l} B_l\left(-\xi - \bar{\xi}_j\right) + e^{i\bar{\xi}_j \bar{x}_l} B_l\left(-\xi + \bar{\xi}_j\right) \Big]$$
$$\cdot \Big[e^{-i\bar{\xi}_m \bar{x}_n} B_n\left(\xi - \bar{\xi}_m\right) + e^{i\bar{\xi}_m \bar{x}_n} B_n\left(\xi + \bar{\xi}_m\right) \Big] e^{i\zeta_{n,l}\Delta z} \quad (5\text{-}1\text{-}28)$$

当用统一的 LCB 及保持所有窗内的钟函数形状一样，就可以得到一个简单的关系：

$$B_n(\xi) = e^{-i\xi \bar{x}_n} B_0(\xi) \quad (5\text{-}1\text{-}29)$$

将式（5-1-29）代入式（5-1-28）可以得到新的方程式：

$$P_{jl,mn}^0 = \frac{1}{4\pi L_n} \int d\xi \Big[B_0\left(\xi - \bar{\xi}_m\right) + B_0\left(\xi + \bar{\xi}_m\right) \Big]$$
$$\cdot \Big[B_0\left(-\xi - \bar{\xi}_j\right) + B_0\left(-\xi + \bar{\xi}_j\right) \Big] e^{i\xi(\bar{x}_l - \bar{x}_n)} e^{i\zeta_{n,l}\Delta z} \quad (5\text{-}1\text{-}30)$$

式（5-1-30）就是背景速度下小波束传播算子的具体表现形式。通常情况下，该传播算子是一个高度的稀疏矩阵，如图 5-1-4（b）所示。

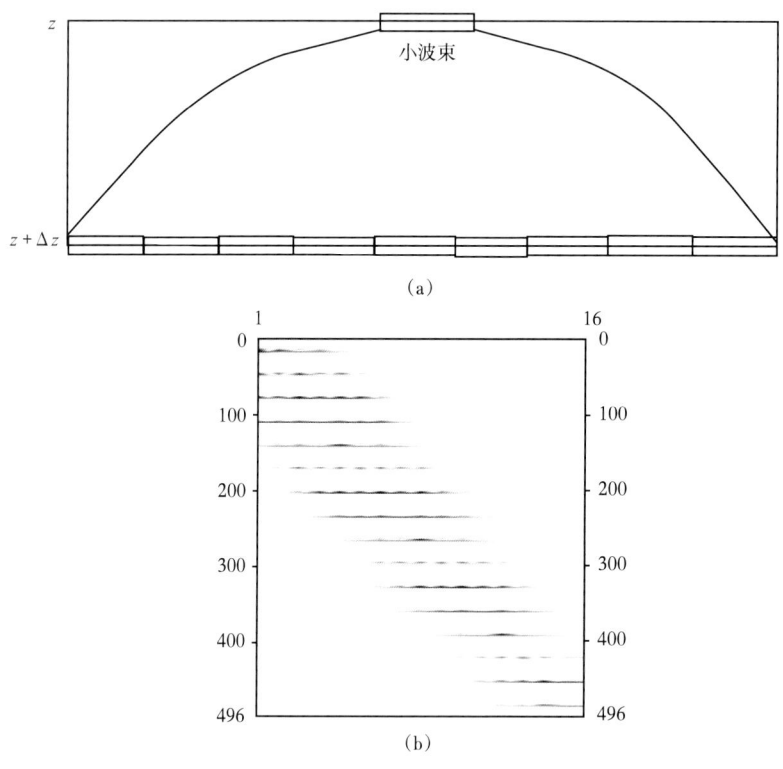

图 5-1-4 LCB 小波束传播算子

（a）上层窗小波束对下层窗的影响范围；（b）小波束传播算子

五、LCB 小波束偏移模型计算

对 2D SEG/EAGE 盐丘模型进行叠前深度偏移试验。该模型的速度模型如图 5-1-5（a）

所示，其中地面采样点数 n_x=645，相应的采样间隔为 80ft；深度采样点数 n_x=150，相应的采样间隔为 80ft。模型的炮数据共计 325 炮，其单炮采集方式为左边采集，炮点移动间隔为 160ft。单炮每炮采集数据 176 道，相应的道间隔为 80ft；其炮点位于第 176 个检波器位置；每道采样点数 n_t=626，采样间隔 8ms。

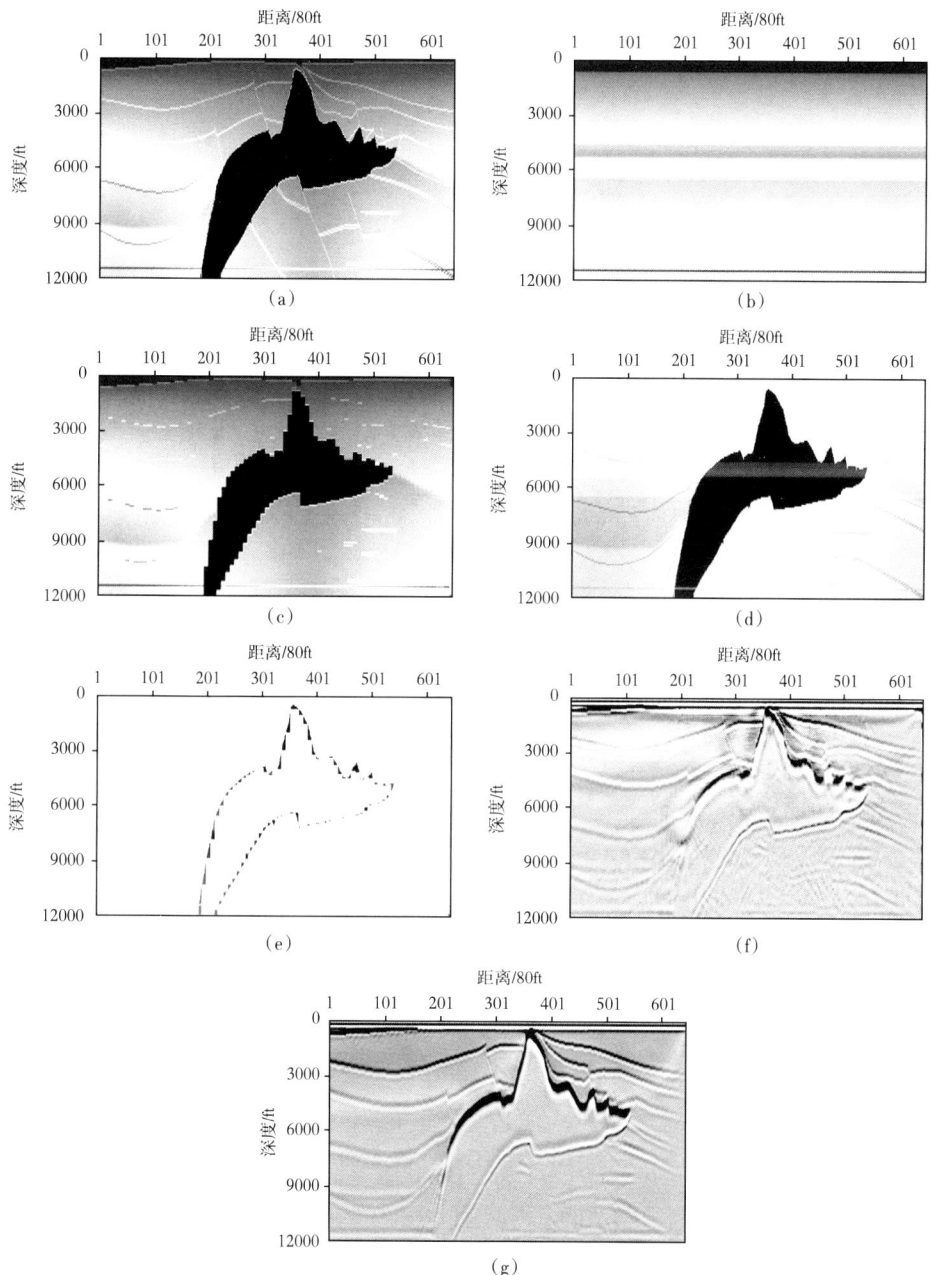

图 5-1-5　小波束偏移与传统偏移所使用的参考速度及速度扰动量对比
（a）2D SEG/EAGE 速度模型；（b）全局参考速度；（c）局部参考速度；（d）全局速度扰动；（e）局部速度扰动；
（f）基于 FFD 叠前深度偏移；（g）基于 LCB 小波束的叠前深度偏移结果

用每一层处的最小速度作为该层的全局参考速度,对于小波束偏移来说,用局部窗内最小速度作为参考速度,分别如图5-1-5(b)、(c)所示。明显地,全局参考速度只是深度的函数,图5-1-5(d)对应着全局参考速度的速度扰动量,与原始速度场结构相似,而且扰动量及范围较大,相对来说,小波束偏移的速度扰动量[图5-1-5(e)]非常的小。

图5-1-5(f)是基于傅里叶有限差分法叠前深度偏移得到的结果(偏移中用的是全局参考速度),图5-1-5(g)是基于LCB小波束偏移算子得到的叠前深度偏移结果。明显地,由于全局参考速度的速度扰动较大,这样就使一些大角度的波场偏移精度不够,相对于局部参考速度的小波束偏移来说,引入了更多的偏移噪声。

第二节 基于局部指数框架(LEF)的波场分解

采集孔径校正需要在角度域完成(Wu et al.,2004),这就需要将波场分解到角度域并进行孔径校正。最初的波场分解方法是通过倾斜叠加来完成的(Wu and Chen,2002,2003,2006;Xie and Wu,2002;Xie et al.,2006),但是这种分解方法非常耗时,不利于实际的实现。G—D框架的分解是完备的,但不是正交的,因此有冗余度。基于LCB的分解方法快速高效,但是分解出的波束往往方向不能唯一确定(存在和垂直方向对称的两个旁瓣),本节主要介绍基于LEF的分解方法(Mao and Wu,2007),这种方法高效并能唯一确定方向。

一、局部余弦(LCB)/正弦(LSB)基与局部指数函数

在波场传播过程中用的是LCB传播算子,所以可以得到LCB系数,只需要再计算出LSB系数,由两组系数构成LEF系数。

LCB与LSB基原子可以表示为下式:

$$b_{mn}^{(c)}(x) = \sqrt{\frac{2}{L_n}} B_n(x) \cos\left[\pi\left(m+\frac{1}{2}\right)\frac{x-\bar{x}_n}{L_n}\right] \quad (5\text{-}2\text{-}1a)$$

$$b_{mn}^{(s)}(x) = \sqrt{\frac{2}{L_n}} B_n(x) \sin\left[\pi\left(m+\frac{1}{2}\right)\frac{x-\bar{x}_n}{L_n}\right] \quad (5\text{-}2\text{-}1b)$$

其中各参数含义与式(5-1-1)一样,在此不再赘述。

定义右向和左向传播的指数波束分别为:

$$g_{mn}^{(+)}(x) = b_{mn}^{(c)}(x) + \mathrm{i} b_{mn}^{(s)}(x) = \sqrt{\frac{2}{L_n}} B_n(x) \exp\left[\mathrm{i}\bar{\xi}_m(x-\bar{x}_n)\right] \quad (5\text{-}2\text{-}2a)$$

$$g_{mn}^{(-)}(x) = b_{mn}^{(c)}(x) - \mathrm{i} b_{mn}^{(s)}(x) = \sqrt{\frac{2}{L_n}} B_n(x) \exp\left[-\mathrm{i}\bar{\xi}_m(x-\bar{x}_n)\right] \quad (5\text{-}2\text{-}2b)$$

$g_{mn}^{(+)}(x)$和$g_{mn}^{(+)}(x)$冗余度为2的紧框架。

二、波场在局部波数域的分解

沿着 x 方向，频率域波场 $u(x, z, w)$ 在某深度层 z 上可以分解为局部指数波束：

$$u(x,z,w) = \sum_n \sum_m \left[\langle u, g_{mn}^{(+)}(x) \rangle g_{mn}^{(+)} + \langle u, g_{mn}^{(-)}(x) \rangle g_{mn}^{(-)}(x) \right]$$

$$= \sum_n \sum_m \left[\hat{u}_z^{(+)}(\bar{x}_n, \bar{\xi}_m, w) g_{mn}^{(+)}(x) + \hat{u}_z^{(-)}(\bar{x}_n, \bar{\xi}_m, w) g_{mn}^{(-)}(x) \right] \quad (5\text{-}2\text{-}3)$$

$\hat{u}_z^{(+)}(\bar{x}_n, \bar{\xi}_m, w)$ 和 $\hat{u}_z^{(-)}(\bar{x}_n, \bar{\xi}_m, w)$ 分别是对应的局部指数波束右向传播和左向传播的系数，窗位于 $\bar{x}_n$，波数为 $\bar{\xi}_m$，$\langle , \rangle$ 代表内积。

因为用 LCB 传播算子，所以已经得到了 LCB 系数，仍需要求出 LSB 的分解系数，对应的局部指数波束可以通过下式计算：

$$\hat{u}_{mn}^{(+)} = \frac{\hat{u}_{mn}^{(c)}(z) - \mathrm{i}\hat{u}_{mn}^{(s)}(z)}{4} \quad (5\text{-}2\text{-}4a)$$

$$\hat{u}_{mn}^{(-)} = \frac{\hat{u}_{mn}^{(c)}(z) + \mathrm{i}\hat{u}_{mn}^{(s)}(z)}{4} \quad (5\text{-}2\text{-}4b)$$

$\hat{u}_{mn}^{(c)}(z)$ 与 $\hat{u}_{mn}^{(s)}(z)$ 是波场的 LCB 与 LSB 分解复系数，将式（5-2-4）代入式（5-2-3），可以写为：

$$u(x,z,w) = \sum_n \sum_m \hat{u}_{mn}^{(+)} g_{mn}^{(+)} + \hat{u}_{mn}^{(-)} g_{mn}^{(-)}$$

$$= \sum_m \exp(\mathrm{i}\bar{\xi}_m x) \sum_n \hat{u}_z^{(+)}(\bar{x}_n, \bar{\xi}_m, w) \sqrt{\frac{2}{L_n}} B_n(x) \exp(-\mathrm{i}\bar{\xi}_m \bar{x}_n) \quad (5\text{-}2\text{-}5)$$

$$+ \sum_m \exp(\mathrm{i}\bar{\xi}_m x) \sum_n \hat{u}_z^{(-)}(\bar{x}_n, \bar{\xi}_m, w) \sqrt{\frac{2}{L_n}} B_n(x) \exp(\mathrm{i}\bar{\xi}_m \bar{x}_n)$$

部分重建波场后可以得到局部波数域波场：

$$u^{(+)}(x, z, \bar{\xi}_m, w) = \exp(\mathrm{i}\bar{\xi}_m x) \sum_n \hat{u}_z(\bar{x}_n, \bar{\xi}_m, w) \sqrt{\frac{2}{L_n}} B_n(x) \exp(-\mathrm{i}\bar{\xi}_m \bar{x}_n) \quad (5\text{-}2\text{-}6a)$$

$$u^{(-)}(x, z, \bar{\xi}_m, w) = \exp(-\mathrm{i}\bar{\xi}_m x) \sum_n \hat{u}_z(\bar{x}_n, \bar{\xi}_m, w) \sqrt{\frac{2}{L_n}} B_n(x) \exp(\mathrm{i}\bar{\xi}_m \bar{x}_n) \quad (5\text{-}2\text{-}6b)$$

$u^{(+)}(x, z, \bar{\xi}_m, w)$ 与 $u^{(-)}(x, z, \bar{\xi}_m, w)$ 为局部平面波。对于某一波数 $\bar{\xi}_m$，对应的传播角度是：

$$\bar{\theta}_m = \arcsin\left[\frac{v(x,z)}{w} \bar{\xi}_m\right] \quad (5\text{-}2\text{-}7)$$

$\bar{\theta}_m$ 是关于垂直方向的局部入射角度，$v(x, z)$ 为速度值。通过这个关系就可以得到角度域的波场值。

第三节 基于波动方程的采集孔径校正

本节将主要介绍孔径校正的基本原理，首先从局部散射矩阵的定义出发，局部散射矩阵只与地下介质物性参数有关，独立于波场的作用。局部成像矩阵（LIM）是通过小波束分解与成像条件后得到的，它是波场经过介质后表现出的一种介质属性的反映。振幅校正公式是通过能量守恒的原理（保幅的格林函数）推导出来的。

一、局部散射矩阵（LSM）

先进行一些角度的定义，如图 5-3-1 所示，θ_s 与 θ_g 分别是震源入射角和反射点反射至接收点的角度（相对于垂直方向），θ_n 是界面倾角（LDA）。

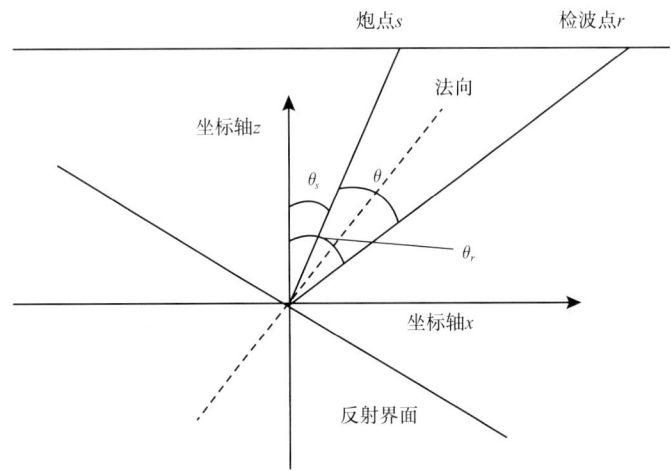

图 5-3-1 散射过程中局部角度的定义（据 Wu et al., 2004）

假设地下某局部散射点在 (x, z) 处，该位置处的局部散射矩阵（LSM）$S(\bar{\theta}_i, \theta_g; x, z)$ 可以定义为入射—散射角 $(\bar{\theta}_i, \bar{\theta}_g)$ 下的振幅，该振幅与散射能量成一定的比例关系。LSM 反映了介质本身的属性，独立于观测系统及传播效应。LSM 包含了介质 (x, z) 处的弹性性质信息，角度域真振幅成像的目的就是从地面观测到的数据来恢复 LSM。

二、角度域成像条件及局部成像矩阵（LIM）

成像条件可以扩展到空间—角度域（小波束域）（Wu and Chen, 2002, 2004）。成像值不再是一个标量，而是一个矩阵：LIM，$L(\bar{x}, \bar{\theta}_s, \bar{\theta}_g)$。其中，为了计算方便，用 $\bar{x}$ 来代替 $(\bar{x}, z)$。对于单频来说，成像条件可以写为：

$$L(\bar{x}, \bar{\theta}_s, \bar{\theta}_g) = 2\sum_{x_s} G_1^{\bullet}(\bar{x}, \bar{\theta}_s; x_s) \cdot \int_{A(x_g)} dx_g \frac{\partial G_1^{\bullet}(\bar{x}, \bar{\theta}_g; x_g)}{\partial z} u_s(x_g; x_s) \quad (5-3-1)$$

其中，G_I 是成像过程中用的格林函数，*代表复共轭；$G_I(\bar{x},\bar{\theta}_s;x_s)$ 是在成像点处经过小波束分解后的入射局部平面波场；$A_{(x_g)}$ 是空间采集孔径。

三、角度域的振幅校正

假设地下某一点 x_0 处的局部散射矩阵为 $\boldsymbol{R}(\bar{x}_0,\bar{\theta}_s,\bar{\theta}_g)$，检波器 x_g 处在地表接收到的波场表示为：

$$u_s(x_g,x_s;x_0,\bar{\theta}_s,\bar{\theta}_g) = G_F(\bar{x}_0,\bar{\theta}_s;x_s)\boldsymbol{R}(\bar{x}_0,\bar{\theta}_s,\bar{\theta}_g)G_F(\bar{x}_0,\bar{\theta}_s;x_g) \quad (5\text{-}3\text{-}2)$$

其中，G_F 是采集过程中全波方程情况下点源响应的格林函数。

将式（5-3-2）代入式（5-3-1），可以得到 LIM 与 LSM 之间的关系。由于采集孔径限制及传播路径等影响，LIM 是被扭曲了的 LSM。所进行的孔径校正目的就是通过在角度域的振幅补偿来恢复期望的 LSM。LIM 与 LSM 的关系可以表示为：

$$\boldsymbol{L}(\bar{x},\bar{\theta}_s,\bar{\theta}_g) = F_a(\bar{x}_0,\bar{x},\bar{\theta}_s,\bar{\theta}_g)\boldsymbol{R}(\bar{x}_0,\bar{\theta}_s,\bar{\theta}_g) \quad (5\text{-}3\text{-}3)$$

其中，$F_a(\cdot)$ 是振幅因子：

$$F_a(\bar{x}_0,\bar{x},\bar{\theta}_s,\bar{\theta}_g) = \sum_{x_s} G_I^*(\bar{x},\bar{\theta}_s;x_s)G_F(\bar{x}_0,\bar{\theta}_s;x_s)B_A(\bar{x}_0,\bar{\theta}_g) \quad (5\text{-}3\text{-}4)$$

其中：

$$B_A(\bar{x}_0,\bar{\theta}_g) = 2\int_{A(x_g)} \mathrm{d}x_g\, G_F(x_0,\bar{\theta}_g;x_g)\frac{\partial G_I^*(\bar{x},\bar{\theta}_g;x_g)}{\partial z} \quad (5\text{-}3\text{-}5)$$

其中，G_I 是成像过程中应用的格林函数，G_F 和 G_I 具有不同的动力学特性，不过，两者在运动学特征上保持一致（至少在一定角度范围内）。当 x 与 x_0 点重合时，式（5-3-3）得到最大的相干值。反向传播的积分代表了地表检波器接收到散射波场的再聚焦过程，这个积分中包含了有限孔径内小波束的前向传播和反向传播。

叠加从所有震源得到的 LIM，可以计算振幅补偿因子：

$$F_a(\bar{x}_0,\bar{\theta}_s,\bar{\theta}_g) = \sum_{x_S} G_I^*(\bar{x},\bar{\theta}_s;x_s)G_F(\bar{x}_0,\bar{\theta}_s;x_s)B_A(\bar{x}_0,\bar{\theta}_g) \quad (5\text{-}3\text{-}6)$$

按照成像原则，成像点处的贡献应该是来自所有震源得到成像值的同相叠加：

$$\left|F_a(\bar{x}_0,\bar{\theta}_s,\bar{\theta}_g)\right| = \sum_{x_S} \left|G_I^*(\bar{x},\bar{\theta}_s;x_s)G_F(\bar{x}_0,\bar{\theta}_s;x_s)\right|\left|B_A(\bar{x}_0,\bar{\theta}_g)\right| \quad (5\text{-}3\text{-}7)$$

如果规则化每炮在成像点 x_0 处的入射波场，并应用成像条件，可以得到：

$$\left|F_a(\bar{x}_0,\bar{\theta}_s,\bar{\theta}_g)\right| = \sum_{x_S} \left|G_F(\bar{x}_0,\bar{\theta}_s;x_s)\right|\cdot\left[\int_{A(x_g)} \mathrm{d}x_g \left|G_F(x_0,\bar{\theta}_g;x_g)\right|^2\right]^{\frac{1}{2}} \quad (5\text{-}3\text{-}8)$$

式（5-3-8）是在散射角 $(\bar{\theta}_s, \bar{\theta}_g)$ 域，类似地，可以通过：

$$\bar{\theta}_n = (\bar{\theta}_s + \bar{\theta}_g)/2 \qquad (5\text{-}3\text{-}9\text{a})$$

$$\bar{\theta}_r = (\bar{\theta}_s - \bar{\theta}_g)/2 \qquad (5\text{-}3\text{-}9\text{b})$$

将补偿因子转换局部到倾角（LDA）域 $F_a(\bar{x}, \bar{\theta}_n, \bar{\theta})$，最后补偿后的成像结果表示为下式：

$$I(x) = \sum_{\theta_1 \leq \bar{\theta}_n \leq \theta_2} \frac{L(\bar{x}, \bar{\theta}_n, \bar{\theta}_r)}{F_a(\bar{x}, \bar{\theta}_n, \bar{\theta}) + \varepsilon} \qquad (5\text{-}3\text{-}10)$$

其中，ε 是阻尼因子，用以保证计算的稳定性；$L(\bar{x}, \bar{\theta}_n, \bar{\theta}_r)$ 是局部倾角域的 LIM。

四、起伏地表条件下的孔径校正

通过局部角度域的孔径校正因子，对起伏地表条件下的局部角度域像进行振幅校正，改善其成像质量。在起伏面和基准面间填充近地表速度，基于局部余弦基的小束波传播算子（Wu et al., 2000；Wang and Wu, 2002；Luo and Wu, 2003；Luo and Wu, 2005；Wu et al., 2008），从起伏地表的最高点处将震源波场和炮记录向上延拓至基准面上。在延拓过程中，当遇到起伏地表的时候，将该处的波场值加到延拓波场中，当波场延拓至基准面后，就相当于消除了地层起伏的影响。在每个延拓深度，通过 LEF 分解得到局部波数域的像和孔径校正因子，然后再将他们转变到局部角度域，得到局部角度域的像和孔径校正因子，并在角度域完成振幅补偿。

叠前深度偏移中计算出的局部成像矩阵理论上讲是一种地下介质散射体的局部散射矩阵的扭曲。叠前深度偏移只能试图逼近它，但是，由于有限观测孔径的限制，只能得到一定程度上的近似。通过计算起伏地表情况下的格林函数来求取局部波数域的校正因子，可以表示为：

$$F_w(x, \xi_m, \xi_n) = 2\sum_{x_S} \left| G_I^*(x, \bar{\xi}_m; x_S) G_F(x, \bar{\xi}_m; x_S) \right| \cdot \left[\int_{A(x_g, x_S)} dx_g \left| G_F(x, \bar{\xi}_n; x_g) \right|^2 \right]^{1/2} \qquad (5\text{-}3\text{-}11)$$

其中，* 代表复共轭，x 代表 (x, z)；$\bar{\xi}_m$ 和 $\bar{\xi}_n$ 分别是震源和检波点的波数；G_I 是成像过程中用的格林函数，G_F 是正向延拓的格林函数；$A(x_g, x_S)$ 是每个震源的空间观测孔径。之后，将波数域校正因子矩阵 $F_w(x, z, \xi_m, \xi_n)$ 和成像矩阵 $L_w(x, z, \xi_m, \xi_n)$ 转换到局部倾角域为 $F_a(x, z, \theta_n)$ 和 $L_a(x, z, \theta_n)$。通过孔径校正后的成像矩阵可以表示为：

$$L(x, z, \theta_n) = L_a(x, z, \theta_n)/(F_a + \varepsilon) \qquad (5\text{-}3\text{-}12)$$

第四节　孔径校正数值试算

一、SEG/EAGE 盐丘模型计算

首先，通过基于 LCB 小波束波场延拓算子进行波场延拓，在每一个延拓深度层上

进行 LEF 波场分解，得到局部波数域（LWD）波场，通过互相关成像条件得到其局部成像矩阵，并进一步变换到角度域，校正因子的求取与此类似。如图 5-4-1 所示分别是局部倾角为 -30°、0°、30° 的孔径校正因子。应用此校正因子，分别对角度为 -30°、0°、30°LDA 的像［图 5-4-2（a）、（c）、（e）］进行振幅校正得到校正结果［图 5-4-2（b）、（d）、（f）］。最后将所有角度叠加得到最后补偿后的总成像结果，如图 5-4-3（b）所示。可以明显地看出，经过补偿后，一些弱照明区域成像质量得到了明显提高，箭头所指处本来无法成像的断层也得到了很好的成像，通过该模型的试算表明了孔径校正对成像的重要性。

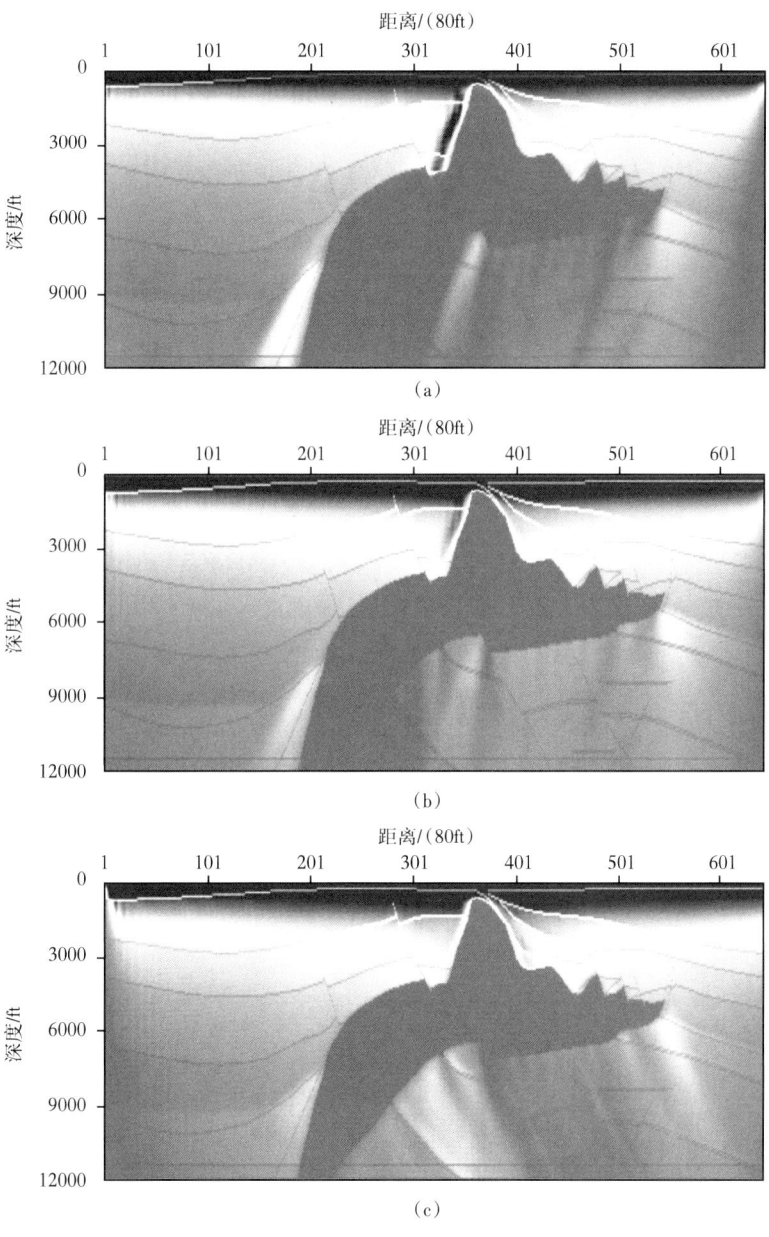

图 5-4-1　不同局部倾角（LDA）校正因子
（a）-30°；（b）0°；（c）30°

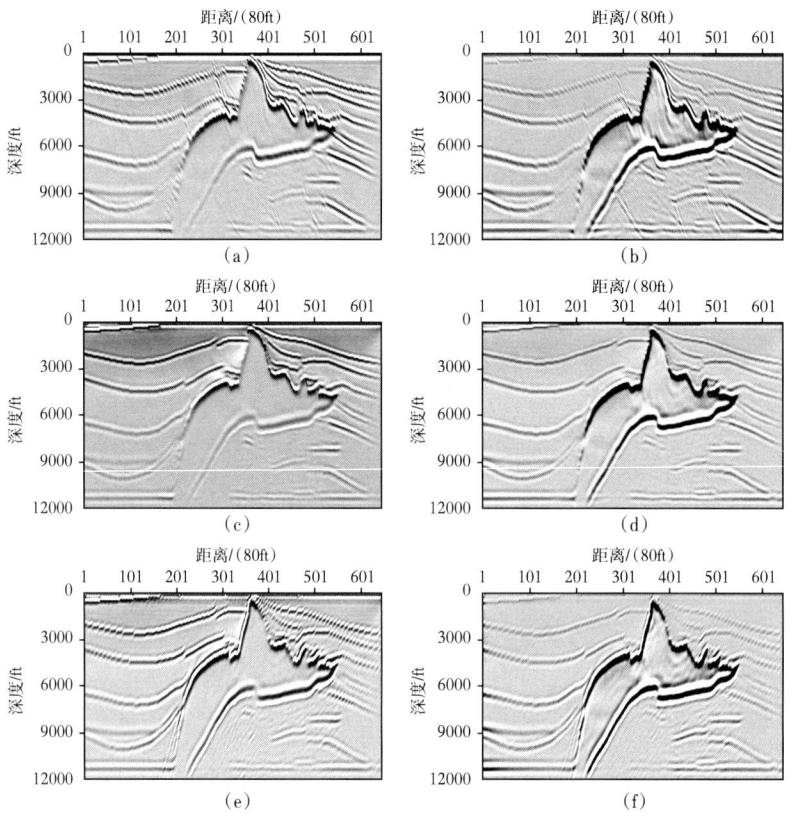

图 5-4-2 不同局部倾角域补偿前后的像

(a)-30°补偿前;(b)-30°补偿后;(c)0°补偿前;(d)0°补偿后;(e)30°补偿前;(f)30°补偿后

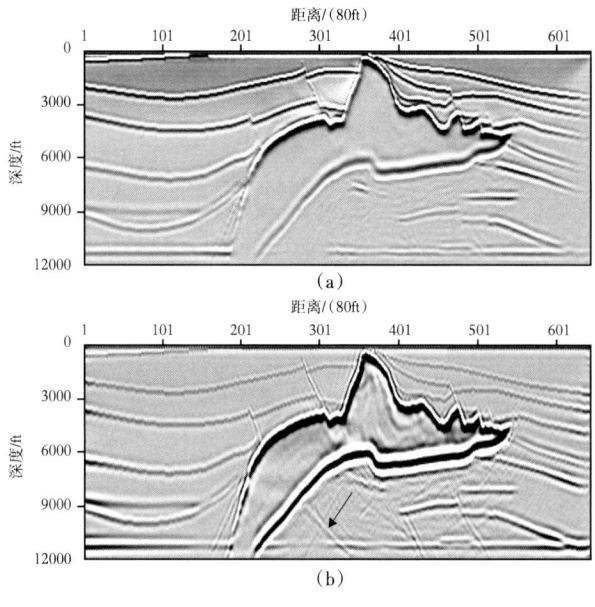

图 5-4-3 补偿前后总的叠加能量

(a)补偿前;(b)补偿后

二、SEG 起伏地表模型试算

前文已经验证了该方法在水平地表情况下的适应性，下面应用典型起伏地表模型来验证该方法在起伏地表情况下的适应性。该模型已经在第二章中介绍过基本情况，除了高程大的特点之外，该模型有很多断层及褶皱构造。模拟了不同频率和不同传播方向的小波束在起伏地表情况下的传播，如图 5-4-4 所示，其中图（a）和（b）是相同低频（15Hz）不同传播方向的小波束传播。窗口长度为8，也就是正、负各有8个方向（随着 ξ 的改变方向改变）；图 5-4-4（c）和（d）是相同高频（40Hz）下不同方向小波束的传播，在频率低的情况下，小波束更容易发散。图 5-4-5（a）、（b）和（c）为不同局部位置处点的成像矩阵，横、纵轴分别代表了源入射角和检波点散射角。从图中可以看出，不同位置、不同角度对成像的贡献也是明显不同的。

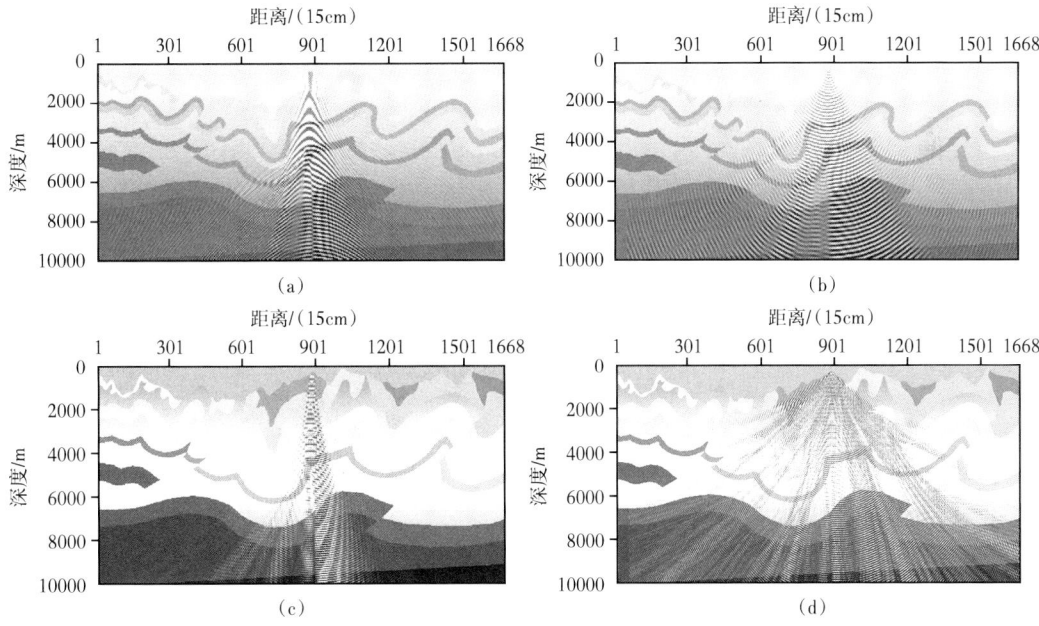

图 5-4-4　不同频率、方向的 LCB 小波束在起伏地表模型中的传播
（a）频率 =15Hz，$\xi=\Delta\xi$；（b）频率 =15Hz，$\xi=6\Delta\xi$；（c）频率 =40Hz，$\xi=\Delta\xi$；（d）频率 =40Hz，$\xi=6\Delta\xi$

图 5-4-6、图 5-4-7 和图 5-4-8 分别是倾角为 -30°、0°、30° 情况下的校正因子及补偿前后局部角度域的成像效果对比图。从图中可以明显看出，无论是正角度还是负角度，补偿后的效果都有了明显提高，尤其是深层构造成像更为明显，补偿了由于深层照明不足对构造成像带来的影响。图 5-4-9（a）是基于传统单程波算子的的偏移结果，图 5-4-9（b）是基于 LCB 小波束算子的叠前深度偏移结果，可以看到，由于背景参考速度的窗化，浅层近地表处构造成像变得较为清楚。对比 AGC 补偿[图 5-4-9（c）]和孔径校正补偿后的效果[图 5-4-9（d）]，明显的，孔径校正后的效果要好于 AGC 补偿。

为了进一步从细节上了解孔径校正对成像振幅值的相对改变程度，对局部典型层位上的幅值进行了拾取对比分析。图 5-4-10（a）箭头所指层位就是要进行振幅值拾取的层位，分别从原始 LCB 偏移成像结果、LCB 偏移成像结果经过 AGC 校正及局部倾角域孔径校正的成像结果中进行了振幅值拾取并进行归一化处理后曲线如图5-4-10（b）所示。

这里拾取的幅值代表了一个相对值，该层的上覆层速度基本上是一样或者变化很小，默认照明不均匀主要由地层的倾斜造成的，在倾角域进行的补偿就是希望能够补偿这种影响。使该层上的幅值平衡。从图中也明显的看出，AGC校正由于只是平衡垂向上的振幅值，所以层位上拾取的振幅值基本和原始LCB偏移结果没什么区别，而孔径校正后的结果［图5-4-10（b）］中的红线）很好地提高了成像值的平衡程度，这也就是为什么成像结果会改善。又进行了局部点处的AVA分析，选取了6个典型点，在不同角度下拾取了其补偿前后的值如图5-4-11（a）与图5-4-11（b）所示，得到了基本相近的结论。

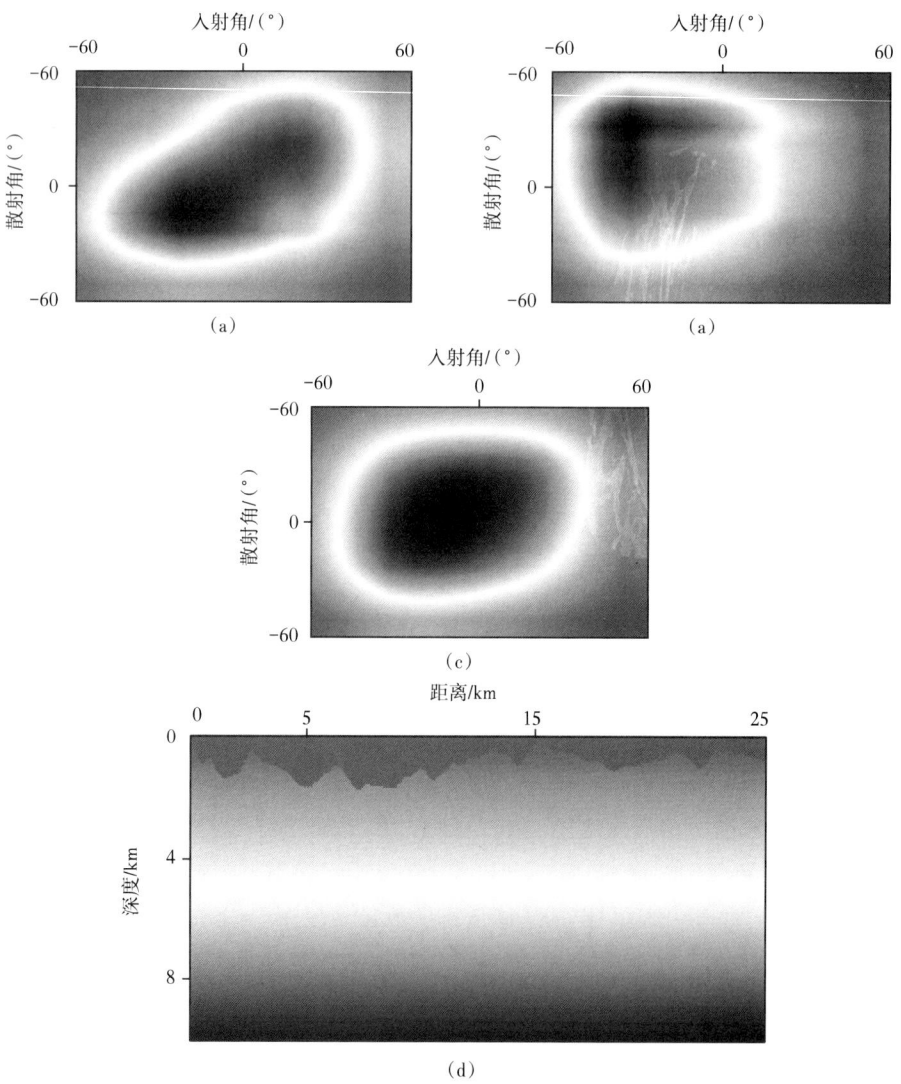

图 5-4-5　不同坐标处局部点成像矩阵以及垂向 AGC 补偿因子

（a）x=CMP401，z=4000m；（b）x=CMP401，z=6000m；（c）x=CMP401，z=8000m；（d）垂向 AGC 补偿因子

第五章 起伏地表条件下的照明补偿

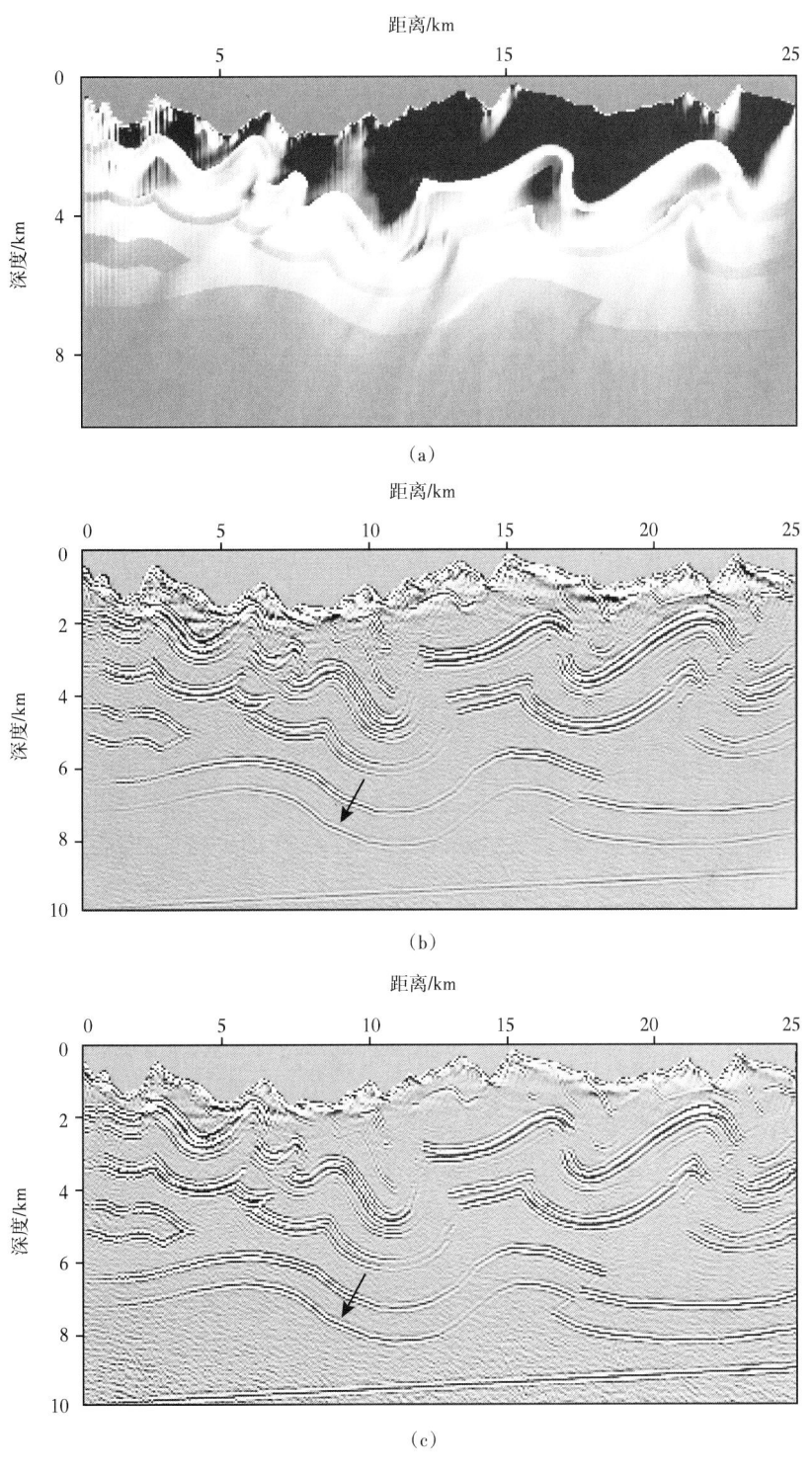

图 5-4-6 -30°倾角校正因子和补偿结果
(a) 校正因子;(b) 校正前成像结果;(c) 校正后的成像结果

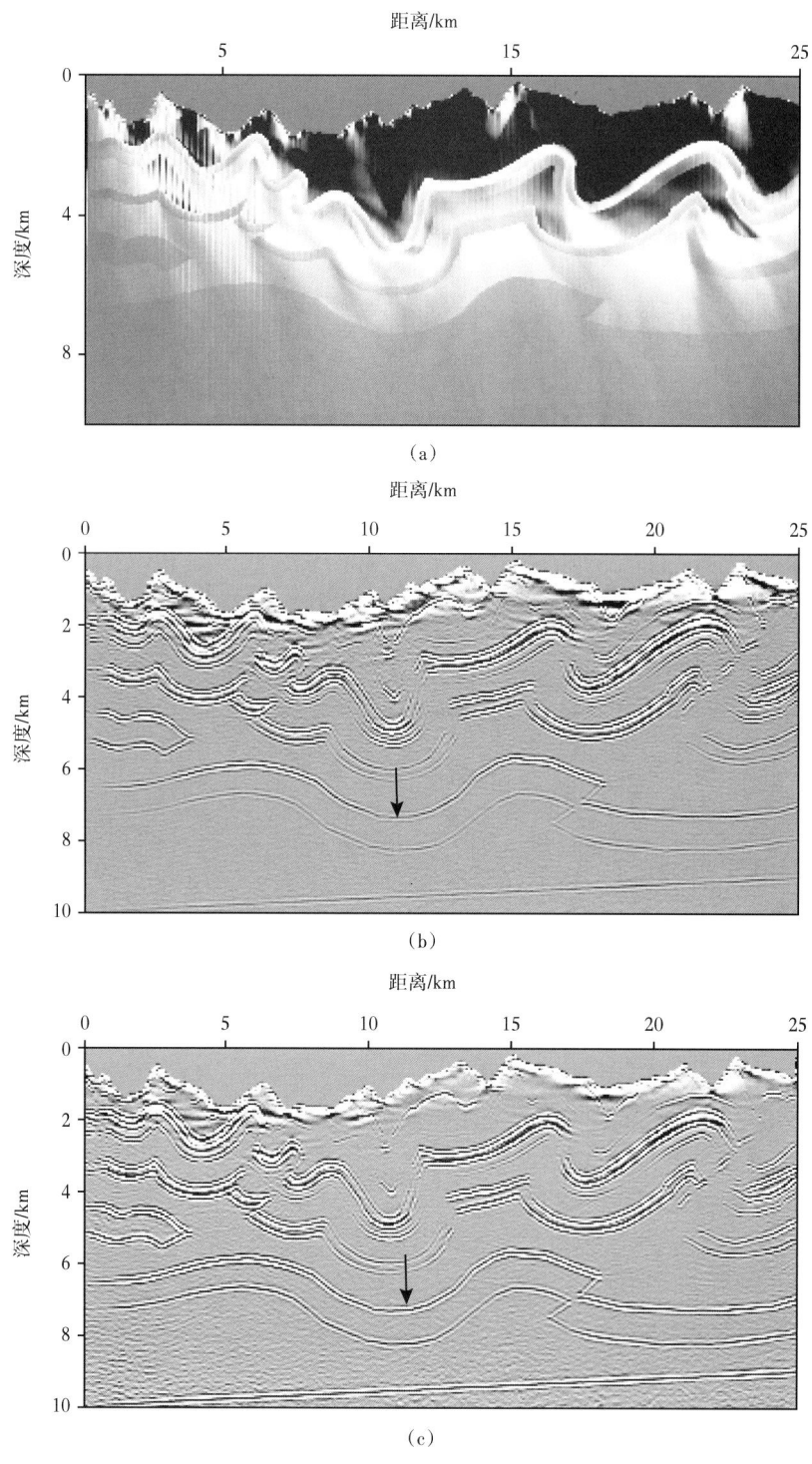

图 5-4-7 0°倾角校正因子和补偿结果
(a)校正因子;(b)校正前成像结果;(c)校正后的成像结果

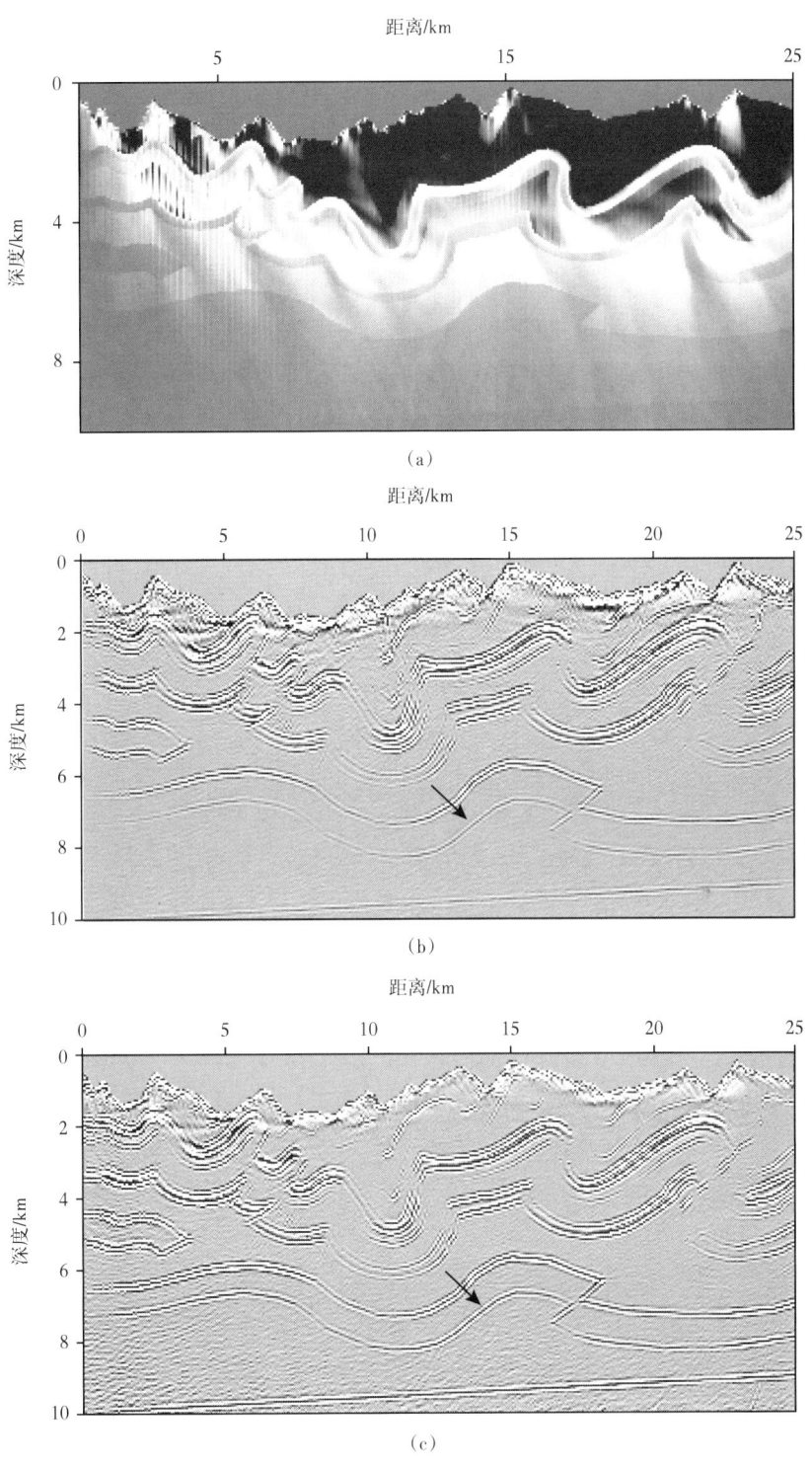

图 5-4-8 30°倾角校正因子和补偿结果
(a)校正因子;(b)校正前成像结果;(c)校正后的成像结果

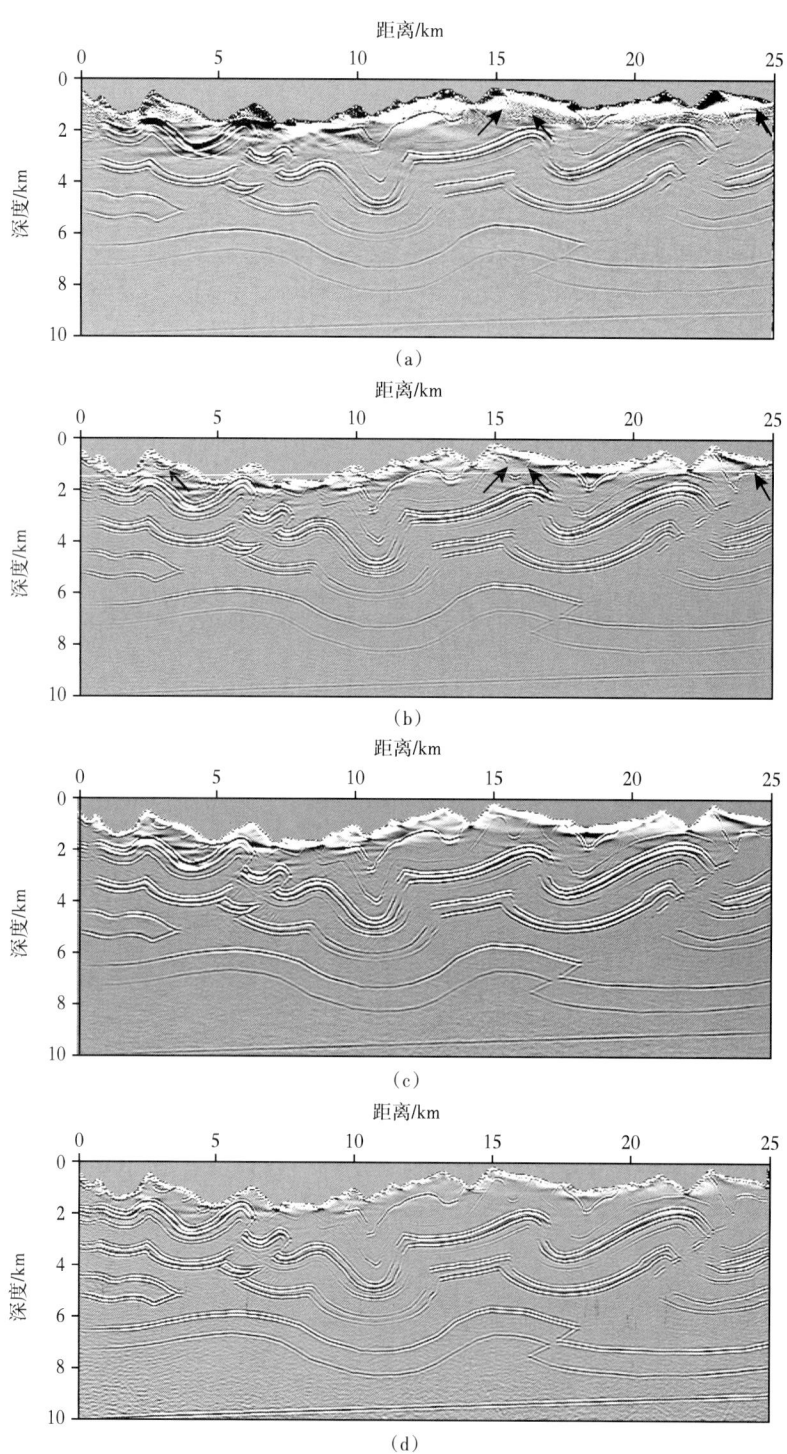

图 5-4-9 不同情况下成像结果对比

(a)传统算子叠前深度偏移结果;(b)基于 LCB 算子的偏移结果;(c)基于 LCB 算子,AGC 后的偏移结果;
(d)基于 LCB 算子,孔径校正后的偏移结果

第五章　起伏地表条件下的照明补偿

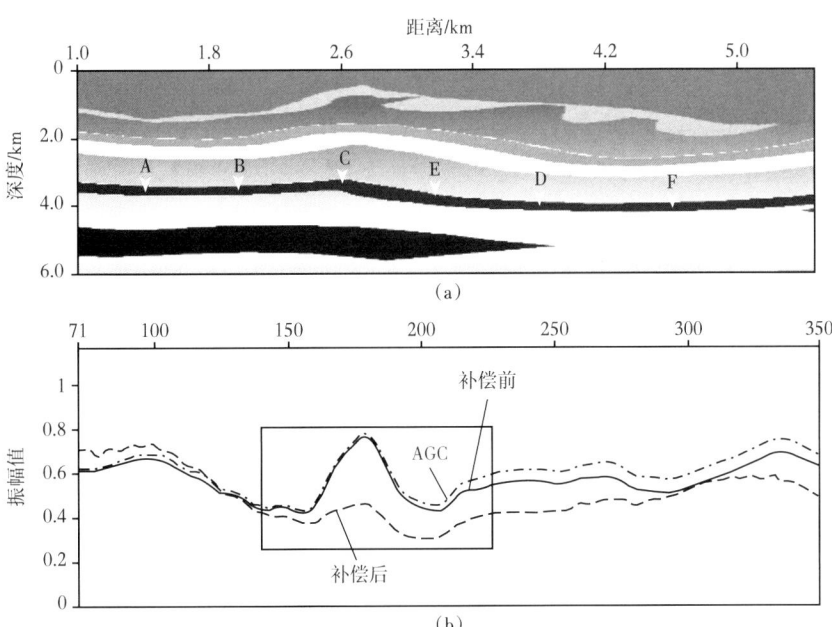

图 5-4-10　某一层上拾取的振幅值
(a) 拾取振幅层在速度场中的位置；(b) 分别从补偿前的偏移结果、AGC 补偿后的结果及
孔径校正后的结果上拾取箭头所指层处的振幅值

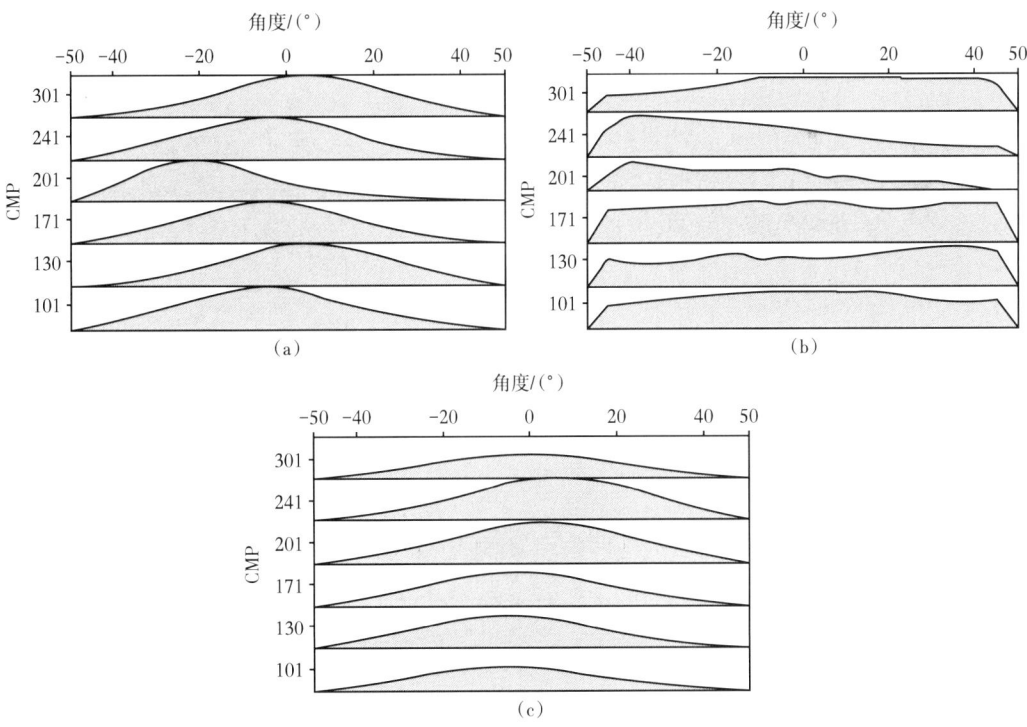

图 5-4-11　沿反射层上拾取局部个别点在不同角度时的振幅值（AVA 响应）
(a) 补偿前；(b) 校正后；(c) 校正因子

第五节 本章小结

针对起伏地表条件下的有限采集孔径和深层弱照明问题，本章提出了一种基于小波束的起伏地表照明补偿方法，解决了起伏表面对波场延拓的影响，也补偿了由于采集孔径不足造成的深层成像能量不均衡问题，为后续的 AVA 分析提供了更为可靠的偏移数据。在偏移过程中，基于波场逐步累加的思路，使波场延拓能够适应起伏的地表条件，引入 LCB 小波束偏移算子，在每一层上将背景速度窗化，降低了背景速度扰动量，提高了成像精度，克服了传统单程波算子全局参考速度引起的起伏面附近强成像噪声问题。局部倾角域的照明补偿不但提升了深层照明度，而且成像振幅均衡度也得到了有效改善，有助于后期的属性分析和反演。对复杂的 SEG 起伏地表模型测试证明了该方法的正确性。在近地速度精度较高情况下，本方法能够适用于地表高程差较大和地表横向起伏变化剧烈地区的成像，并有望在起伏地表地区的实际资料处理中取得较好的效果，为山地、盆山边界等复杂地表地区地震勘探发挥重要作用。

第六章　解耦纵横波反射波走时反演

全波形反演技术是一种从全波场地震记录中定量提取地下介质参数的数据拟合技术，其利用波场的走时、振幅及相位等多种信息，通过不同优化方法对地下模型参数进行精细刻画，其分辨率明显高于传统基于射线理论的反演方法。自 Taratola（1984，1986）提出波形反演的理论框架以来，其在不同数据域、模型域及不同介质中都得到了长足发展（Virieux and Operto 2009）。在全球和区域性的构造反演及勘探地球物理中都取得了很好的应用效果。基于常规弹性波动方程的反射波走时反演结合走时和反射波信息可以有效地提取模型参数中的低波数成分，然而纵横波之间的耦合效应及纵横波速度对波场的敏感性差异，导致反演的非线性问题增强。本章介绍一种基于解耦波动方程的反射波走时反演，并提出改进的时移互相关目标函数，分别隐式计入射波场快照与反传波场快照的时移量，很大程度地降低了纵波、横波之间的耦合关系，并提高纵横波速度低波数信息的反演质量，最后模型测试证明了本文方法的正确性。

第一节　常规弹性波全波形反演框架

首先简单介绍基于一阶速度应力方程的弹性波 FWI 框架：

$$\rho \frac{\partial v_x}{\partial t} - \left(\frac{\partial \tau_{xx}}{\partial x} + \frac{\partial \tau_{xz}}{\partial z} \right) = 0 \qquad (6\text{-}1\text{-}1a)$$

$$\rho \frac{\partial v_z}{\partial t} - \left(\frac{\partial \tau_{xz}}{\partial x} + \frac{\partial \tau_{zz}}{\partial z} \right) = 0 \qquad (6\text{-}1\text{-}1b)$$

$$\frac{\partial \tau_{xx}}{\partial t} - (\lambda + 2\mu)\frac{\partial v_x}{\partial x} - \lambda \frac{\partial v_z}{\partial z} = S_{xx} \qquad (6\text{-}1\text{-}1c)$$

$$\frac{\partial \tau_{zz}}{\partial t} - (\lambda + 2\mu)\frac{\partial v_z}{\partial z} - \lambda \frac{\partial v_x}{\partial x} = S_{zz} \qquad (6\text{-}1\text{-}1d)$$

$$\frac{\partial \tau_{xz}}{\partial t} - \mu\left(\frac{\partial v_z}{\partial x} + \frac{\partial v_x}{\partial z} \right) = 0 \qquad (6\text{-}1\text{-}1e)$$

式中　v_x，v_z——质点速度的水平分量和垂直分量；
　　　τ_{xx}，τ_{zz}，τ_{xz}——应力；

S_{xx}, S_{zz}——加载在正应力上的爆炸震源；

λ, μ——拉梅常数，GPa；

ρ——密度，kg/m³。

就任意目标函数而言，它们对模型参数的导数（梯度）最终均可以推导为雅克比矩阵与伴随波场乘积的形式，根据伴随状态法（Plessix，2006）弹性参数 λ 和 μ 的梯度计算公式最终可以表示为正传波场与反传伴随波场的互相关（Wang et al.，2012）：

$$\frac{\partial J}{\partial \lambda} = \int_t \left(\frac{\partial v_x}{\partial x} + \frac{\partial v_z}{\partial z}\right)(\bar{\tau}_{xx} + \bar{\tau}_{zz}) dt \qquad (6-1-2a)$$

$$\frac{\partial J}{\partial \mu} = \int_t 2\left(\frac{\partial v_x}{\partial x}\bar{\tau}_{xx} + \frac{\partial v_z}{\partial z}\bar{\tau}_{zz}\right) + \left(\frac{\partial v_x}{\partial z} + \frac{\partial v_z}{\partial x}\right)\bar{\tau}_{zx} dt \qquad (6-1-2b)$$

通过链式法则可获得纵横波速度 v_p 和 v_s 对应的梯度（Mora，1987）：

$$\frac{\partial J}{\partial v_p} = 2\rho v_p \int_t \left(\frac{\partial v_x}{\partial x} + \frac{\partial v_z}{\partial z}\right)(\bar{\tau}_{xx} + \bar{\tau}_{zz}) dt \qquad (6-1-3a)$$

$$\frac{\partial J}{\partial v_s} = 2\rho v_s \int_t \left(\frac{\partial v_x}{\partial z} + \frac{\partial v_z}{\partial x}\right)\bar{\tau}_{zx} - 2\left(\frac{\partial v_z}{\partial z}\bar{\tau}_{xx} + \frac{\partial v_x}{\partial x}\bar{\tau}_{zz}\right) dt \qquad (6-1-3b)$$

其中 J 为目标函数，$[v_x, v_z]$ 和 $[\bar{\tau}_{xx}, \bar{\tau}_{zz}, \bar{\tau}_{zx}]$ 分别为正传质点速度和反传伴随应力。梯度算子的构建是迭代类反演算法的核心，正确求解梯度以后，便是采用梯度类或牛顿类优化算法对模型参数进行更新，本文中的共轭梯度算法优化更新方法，并通过变步长方法（Köohn，2011）分别求解不同参数在反演中的迭代步长。

第二节　弹性波反偏移

反射波全波形反演的目的是产生反射波信息，增强梯度算子中的层析分量，从而更新低波数信息。然而一般情况下初始模型过于平滑，所以无法产生扰动波场形成反射波。Xu 等（2012a）通过在 FWI 中引入偏移，并把偏移剖面作为新的次级震源（反偏移技术）成功产生了反射波。对于弹性波反射波而言我们可以通过以下过程获得（Feng and Schuster，2017；Chen and Sacchi，2017）。

模型参数扰动 $[\lambda, \mu] \rightarrow [\lambda+\delta\lambda, \mu+\delta\mu]$ 会产生相应的波场扰动（本文中密度项保持不变）：

$$[v_x, v_z] \rightarrow [v_x + \delta v_x, v_z + \delta v_z] \qquad (6-2-1a)$$

$$[\tau_{xx}, \tau_{zz}, \tau_{xz}] \rightarrow [\tau_{xx} + \delta\tau_{xx}, \tau_{zz} + \delta\tau_{zz}, \tau_{xz} + \delta\tau_{xz}] \qquad (6-2-1b)$$

把参数扰动和波场扰动代入弹性波方程（6-1-1），并与方程（6-1-1）相减，根据 Born 近似省去高阶项可得扰动波场与背景波场的关系：

第六章 解耦纵横波反射波走时反演

$$\rho\frac{\partial\delta v_x}{\partial t}-\left(\frac{\partial\delta\tau_{xx}}{\partial x}+\frac{\partial\delta\tau_{xz}}{\partial z}\right)=0 \quad (6\text{-}2\text{-}2\text{a})$$

$$\rho\frac{\partial\delta v_z}{\partial t}-\left(\frac{\partial\delta\tau_{xz}}{\partial x}+\frac{\partial\delta\tau_{zz}}{\partial z}\right)=0 \quad (6\text{-}2\text{-}2\text{b})$$

$$\frac{\partial\delta\tau_{xx}}{\partial t}-(\lambda+2\mu)\frac{\partial\delta v_x}{\partial x}-\lambda\frac{\partial\delta v_z}{\partial z}=\delta\lambda\left(\frac{\partial v_x}{\partial x}+\frac{\partial v_z}{\partial z}\right)+2\delta\mu\frac{\partial v_x}{\partial x} \quad (6\text{-}2\text{-}2\text{c})$$

$$\frac{\partial\delta\tau_{zz}}{\partial t}-(\lambda+2\mu)\frac{\partial\delta v_z}{\partial z}-\lambda\frac{\partial\delta v_x}{\partial x}=\delta\lambda\left(\frac{\partial v_x}{\partial x}+\frac{\partial v_z}{\partial z}\right)+2\delta\mu\frac{\partial v_z}{\partial z} \quad (6\text{-}2\text{-}2\text{d})$$

$$\frac{\partial\delta\tau_{xz}}{\partial t}-\mu\left(\frac{\partial v_z}{\partial x}+\frac{\partial v_x}{\partial z}\right)=\delta\mu\left(\frac{\partial v_z}{\partial x}+\frac{\partial v_x}{\partial z}\right) \quad (6\text{-}2\text{-}2\text{e})$$

方程中参数扰动 $\delta\lambda$ 和 $\delta\mu$ 可通过式（6-1-2）基于最小二乘目标函数进行计算，方程右侧可视为背景波场与参数扰动相关形成的次级震源。参数扰动往往对应生成的是散射波场（陈生昌等，2016），然而对于反射波反演，需要的是与反射系数相关的反射波场。把式（6-2-3）代入式（6-2-2）：

$$\delta\lambda=2\left[\rho(\lambda+2\mu)\delta I_{\mathrm{mp}}-2\rho\mu\delta I_{\mathrm{ms}}\right]/\rho \quad (6\text{-}2\text{-}3\text{a})$$

$$\delta\mu=2\rho\mu\delta I_{\mathrm{ms}}/\rho \quad (6\text{-}2\text{-}3\text{b})$$

可得

$$\rho\frac{\partial\delta v_x}{\partial t}-\left(\frac{\partial\delta\tau_{xx}}{\partial x}+\frac{\partial\delta\tau_{xz}}{\partial z}\right)=0 \quad (6\text{-}2\text{-}4\text{a})$$

$$\rho\frac{\partial\delta v_z}{\partial t}-\left(\frac{\partial\delta\tau_{xz}}{\partial x}+\frac{\partial\delta\tau_{zz}}{\partial z}\right)=0 \quad (6\text{-}2\text{-}4\text{b})$$

$$\begin{aligned}\frac{\partial\delta\tau_{xx}}{\partial t}-(\lambda+2\mu)\frac{\partial\delta v_x}{\partial x}-\lambda\frac{\partial\delta v_z}{\partial z}&=2\left[(\lambda+2\mu)\delta I_{\mathrm{mp}}-\mu\delta I_{\mathrm{ms}}\right]\\&\left(\frac{\partial v_x}{\partial x}+\frac{\partial v_z}{\partial z}\right)+4\mu\delta I_{\mathrm{ms}}\frac{\partial v_x}{\partial x}\end{aligned} \quad (6\text{-}2\text{-}4\text{c})$$

$$\begin{aligned}\frac{\partial\delta\tau_{zz}}{\partial t}-(\lambda+2\mu)\frac{\partial\delta v_z}{\partial z}-\lambda\frac{\partial\delta v_x}{\partial x}&=2\left[(\lambda+2\mu)\delta I_{\mathrm{mp}}-\mu\delta I_{\mathrm{ms}}\right]\\&\left(\frac{\partial v_x}{\partial x}+\frac{\partial v_z}{\partial z}\right)+4\mu\delta I_{\mathrm{ms}}\frac{\partial v_z}{\partial z}\end{aligned} \quad (6\text{-}2\text{-}4\text{d})$$

$$\frac{\partial \delta \tau_{xz}}{\partial t} - \mu \left(\frac{\partial v_z}{\partial x} + \frac{\partial v_x}{\partial z} \right) = 2\mu \delta I_{\mathrm{ms}} \left(\frac{\partial v_x}{\partial z} + \frac{\partial v_z}{\partial x} \right) \tag{6-2-4e}$$

其中 $\delta I_{\mathrm{mp}} = \delta(\rho v_{\mathrm{p}})/\rho v_{\mathrm{p}}$ 和 $\delta I_{\mathrm{ms}} = \delta(\rho v_{\mathrm{s}})/\rho v_{\mathrm{s}}$ 代表纵横波阻抗扰动，在公式上看它们与反射系数序列具有相同的极性，因此我们认为此时扰动波场 $[\delta v_x, \delta v_z, \delta \tau_{xx}, \delta \tau_{xz}, \delta \tau_{zz}]$ 为反射波。但是我们很难保证 δI_{mp} 和 δI_{ms} 在幅值上与真实反射系数一致，为了避免最小二乘偏移及真振幅偏移，在反射波反演中我们采用走时互相关目标函数进行反演。

第三节　解耦方程走时反演

常规数据域的互相关目标函数通过计算求解一定时差范围 $[-T, T]$ 内观测记录与模拟记录的互相关，并在该时差范围内寻找最大互相关值来确定模拟与真实数据之间的走时残差。对于弹性多分量数据来说，地震记录中同时存在纵横波信息，它们的走时信息存在一定差异，利用常规互相关函数计算出的纵横波走时残差的平均值去反演纵横波速度存在一定误差及局限。考虑到纵横波的传播过程是解耦的，本文基于解耦波动方程，利用正传波场快照和反传波场快照构建时移互相关目标函数，分别隐式计算纵、横波的走时信息，并分别反演纵波、横波速度。

一、走时目标函数

时移互相关目标函数（Luo et al., 2016）定义为：

$$J = \frac{1}{2} \sum_x \int [\tau I(x,\tau)]^2 \mathrm{d}\tau \tag{6-3-1}$$

单个地震炮点 x_s 对应的空间位置点 x 处 t 时刻的正传波场快照 $U_s(x,t;x_s)$ 与反传波场快照 $U_r(x,t;x_s)$ 之间的时移互相关：

$$I(x,z) = \int U_s(x,t+\tau;x_s) U_r(x,t;x_s) \mathrm{d}t \tag{6-3-2}$$

时移量 $\tau \in [-T, T]$，目标函数（6-3-2）在速度存在误差时可以自动计算非零相关值对应的时移量 $\Delta \tau$，在此我们假设速度的扰动误差仅仅会引起时移量 $\Delta \tau$ 的变化，所以 J 关于模型参数 $\boldsymbol{m}$ 的梯度可以表示为：

$$\frac{\partial J}{\partial \boldsymbol{m}} = \sum_x \int \tau I(x,\tau)^2 \frac{\partial \Delta \tau}{\partial \boldsymbol{m}} \mathrm{d}\tau \tag{6-3-3}$$

进一步推导可得：

$$\frac{\partial J}{\partial \boldsymbol{m}} = \sum_x \int \tau I(x,\tau)^2 \frac{\partial \boldsymbol{U}_s(x,t+\tau;x_s)}{\partial \boldsymbol{m}} \frac{\partial \Delta \tau}{\partial \boldsymbol{U}_s(x,t+\tau;x_s)} \mathrm{d}\tau \tag{6-3-4}$$

其中，$\partial \boldsymbol{U}_s(x,t+\tau;x_s)/\partial \boldsymbol{m}$ 为雅克比矩阵，根据伴随理论方程（6-3-4）中的其他项为反传的伴随波场 $\boldsymbol{U}_a(x,t;x_s)$：

$$U_a(x,t;x_s) = \int \tau I(x,\tau)^2 \frac{\partial \Delta \tau}{\partial U_s(x,t+\tau;x_s)} d\tau \qquad (6-3-5)$$

对于式(6-3-5)中的 $\partial \Delta \tau / \partial U_s(x, t+\tau; x_s)$ 采用隐式函数求导法则：

$$\begin{aligned}\frac{\partial \Delta \tau}{\partial U_s(x,t+\tau;x_s)} &= \frac{\partial \dot{I}(x,\tau)}{\partial U_s(x,t+\tau;x_s)} \Big/ \frac{\partial \dot{I}(x,\tau)}{\partial \tau} \\ &= \dot{U}_r(x,t;x_s) \Big/ \int \dot{U}_s(x,t+\tau;x_s) \ddot{U}_r(x,t;x_s) dt\end{aligned} \qquad (6-3-6)$$

其中，·代表时间偏导，用 M 表示 $\int \dot{U}_s(x,t+\tau;x_s) \ddot{U}_r(x,t;x_s) dt$，最终目标函数 J 的导数可以表示为：

$$\frac{\partial J}{\partial m} = \frac{1}{M} \int \tau I(x,\tau)^2 \frac{\partial U_s(x,t+\tau;x_s)}{\partial m} U_r(x,t;x_s) dt d\tau \qquad (6-3-7)$$

对反传地震记录（虚拟震源）进行时间求导运算后再作为伴随方程的震源进行传播，可以得到式(6-3-7)中伴随波场的一阶时间导数波场 $\dot{U}_r$，此时波动方程中对应的时间一阶导数变量即是二阶时间导数 $\dot{U}_r(x,t;x_s)$。此时我们可以直接写出反射波梯度公式：

$$\frac{\partial J}{\partial m} = \frac{1}{M} \int \tau I(x,\tau)^2 \left[\frac{\partial U_s(x,t+\tau;x_s)}{\partial m} \delta \dot{U}_r(x,t;x_s) + \frac{\partial \delta U_s(x,t+\tau;x_s)}{\partial m} \dot{U}_r(x,t;x_s) \right] dt d\tau \qquad (6-3-8)$$

式(6-3-8)的显示表达式可以根据伴随状态法及式(6-1-3)直接给出。其中 δU_s 和 δU_r 分别为震检两侧通过反偏移式(6-2-4)获得的反偏移波场（反射波）。虽然以上目标函数及梯度计算方法避免了直接计算 $\Delta \tau$，但是对于纵横波同时传播的弹性介质而言，常规互相关梯度不可避免地会遇到 P 波和 S 波之间耦合效应的各种相互干扰，例如 S-P 和 S-S 的相关（Wang and Cheng，2017；Oh et al.，2017），从而造成反演精度下降，尤其是对波数偏高的横波速度（横波相较于纵波速度偏小）。为了降低纵横波之间的耦合影响，充分利用爆炸震源情况下能量占优的 PP 波与 PS 波反演纵横波速度，进一步开展了解耦方程反演方法研究。

二、解耦方程反演

波场分离的主要应用是弹性逆时偏移，通过波场分离和相应的成像条件可以获取具有明确物理意义的反射系数剖面（Du et al.，2012，2917；Duan and Sava，2015）。最初的波场分离是基于纵波为无旋场、横波为无散场通过亥姆赫兹分解完成的，该方法的物理意义是把耦合矢量波场分别投影到纵波和横波的极化矢量上（Dellinger and Etgen，1990）。这种情况下获取的纵横波并不是弹性矢量波场，没有充分反映纵横波矢量特性。Ma 和 Zhu（2003）利用解耦的纵横波二阶位移方程分别获得具有矢量特性的纵横波，解耦延拓波动方程是指可以用于 P 波和 S 波分解的弹性波波动方程。为了适应本文基于速度应力方程的反演方法，采用李振春等（2007）提出的解耦方程，纵波方程为：

$$\rho \frac{\partial v_x^p}{\partial t} = \frac{\partial \tau_{xx}^p}{\partial x} \quad (6\text{-}3\text{-}9\text{a})$$

$$\rho \frac{\partial v_z^p}{\partial t} = \frac{\partial \tau_{zz}^p}{\partial x} \quad (6\text{-}3\text{-}9\text{b})$$

$$\frac{\partial \tau_{xx}^p}{\partial t} = (\lambda + 2\mu) \left(\frac{\partial v_x}{\partial x} + \frac{\partial v_z}{\partial z} \right) \quad (6\text{-}3\text{-}9\text{c})$$

$$\frac{\partial \tau_{zz}^p}{\partial t} = (\lambda + 2\mu) \left(\frac{\partial v_x}{\partial x} + \frac{\partial v_z}{\partial z} \right) \quad (6\text{-}3\text{-}9\text{d})$$

横波方程为:

$$\rho \frac{\partial v_x^s}{\partial t} = \frac{\partial \tau_{xx}^s}{\partial x} + \frac{\partial \tau_{zx}^s}{\partial z} \quad (6\text{-}3\text{-}10\text{a})$$

$$\rho \frac{\partial v_z^s}{\partial t} = \frac{\partial \tau_{zx}^s}{\partial x} + \frac{\partial \tau_{zz}^s}{\partial z} \quad (6\text{-}3\text{-}10\text{b})$$

$$\frac{\partial \tau_{xx}^s}{\partial x} = -2\mu \frac{\partial v_z}{\partial z} \quad (6\text{-}3\text{-}10\text{c})$$

$$\frac{\partial \tau_{zz}^s}{\partial x} = -2\mu \frac{\partial v_x}{\partial x} \quad (6\text{-}3\text{-}10\text{d})$$

$$\frac{\partial \tau_{zx}^s}{\partial x} = \mu \left(\frac{\partial v_x}{\partial z} + \frac{\partial v_z}{\partial x} \right) \quad (6\text{-}3\text{-}10\text{e})$$

其中 $v_x = v_x^p + v_x^s$，$v_z = v_z^p + v_z^s$ 为总波场。$[\tau_{xx}^p, \tau_{zz}^p]$ 和 $[\tau_{xx}^s, \tau_{zz}^s, \tau_{zx}^s]$ 是纵横波的应力张量。解耦的速度应力方程（6-3-9）和（6-3-10）的一个优势是可以采用旋转交错网格进行正演模拟降低横波速度偏低引发的频散效应，另一个优势在于方程中给出了波形反演梯度计算中所必须的应力分量。在反演过程中利用解耦的纵横矢量波场分别构建对应速度参数的梯度，可以有效降低不同模型参数之间的耦合效应。本文解耦反演方法中我们利用解耦的雅克比矩阵进行梯度构建降低纵横波之间的耦合效应，根据解耦雅克比矩阵与解耦散射格林函数的等价性（Wang and Cheng, 2017），解耦后梯度公式（6-3-8）可表示为:

$$\frac{\partial J}{\partial \boldsymbol{m}} = \frac{1}{M} \int \tau I(x,\tau)^2 \left[\frac{\partial \boldsymbol{U}_s(x,t+\tau;x_s)}{\partial \boldsymbol{m}} \delta \dot{\boldsymbol{U}}_r^{\text{Mod}}(x,t;x_s) + \frac{\partial \delta \boldsymbol{U}_s(x,t+\tau;x_s)}{\partial \boldsymbol{m}} \delta \dot{\boldsymbol{U}}_r^{\text{Mod}}(x,t;x_s) \right] \mathrm{d}t \mathrm{d}\tau \quad (6\text{-}3\text{-}11)$$

其中，Mod 表示 P 波模式或 S 波模式。式（6-3-11）的显示表达式同样可以根据伴随状态法及式（6-1-3）直接给出。图 6-3-1 和图 6-3-2 分别展示了非解耦（常规）与解耦情况下纵横波速度的梯度敏感核算子。由于多分量地震数据中纵波能量要比横波能量强很多，因此解耦与否对纵波速度的梯度敏感性影响不大[图 6-3-1（a）和图 6-3-2（a）]。就横波速度而言，由于其对弹性波场的敏感性要弱于纵波速度，因此横波速度反演（梯度算子）更容易受到其他波形的影响从而导致反演精度下降。从图 6-3-1（b）和图 6-3-2（b）可以看出，解耦梯度算子在很大程度上提高了横波梯度算子分辨率。

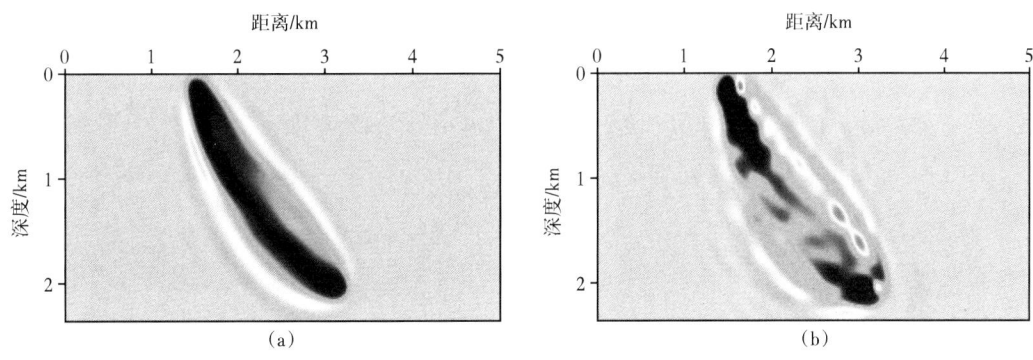

图 6-3-1　常规敏感核算子
（a）纵波；（b）横波

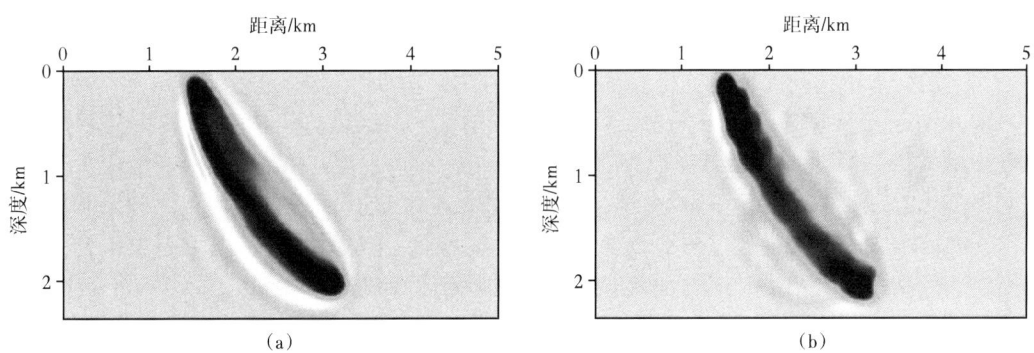

图 6-3-2　解耦敏感核算子
（a）纵波；（b）横波

第四节　模型实验分析

通过抽取的 Sigbee2A 弹性波模型，对本章的常规和解耦反射波走时反演方法在模型低波数信息恢复方面的能力进行验证对比分析。测试中波场计算过程采用高阶交错网格有限差分法实现，模型大小为 $N_X \times N_Z = 314 \times 146$，纵横向网格间隔均为 16m，地表放炮，炮数 60 炮，炮间距 50m，检波点沿地表所有网格点放置。震源主频为 8Hz 雷克子波（滤除 3Hz 以下低频信息）。图 6-4-1 为真实的纵、横波速度模型，图 6-4-2 为线性初始模型，反演过程中密度项为常数（2.0g/cm³）。

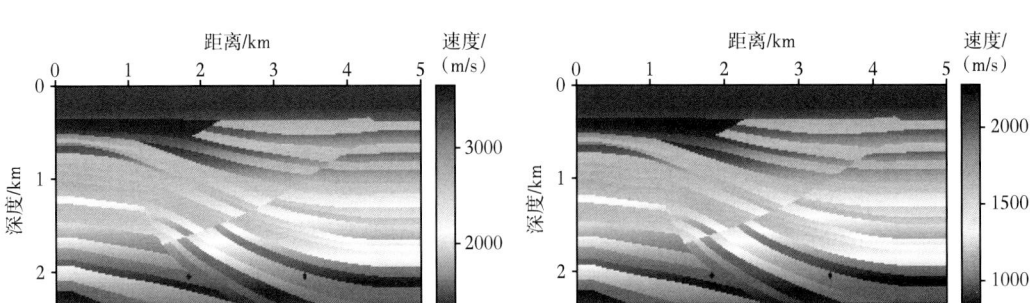

图 6-4-1　真实速度模型
（a）纵波；（b）横波

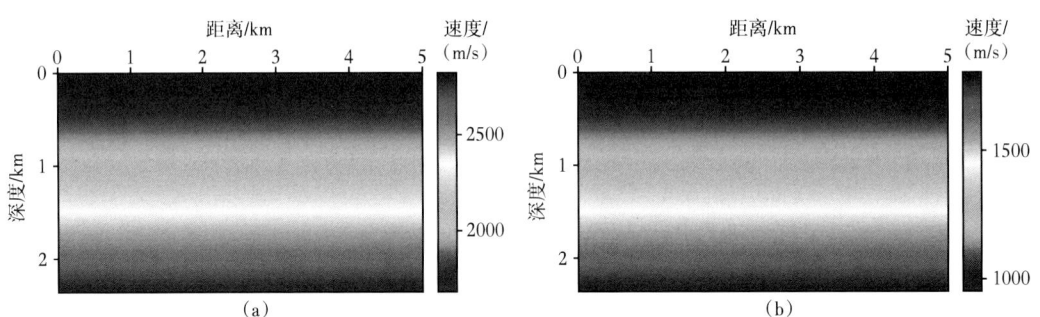

图 6-4-2　线性初始速度模型
（a）纵波；（b）横波

图 6-4-3 为利用线性初始模型估计的纵横波阻抗扰动 δI_{mp} 和 δI_{ms}。由于初始模型中低波数分量很少，使地震波走时信息与真实模型中的走时差异过大，导致模型中两个绕射点处偏移结果发散不收敛。Sigbee2A 模型是一种假设地下岩石弹性参数为线性关系的速度模型，其纵波速度和横波速度（图 6-4-1）形态相同。通过十次迭代反演更新速度模型，可以看出当迭代到一定次数后，基于解耦波动方程的反演得到的纵波、横波梯度（图 6-4-7）的形态接近，二者为线性关系，而常规反射波走时反演得到纵波、横波梯度（图 6-4-4）的形态差异较大。另外，解耦方程反演结果（图 6-4-8）的低波数成分比常规方程反演结果（图 6-4-5）更加丰富，尤其在横波速度模型的构建方面，主要表现在对抽稀 Sigbee2A 模型右上角高速层的刻画上。因此我们可以得出，解耦反演方法可以有效降低波场之间的耦合效应，提高横波速度反演质量。

图 6-4-6 和图 6-4-9 分别对应利用图 6-4-5 和图 6-4-8 所示速度场进行偏移获取的纵、横波阻抗扰动剖面。可以看出，相比于线性初始模型偏移结果，图 6-4-6 和图 6-4-9 中偏移剖面收敛程度得到了显著提高，尤其是模型下方的绕射点均得到了很好的收敛。然而进一步比较图 6-4-6 和图 6-4-9 可以看出，图 6-4-9 中的断陷区域（黑色箭头处）及底层高速区域（黑色框区域）的成像结果分辨率更高，从侧面也证实了解耦方程反射波反演结果要优于常规反射波反演。

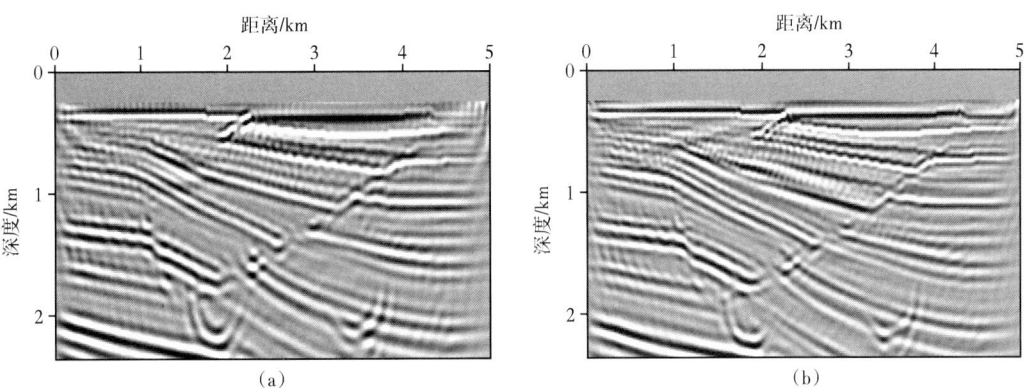

图 6-4-3 线性初始速度模型的波阻抗扰动剖面 δI
（a）纵波速度；（b）横波速度

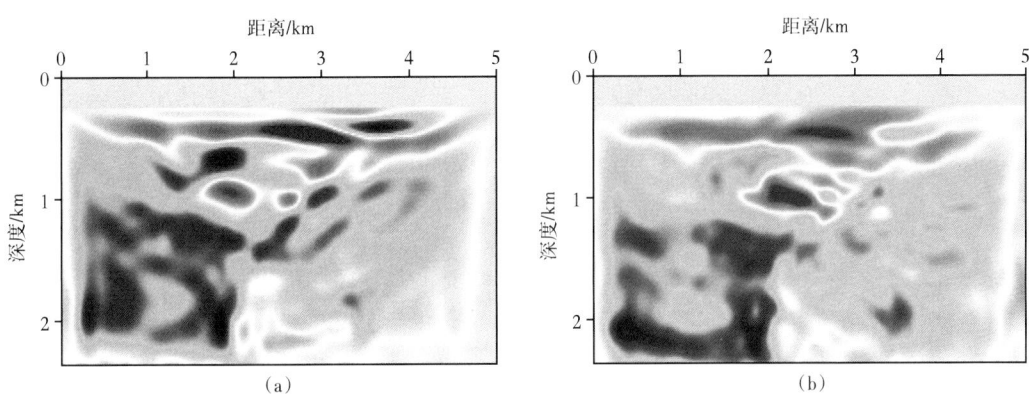

图 6-4-4 常规反射波走时反演第 10 次迭代梯度
（a）纵波速度；（b）横波速度

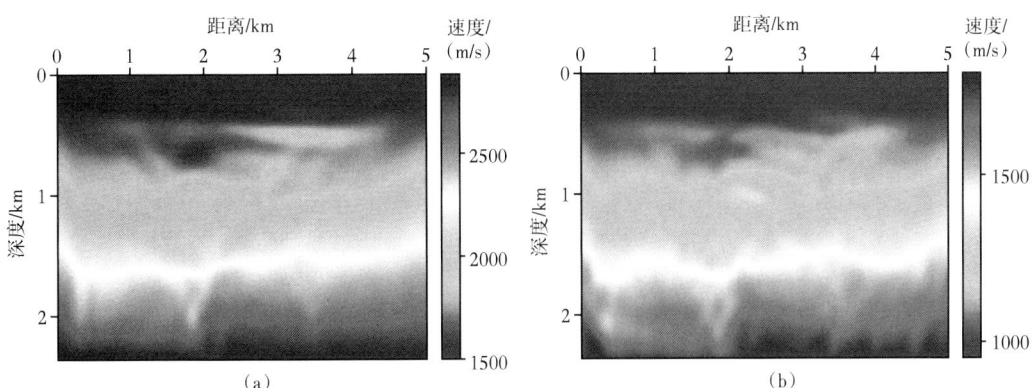

图 6-4-5 常规走时反射波反演结果
（a）纵波速度；（b）横波速度

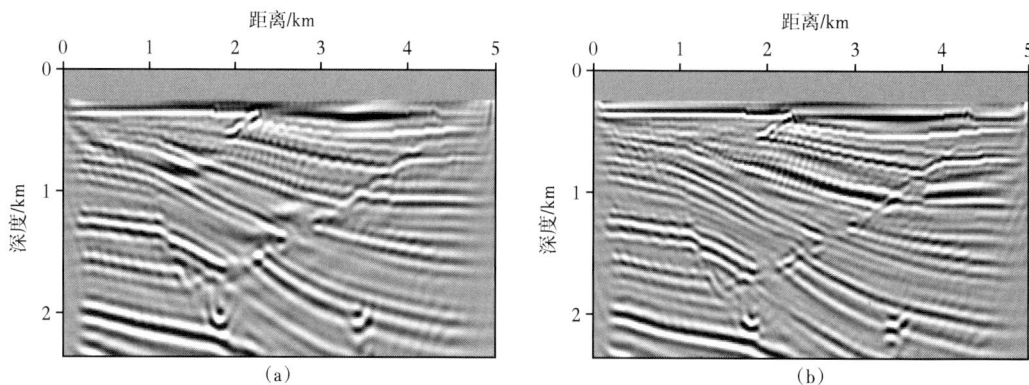

图 6-4-6 利用常规走时反演速度的波阻抗扰动剖面 δI
(a)纵波速度;(b)横波速度

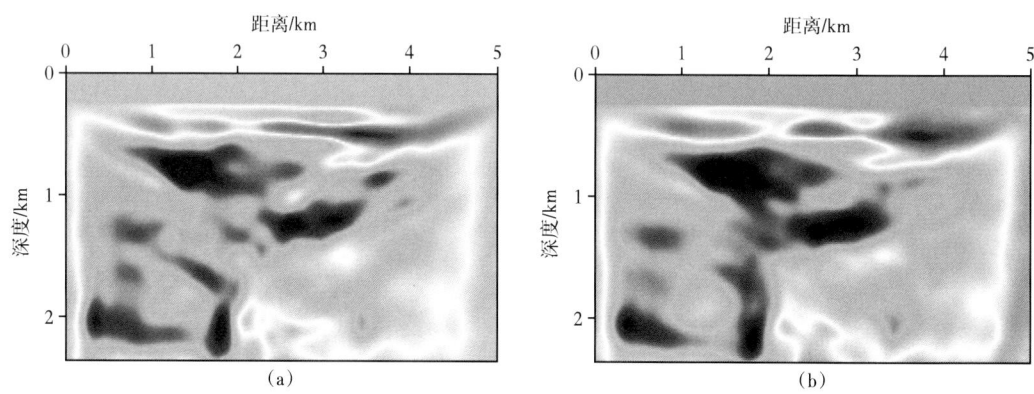

图 6-4-7 解耦反射波走时反演第 10 次迭代梯度
(a)纵波速度;(b)横波速度

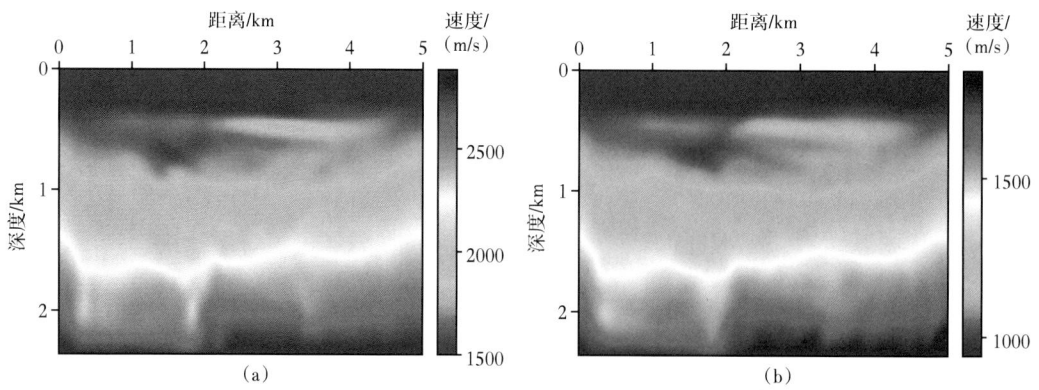

图 6-4-8 解耦走时反射波反演结果
(a)纵波速度;(b)横波速度

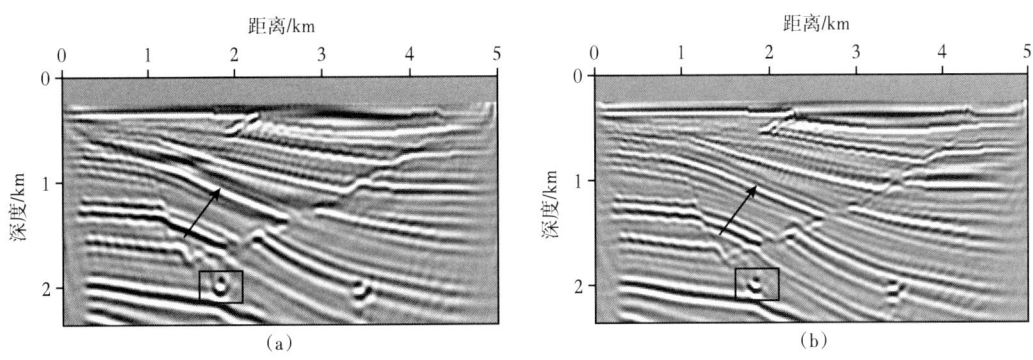

图 6-4-9　利用解耦反射波走时反演速度的波阻抗扰动剖面 δIZ
（a）纵波速度；（b）横波速度

第五节　本章小结

FWI 问题基于波动方程理论，是一种非线性性质极强的反问题，尤其是在弹性多参数反演中。非线性问题的线性化求解方法主要分为两大类：全局优化和局部优化算法。全局优化方法对目标函数依赖性不高，甚至不需要进行梯度计算，但是该类方法随机性高且计算量大，不具备广泛的适用性，只适合未知参数非常少的反演问题。相较于全局优化算法，局部优化方法计算量非常小，适用于复杂模型和实际应用中的推广，但是该类方法在反演初始需要一个精度较高的初始模型，从而保证模拟记录与实际记录误差在四分之一波长之内，以避免反演过程中周期跳跃的发生。本质上讲，空间域（深度域）的波动方程反演方法获得的是地下介质的不同波数信息，FWI 所需要的精确初始模型必须含有丰富的地下地质构造的低波数分量。低频震源非常昂贵，不适合广泛应用。为了改变这一现状，众多地球物理工作者应用数学变换和信号处理方法挖掘地震数据中潜在的"伪"低频信息，并将得到的低频信息用于全波形反演中的初始模型反演。

为了有效构建纵、横波速度模型中的低波数成分，本章介绍了基于弹性波一阶速度应力方程的弹性波反射波走时反演方法。为降低不同参数之间的耦合效应，尤其是对多分量数据较为不敏感的横波速度参数，我们提出了一种基于解耦弹性波方程的走时反射波反演方法，并提出改进的时移互相关目标函数，分别隐式计入射波场快照与反传波场快照的时移量，很大程度地降低了纵波、横波之间的耦合关系，并提高纵横波速度低波数信息的反演质量，通过 Sigbee2A 模型测试证明了该方法的可行性和有效性。

第七章　数据域地震波反演成像理论方法

地震波反演成像要达到三个层次的目标：地下岩石的几何结构描述、随角度变化的反射系数估计和岩石参数估计。传统的偏移成像解决的是几何结构描述的问题（Claerbout，1971）。随着三维逆时偏移在地震数据处理中的应用，解决构造成像的偏移成像方法已经得到了较为成熟的发展。而近年来，随着地震采集技术的进步（宽方位角、宽频带、高密度、高精度）和高性能计算平台（如每秒千万亿次计算的机群）的出现，地震成像方法的研究已经从面向构造的偏移成像全面走向以全波形反演为代表的面向储层的地震反演成像的发展阶段。地震反演成像的最终目标是解决岩石参数估计的问题。

地震偏移过程主要是基于地震波的旅行时信息得到地震反射的界面信息，这一信息与反射系数相关（Etgen 等，2009），是模型参数的高波数成分。而地震反射系数，尤其是随反射角变化的反射系数本身对于储层参数估计是一个关键的参数。作为地震反演成像第二个层次的目标，得到随角度变化的反射系数本身不仅能够直接用以储层反演，还可以把地震相作为约束条件提高第三个层次岩石参数反演的精度。

面向反射系数估计发展出了最小二乘偏移方法（Plessix 和 Mulder，2004）和真振幅偏移成像（Zhang 等，2005）方法，前者基于逆散射理论而后者基于反射理论分别描述反演成像过程。本文将通过理论分析证明这两类方法的统一性。

最小二乘偏移通过地震反演策略在宏观背景介质参数上估计其扰动部分。地震数据的频带限制、观测孔径限制与复杂构造引起的问题在牛顿反演中都反映在 Hessian 算子中。全波形反演直接应用到实际地震数据中受制于反问题的非线性，而将线性化求解的最小二乘偏移与非线性的全波形反演相结合的策略，理论上具有更好的适应性。这一策略的数学背景是将非线性问题进行迭代的线性化求解，它将会是全波形反演应用于实际地震数据的一条出路。

逆时偏移（Reverse Time Migration，简称 RTM）通过背向传播全波场利用成像条件得到叠加的像，这一方法近年来在工业界得到了广泛应用，它被证明对大角度成像与横向速度剧变介质十分有效（Whitmore 1983；Baysal et al 1983）。经典的 RTM 方法在时间—空间域执行，但它同样可以在频率域执行（Shin et al 2001, Kim et al 2011）。频率域逆时偏移（Frequency Domain Reverse Time Migration，简称 FRTM）具有特定的优势：一是通过对特定 Helmholtz 方程的求解策略可以大幅提高计算效率；二是其执行 LSM 的自然衔接。在二维情况下，Helmholtz 方程的求解能够通过直接的 LU 分解方法来实现（Jo 等，1996）。本文提出了一种基于伴随状态法的最小二乘频率域逆时偏移方法（LS-FRTM），在 Marmousi 模型上证明了这一方法的正确性。

第一节 地震反演问题的线性化与最小二乘偏移

一、地震反演问题的线性化

地震波场的正传播过程可以记为:

$$d = L(m) \quad (7\text{-}1\text{-}1)$$

式中 m——地震地球物理参数矢量,如速度、密度、弹性参数等;

d——观测到的地震数据;

$L(\cdot)$——描述依赖于 m 的地震波场正传播过程,表达了地震波场传播的系统。

在此系统下,研究特定模型 m 中地震波的传播过程以得到数据 d 的过程为地震正演。反之,由数据 d 反推模型参数 m 的过程为地震反演。反演的过程可以记为:

$$m = L^{-1}(d) \quad (7\text{-}1\text{-}2)$$

其中,$L^{-1}(\cdot)$ 描述了利用各种数学工具进行地震反演的过程。为了求解这一地震反问题,构建最小二乘反演泛函为:

$$E(m) = \frac{1}{2}[L(m) - d_{\text{obs}}]^t [L(m) - d_{\text{obs}}] \quad (7\text{-}1\text{-}3)$$

其中,t 代表了矩阵共轭。式(7-1-3)是许多地震反问题的起点。对于旅行时层析,地震数据 d_{obs} 选取旅行时信息;对于全波形反演,地震数据就是全部地震数据。将式(7-1-3)泰勒展开并忽略其高阶项,方程可以写为:

$$m_{k+1} = m_k - H_k^{-1} \nabla_m E_k \quad (7\text{-}1\text{-}4)$$

其中,$\nabla_m E_k$ 为第 k 次迭代误差泛函对模型参数的梯度,H 为 Hessian 算子,即误差泛函对模型参数的二阶导数:

$$H = \left.\frac{\partial^2 E(m)}{\partial m^2}\right|_m = F^t F + \frac{\partial F^t}{\partial m} \Delta d \quad (7\text{-}1\text{-}5)$$

其中,$F(m) = \dfrac{\partial L(m)}{\partial m}$ 为地震数据对模型的导数,称为 Fréchet 微商。地震数据是模型的非线性函数。利用伴随状态法可以得到非线性的模型更新公式为:

$$\delta m^{(k+1)} = H(m^{(k)})^{-1} L^*(\delta d^{(k)})|_{m^{(k)}} \quad (7\text{-}1\text{-}6)$$

其中,梯度项 $\nabla_m E_k = L^*(\delta d^{(k)})|_{m^{(k)}}$ 与 Hessian 项 $H[m^{(k)}]$ 都是依赖于上一次迭代更新后的模型参数的。为了计算梯度,使用伴随状态算子 $L^*(\cdot)$。伴随状态算子代表的就是反传地震数据以偏移成像的过程:

$$I(m) = L^*(d)|_m \tag{7-1-7}$$

如果使用全波方程进行传播，式（7-1-7）就代表了逆时偏移。

而最小二乘偏移在初始模型的周围寻找一个独立于初始模型的最优化的扰动模型。最小二乘偏移的迭代过程为：

$$\delta m^{(k+1)} = H[m^{(0)}]^{-1} L^*[\delta d^{(k)}]\Big|_{m^{(0)}} \tag{7-1-8}$$

在式（7-1-8）中，梯度项 $\nabla_m E_k = L^*[\delta d^{(k)}]|_{m^{(0)}}$ 中的传播算子与 Hessian 项 $H[m^{(0)}]$ 都只依赖于初始模型，与迭代模型 $m^{(k)}$ 无关。迭代模型只用以更新模拟数据并将残差进行下一次的迭代。对比式（7-1-6）与式（7-1-8），可以说，最小二乘偏移就是全波形反演的线性化形式。最小二乘的逆时偏移可以在初始的模型 $m^{(0)}$ 上估计一个最优化的扰动模型 δm。

对于式（7-1-8），在声波方程意义下，梯度项与 Hessian 项都有其对应的频率域格林函数表达形式：

$$\nabla_m E_k = \mathrm{Re}\left[\sum_\omega \omega^2 \sum_{x_s}\sum_{x_r} f_s(\omega) G(x_s,x,\omega) G(x,x_r,\omega) \delta d^\mathrm{t}(x_s,x_r,\omega)\right] \tag{7-1-9}$$

$$H(x,y) = \mathrm{Re}\left\{\sum_\omega \omega^4 \sum_{x_s}\left[|f_s(\omega)|^2 G(x_s,x,\omega)G^\mathrm{t}(x_s,y,\omega)\sum_{x_r} G(x,x_r,\omega)G^\mathrm{t}(y,x_r,\omega)\right]\right\} \tag{7-1-10}$$

为了与真振幅偏移进行比较，写出上两式对应在反射张角域的形式：

$$\nabla_m E_k(x,\theta) = \mathrm{Re}\left[\sum_\omega \omega^2 \sum_{x_s}\sum_{x_r}\sum_\phi f_s(\omega) G(x_s,x,\phi;\omega) G(x,x_r,\phi+\theta;\omega) \delta d^\mathrm{t}(x_s,x_r,\omega)\right] \tag{7-1-11}$$

$$H(x,\theta) = \mathrm{Re}\Bigg\{\sum_\omega \omega^4 \sum_{x_s}\Big[|f_s(\omega)|^2 G(x_s,x,\phi;\omega)G^\mathrm{t}(x_s,x,\phi;\omega)$$
$$\sum_{x_r} G(x_r,x,\phi+\theta;\omega)G^\mathrm{t}(x_r,x,\phi+\theta;\omega)\Big]\Bigg\} \tag{7-1-12}$$

式中　θ——张角，（°）；

ϕ——炮点入射角，（°）。

Ren 等（2011）证明了最小二乘偏移可以在局部角度域进行。

二、偏移成像与反演成像

地震波偏移成像或反演成像的目的是得到一个反映地下介质反射系数的量。物理上，地下反射界面的反射系数随入射角的变化而变化，而这种变化规律又随着介质属性的差异而不同。因此，得到物理上的随入射角度变化的反射系数是能够用来反演地下介质属性的。这也是属性反演的物理基础。然而，传统的偏移成像得到的成像结果却难以反映随角度变化的反射系数，主要有以下几个方面的问题：

（1）基于炮点正传与检波点反传波场的相关成像条件得到的结果不等价于反射系数；

（2）带限的地震数据和有限观测孔径使地震波场不能完全反映地下介质的反射系数；

（3）地震成像本身属于线性化反演，初始模型的误差会引入成像道集；

（4）基于特定波动方程的波场传播算子与实际地震波场传播过程的不一致性。

关于真振幅成像的讨论一定程度上回答了第一个方面的问题。从平面波假设的角度看，入射波场传播到一个反射界面，由于波阻抗的不同形成反射，按照一定的反射系数和透射系数形成反射的平面波和透射的平面波（图7-1-1）。

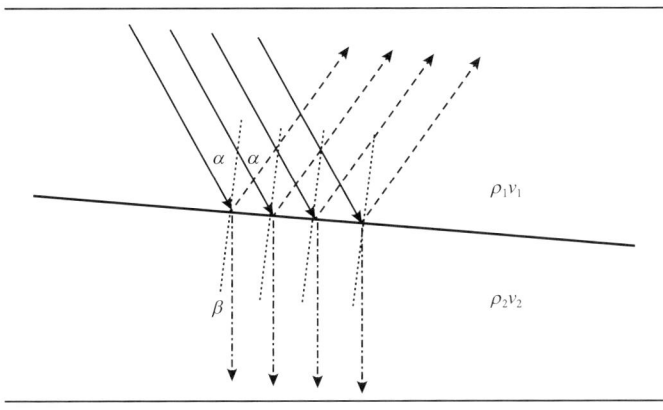

图 7-1-1　平面波场的反射与透射

物理上反射系数的定义为反射波振幅与入射波振幅的比值，即：

$$r(x)=\iiint\limits_{x_s,x_r,\omega}\frac{u_r(x_s,x_r,x;\omega)}{u_s(x_s,x;\omega)}\mathrm{d}\omega\mathrm{d}x_r\mathrm{d}x_s \tag{7-1-13}$$

其中，$u_s(x_s,x;\omega)=f_s(\omega)G(x_s,x;\omega)$ 和 $u_r(x_s,x_r,x;\omega)=G^*(x_r,x;\omega)d(x_s,x_r;\omega)$ 分别是炮点以子波 $f_s(\omega)$ 正传的波场和检波点反传得到的波场。考虑到计算的稳定性，一般情况下保真成像的过程为：

$$r(x)=\iiint\limits_{x_s,x_r,\omega}\frac{u_r(x_s,x_r,x;\omega)u_s^*(x_s,x;\omega)}{u_s(x_s,x;\omega)u_s^*(x_s,x;\omega)}\mathrm{d}\omega\mathrm{d}x_r\mathrm{d}x_s \tag{7-1-14}$$

代入波场的定义得：

$$r(x)=\iiint\limits_{x_s,x_r,\omega}\frac{f_s^*(\omega)G^*(x_s,x;\omega)G^*(x_r,x;\omega)d(x_s,x_r;\omega)}{f_s(\omega)G(x_s,x;\omega)f_s^*(\omega)G^*(x_s,x;\omega)}\mathrm{d}\omega\mathrm{d}x_r\mathrm{d}x_s \tag{7-1-15}$$

从炮点到反射点再到检波点的传播算子可以写为：

$$L(x_s,x_r,x;\omega)=G(x_s,x;\omega)G(x_r,x;\omega) \tag{7-1-16}$$

与式（7-1-8）相对应的，式（7-1-15）分子部分即为波场传播成像过程，而分母部分则部分反映在式（7-1-8）中的Hessian算子中。不同的是，式（7-1-8）中的模型参数为模型扰动量，与模型是本身是叠加关系，其Hessian算子对角元素展开为：

$$H(x) = \text{Re}\left\{\sum_\omega \omega^4 \sum_{x_s}\left[|f_s(\omega)|^2 |G(x_s,x,\omega)|^2 \sum_{x_r}|G(x,x_r,\omega)|^2\right]\right\} \quad (7\text{-}1\text{-}17)$$

而式（7-1-15）所要达到的是求解最优化的反射系数，其与模型本身（声波近似条件下的速度场）需要一定的转换才能得到。而体现在式（7-1-15）中分母上的权系数则是：

$$M(x_s,x;\omega) = f_s(\omega)G(x_s,x;\omega)G^*(x_s,x;\omega) \quad (7\text{-}1\text{-}18)$$

上节讨论的最小二乘偏移与传统的保幅成像的差别仅在于此。从反射系数反演的角度看，真振幅的成像方法更适合用来提取反射系数。接下来，讨论如何实现真振幅的地震偏移。

按照反射系数的定义，可以写出反射波场为：

$$u_r(x_s,x_r,x;\omega) \approx u_s(x_s,x;\omega)r(x) \quad (7\text{-}1\text{-}19)$$

这里的约等于主要是忽略了反射系数随频率变化的因素，这样经过二次传播的地震数据就可以写为：

$$d(x_s,x_r;\omega) = \int_x u_r(x_s,x_r,x;\omega)G(x_r,x;\omega) = \int_x f_s(\omega)G(x_s,x;\omega)G(x_r,x;\omega)r(x) \quad (7\text{-}1\text{-}20)$$

可见，将反射系数与地震子波的乘积用算子（7-1-16）传播，就得到了地震数据。因此，式（7-1-20）就是式（7-1-1）模型参数化为反射系数的形式。建立同样格式的最小二乘泛函：

$$E(r) = \frac{1}{2}(Lr - d_{\text{obs}})^t(Lr - d_{\text{obs}}) \quad (7\text{-}1\text{-}21)$$

注意，这里的波场传播算子不依赖于反射系数，以此为基础的反演成像是一种线性化的反演方法。式（7-1-15）对应的反射系数扰动量为：

$$\delta r(x) = \iiint_{x_s x_r \omega} \frac{f_s^*(\omega)G^*(x_s,x;\omega)G^*(x_r,x;\omega)\delta d(x_s,x_r;\omega)}{f_s(\omega)G(x_s,x;\omega)f_s^*(\omega)G^*(x_s,x;\omega)} d\omega dx_r dx_s \quad (7\text{-}1\text{-}22)$$

需要指出的是，以上的讨论没有涉及反射系数随角度的变化。如果考虑角度的变化，式（7-1-15）就变为：

$$r(x,\theta) = \iiiint_{x_s x_r \omega \phi} \frac{f_s^*(\omega)G^*(x_s,x,\phi;\omega)G^*(x_r,x,\phi+\theta;\omega)d(x_s,x_r;\omega)}{f_s(\omega)G(x_s,x,\phi;\omega)f_s^*(\omega)G^*(x_s,x,\phi;\omega)} d\phi d\omega dx_r dx_s \quad (7\text{-}1\text{-}23)$$

其中，θ为张角，ϕ为炮点入射角。同样可以写出迭代格式的反射系数余量。这里涉及的计算量包括局部角度域传播的炮点入射波场 $f_s(\omega)G(x_s,x,\phi;\omega)$ 和局部角度域反传播地震数据得到的反射波场 $G^*(x_r,x,\phi+\theta;\omega)d(x_s,x_r;\omega)$。与普通的地震波场偏移成像的计算代价是相同的。

另外需要指出，以上的讨论建立在单次散射（反射）模型基础之上。从能量守恒的角度来看，图 7-1-1 中的反射波可以被检波点接收到，而透射部分的能量是整个系统的损失。而如果透射的能量再次遇到反射界面或者散射点的情况下，$u_s(x_s,x;\omega)=f_s(\omega)G(x_s,x;\omega)$ 是否仍然成立呢？可以说，基于互相关的成像条件得到的像本身比较模糊。而真振幅的成像条件本身部分地解决了这一问题。从式（7-1-18）中可以看到，在一个宏观背景模型中计算得到的格林函数已不能完全使 $u_s(x_s,x;\omega)=f_s(\omega)G(x_s,x;\omega)$ 成立，但真振幅加权因子的存在使分式在炮点和检波点上的透射/反射能量损失基本一致（简单层状模型假设条件下），这样双方的能量损失都可以在加权因子的作用下归一化到相同的量级。

经过以上对比可以知道，基于散射理论引出的最小二乘偏移与基于反射理论的真振幅偏移具有理论上的等价性。其表现在 Hessian 算子上的不同仅仅体现在对真振幅考察上的细微差异。

第二节 最小二乘偏移与全波形的联合反演方法

通过式（7-1-22）的迭代求解，可以将地震数据中的残差逐步投影到模型空间。一个迭代的最小二乘反偏移或者真振幅成像过程实质上执行的就是用逐步线性对非线性问题的逼近。最小二乘偏移的迭代过程中，格林函数的计算仅仅依赖初始模型。因此，相比全波形反演，最小二乘偏移就有着巨大的计算效率优势（在频率域，仅需将波场从炮检点传播一次即可）。那么，将线性化的最小二乘偏移与全波形反演进行联合反演是否可以利用最小二乘偏移的计算优势呢？

用 Marmousi 模型测试全波形反演与最小二乘偏移的联合反演。反演以一个平滑的初始速度作为起点，为了解释成像与反演的差异，将真实模型、初始模型与逆时偏移结果分别变换到波数域。从图 7-2-1 可以看到，初始的光滑速度模型仅仅反映了速度模型的低波数成分，而基于此的成像结果却反映了速度模型的高波数成分。从这个结论出发，可以引出以成像结果作为约束的全波形反演。而本文希望在一个较好的背景速度上，通过最小二乘偏移估计一个最优化的速度模型高波数成分，通过适当的联合反演实现反演的提速。

首先利用传统的梯度法全波形反演，通过反演迭代，速度模型从浅到深逐渐逼近真实解。如进行 300 次的迭代过程实际上执行了 450 次的逆时间偏移，迭代计算量是巨大的。因此，可以利用全波形反演第 50 次的结果进行最小二乘偏移（实际执行的是真振幅偏移）。经过 10 次迭代后，得到了一个尖锐的像，对应了反射界面的反射系数，通过单道的积分变化，可以得到一个等价于全波形反演中的梯度的量。如果在 10 次最小二乘偏移的基础上再进行 240 次全波形反演，其结果相比单纯进行 300 次全波形反演的结果具有更好的反演精度与效率优势。也就是说，最小二乘偏移可以在全波形反演较好地估计了宏观速度的情况下，对反演迭代进行提速。

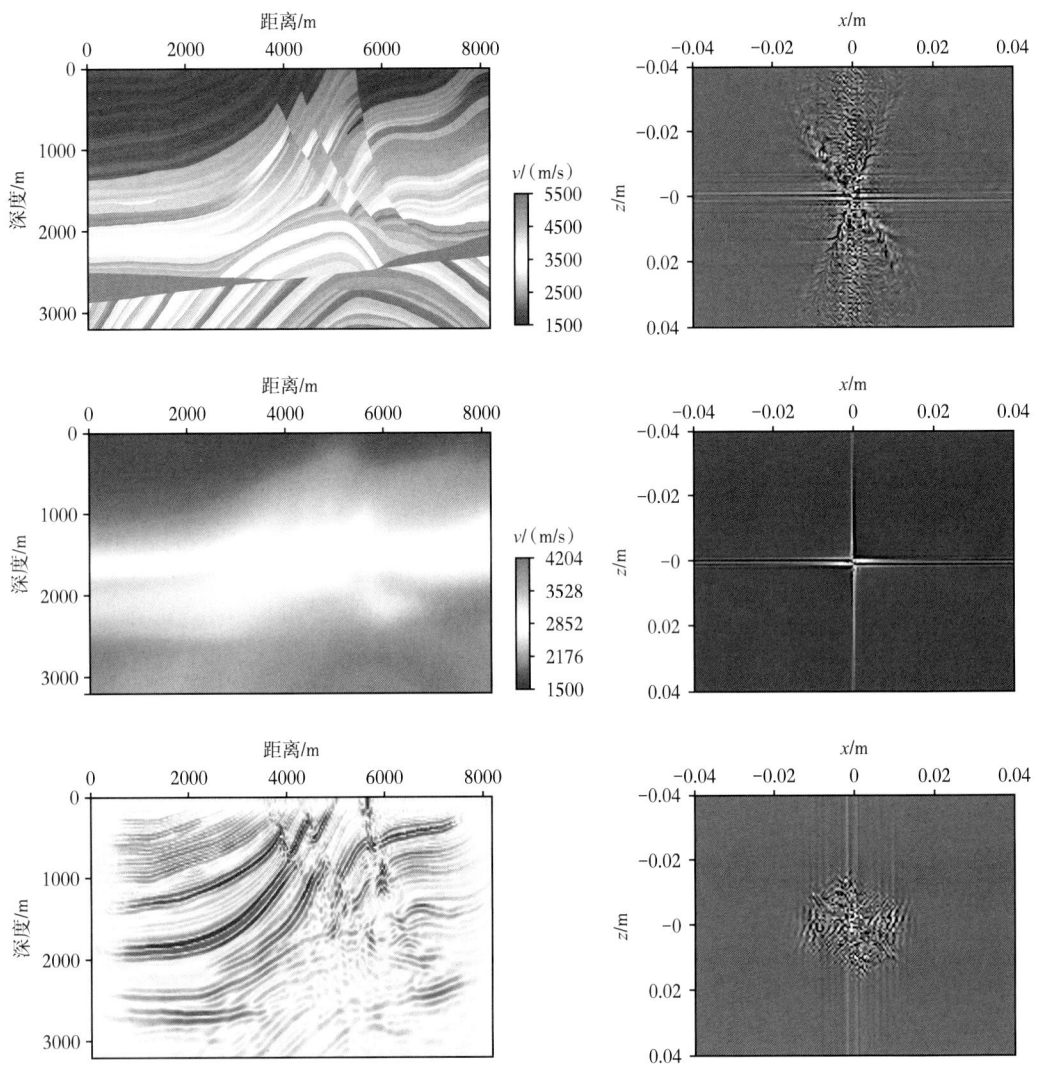

图 7-2-1　模型与成像结果的波数成分分析。左侧上中下依次为真实 Marmousi 速度模型、初始速度模型及基于初始速度模型的逆时偏移成像结果，右侧分别对应了三者的波数成分

第三节　伴随状态法频率域逆时偏移方法

对方程（7-1-6）在频率域的求解，传统的方案有四步（Shin 等，2001）：（1）对炮点子波进行正演；（2）基于波动方程，在接收点处形成虚源；（3）二次传播虚源，得到单频的像；（4）通过施加伪 Hessian 算子，进行迭代的 LS-FRTM 成像。在这一过程中，对每个单频需要求解两次正演，以得到一个保幅的 FRTM 成像结果。这里提出一种新的思路，在特定情况下可以更为简单快捷地解决这一问题。

一、理论原理

从频率域的标量波方程出发：

$$[\omega^2 \boldsymbol{m}(x) + \Delta] u(x_s, x, \omega) = -s(\omega) \quad (7\text{-}3\text{-}1)$$

把模型波场分解为背景场和扰动场：$\boldsymbol{m} = \boldsymbol{m}_0 + \delta \boldsymbol{m}$，$\boldsymbol{u} = \boldsymbol{u}_0 + \delta \boldsymbol{u}$。这里，背景场满足：

$$[\omega^2 \boldsymbol{m}_0(x) + \Delta] u_0(x_s, x, \omega) = -s(\omega) \quad (7\text{-}3\text{-}2)$$

扰动波场满足第二类 Fredholm 积分方程：

$$\delta u(x_s, x_r, \omega) = \omega^2 s(\omega) \int \mathrm{d}x \boldsymbol{G}_0(x_s, x, \omega) \boldsymbol{G}(x, x_r, \omega) \delta \boldsymbol{m}(x) \quad (7\text{-}3\text{-}3)$$

两个格林函数分别代表从源点到散射点及从散射点到接收点的传播过程。在 Born 近似的假设下，有 $\delta u \ll u_0$ 和 $\boldsymbol{G} \approx \boldsymbol{G}_0$。波场扰动与模型扰动间存在线性关系：

$$\delta u(x_s, x_r, \omega) = \omega^2 \int \mathrm{d}x \boldsymbol{G}_0(x_s, x, \omega) \boldsymbol{G}_0(x, x_r, \omega) \delta \boldsymbol{m}(x) \quad (7\text{-}3\text{-}4)$$

正传播算子可以写为：

$$\boldsymbol{L}(x_s, x_r, x, \omega) = \omega^2 s(\omega) \boldsymbol{G}_0(x_s, x, \omega) \boldsymbol{G}_0(x, x_r, \omega) \quad (7\text{-}3\text{-}5)$$

则线性化的正问题为：

$$\delta \boldsymbol{u} = \boldsymbol{L} \delta \boldsymbol{m} \quad (7\text{-}3\text{-}6)$$

其正过程的伴随状态为：

$$\delta \boldsymbol{m} = \boldsymbol{L}^{\mathrm{t}} \delta \boldsymbol{u} \quad (7\text{-}3\text{-}7)$$

这样，在二范数意义下的梯度项跟 Hessian 项都可以写为格林函数表达式形式。其中，由于 Hessian 算子的庞大，取其对角线元素参加运算：

$$\boldsymbol{H}(x) = \mathrm{Re}\left\{ \sum_{\omega} \omega^4 \sum_{x_s} \left[|s(\omega)|^2 |\boldsymbol{G}_0(x_s, x, \omega)|^2 \sum_{x_r} |\boldsymbol{G}_0(x, x_r, \omega)|^2 \right] \right\} \quad (7\text{-}3\text{-}8)$$

基于式（7-1-6）、式（7-1-9）和式（7-3-7），我们提出了新的 LS-FRTM 方案。这里，格林函数由频率域全波算子计算得到。对二维情况，每个频率的正演过程可以通过一次 LU 分解得到。新的 LS-FRTM 策略为：

（1）对每个频率，通过 LU 分解求解方程系数矩阵的逆；（2）对每个炮点和检波点，计算单频的格林函数；（3）用方程（7-3-8）计算对角伪 Hessian 算子；（4）对每个频率求解方程（7-1-6）的 LS 解，并对每个频率的结果叠加；（5）用方程（7-3-6）重构数据，并得到数据残差 $\delta \boldsymbol{d} = \boldsymbol{L} \delta \boldsymbol{m} - \boldsymbol{d}_{\mathrm{obs}}$；（6）如果数据残差小于特定的阈值，停止迭代；否则，用模型扰动代入到第（4）步进行下一次迭代。

这个流程就是基于伴随状态法执行的 LS-FRTM 方法。在这一过程中，格林函数仅被计算了一次。这里我们回避了对求解 Helmholtz 方程求解难度的讨论。需要指出的是，只要 LU 分解能够执行，那么这个新的执行方案就能够运算。其优势就是在传统方案需要计算两次正演的基础上减少了一半的计算量。

二、数值实验

我们将新的理论方法在 Marmousi 模型（图 7-3-1）上进行测试。最小二乘反演成像需要从一个较为接近真实解的初始模型出发。本次实验中，我们用一个从真实模型光滑的初始模型作为反演的起点（图 7-3-2）。

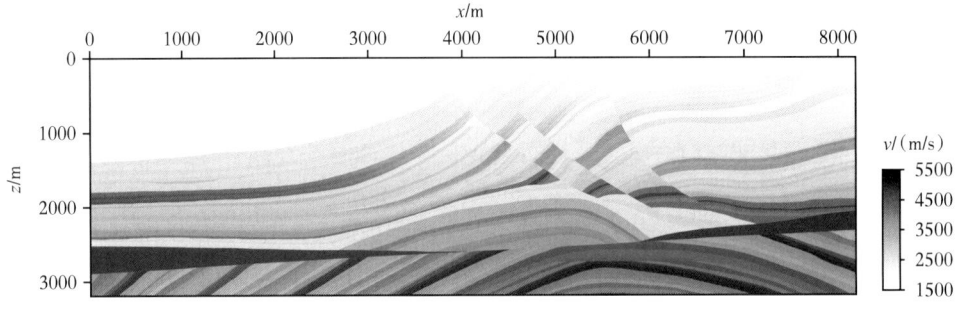

图 7-3-1 Marmousi 速度模型

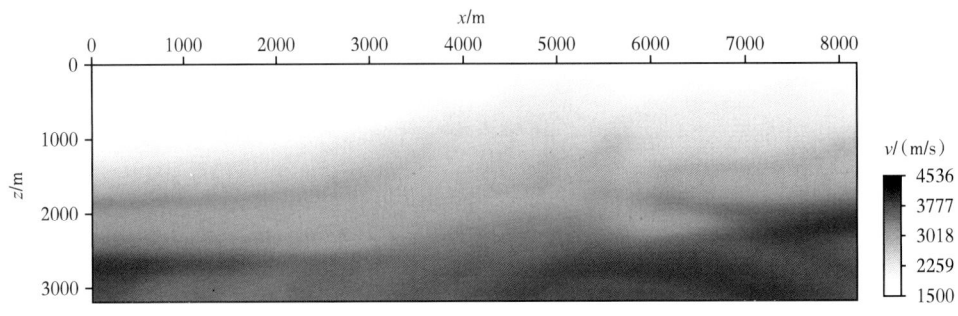

图 7-3-2 用于计算格林函数的背景速度模型

我们首先计算出一个理论上的扰动模型 $\delta m_{\text{true}}=m_{\text{true}}-m_0$（图 7-3-3）。作为 LSM 成像的目标就是希望得到的 δm_{est} 是对 δm_{true} 的最佳估计。为了对比逆时偏移，我们用 Laplacian 滤波作用到扰动模型上得到图 7-3-4 中的结果，这一结果与反射率模型相关。

117 个频率片以 0.25Hz 的采样间隔用于反演过程。由于许多的炮点跟检波点都是重合的，因此在存储量上并不会比只计算炮点多多少。本次实验需要的格林函数存储空间为 8*737*737*250=1086338000B（约 1GB）。

格林函数计算存储以后，就可以通过式（7-3-8）的矩阵运算得出伪 Hessian 项。对角伪 Hessian 项反映了对应每个散射点的照明关系（Ren et al., 2011；图 7-3-5）。

如果设置初始模型为零的话，LSM 的第一次迭代过程就是 RTM 的像。图 7-3-6 给出了背景速度上的 RTM 成像结果。为了消除 RTM 的低通噪声，对其结果用 Laplacian 算子进行滤波（图 7-3-7）。

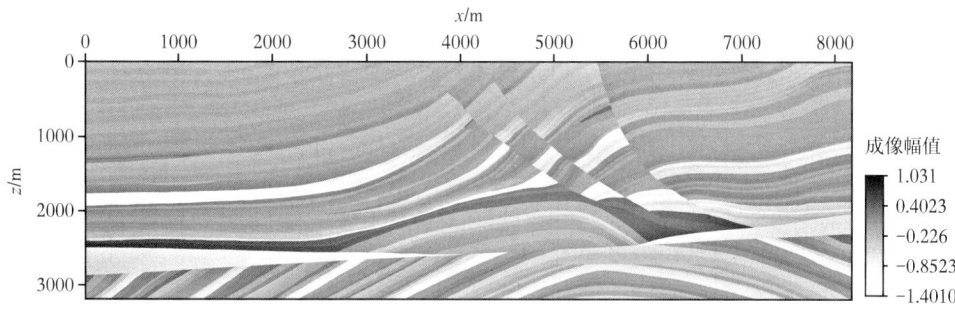

图 7-3-3　真实速度场与背景场间的模型扰动场

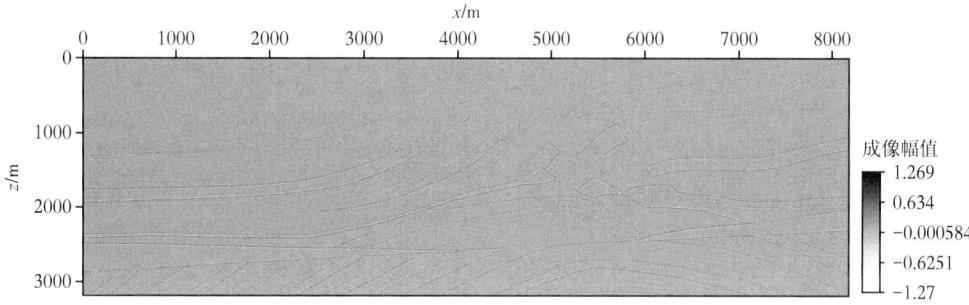

图 7-3-4　Laplacian 滤波以后的模型扰动

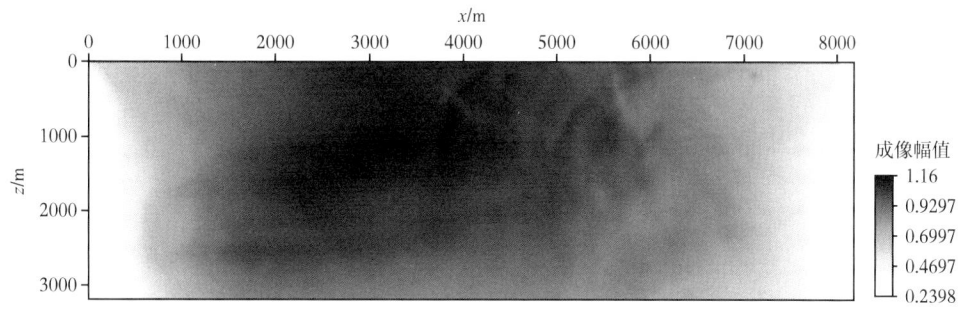

图 7-3-5　伪 Hessian 算子

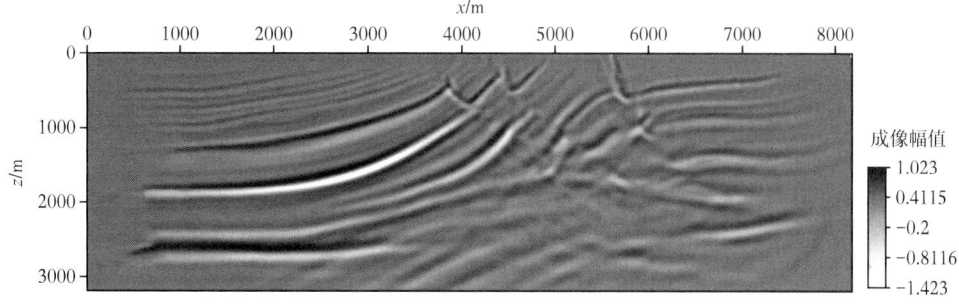

图 7-3-6　初始速度模型直接 RTM 成像结果

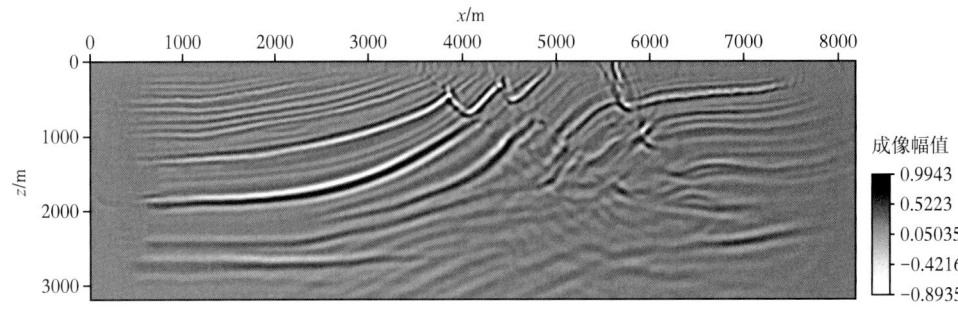

图 7-3-7　运用 Laplacian 滤波以后的直接 RTM 结果

经过 30 次 LSM 迭代后，结果放在图 7-3-8 中。图 7-3-9 为经过 Laplacian 滤波后的结果。对比图 7-3-9、图 7-3-7 和图 7-3-4，可以发现，经过 LS-FRTM 的反演成像，无论是成像的质量和分辨率都得到了较大程度的提高。将三道结果横向对比能够更加直观地看到这一效果（图 7-3-10）。

这个方法还有计算效率上的优势。在第一次迭代过程中，我们把格林函数计算并存储了下来。在接下来的迭代过程中，修改的仅仅是反射率模型，而格林函数可以反复使用。

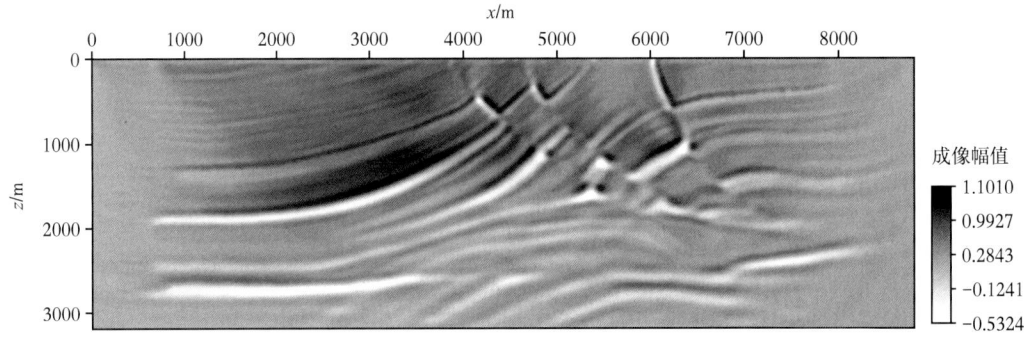

图 7-3-8　LS-RTM 迭代 30 次结果

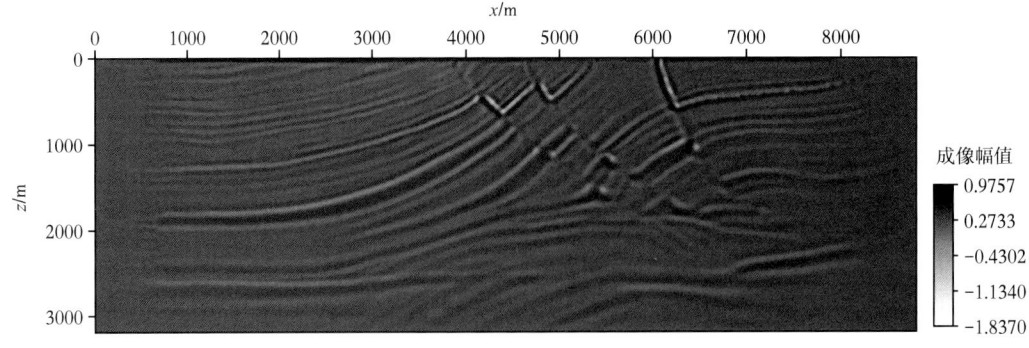

图 7-3-9　运用 Laplacian 滤波以后的 LS-RTM 成像结果

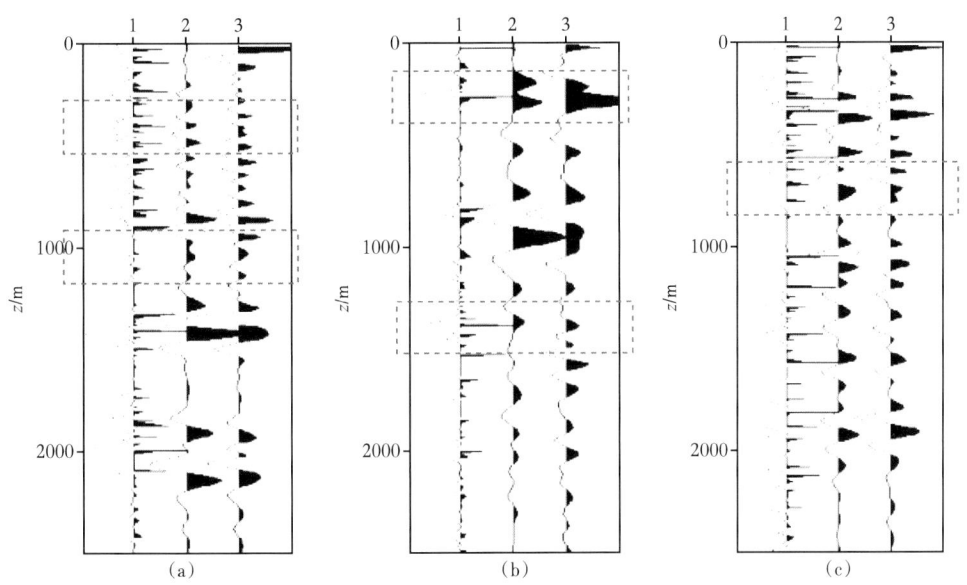

图 7-3-10　成像振幅对比。三张图片分别对应三个位置分别是：(a) x=2500m，(b) x=5000m，(c) x=7500m。每图中的三道代表图 7-3-4、图 7-3-7 和图 7-3-9 中的振幅。

第四节　本章小结

最小二乘偏移是全波形反演的线性化。通过全波形反演，宏观速度已经较为逼近真实解本身。这时 Born 近似的条件可以成立。然后，利用最小二乘偏移搜索出最优化的速度模型扰动量，通过选择合适的迭代反演策略，联合反演可以取得比直接全波形反演更高的迭代效率。事实上，这个方法是建立在地震反演成像对反射系数估计与速度参数估计之间的一种方案，其实际数据的应用价值有赖于进一步的实验研究进行证明。我们还提出了一个新的频率域最小二乘逆时偏移方法。梯度项跟 Hessian 项都能表达成格林函数的函数。在全部迭代过程中，对每个频率，我们只需要对每个炮检点计算一次格林函数，并存储下来。对不同的频率的处理，还能用不同的计算节点进行并行运算。我们在 Marmousi 模型上的实验证明了这一方法的有效性。

第八章　成像域地震波反演成像中的 Hessian 算子与散射成像

勘探地震学的研究本质上是一个反问题，研究的客观对象即地球物理介质。从正的方面来研究，即是研究地球介质中地震波场的传播现象，归纳不同介质中地震波场传播的规律。而从反的方面研究，则是根据人工能够观测得到的地震数据（包括地表观测数据、海底观测数据、井中观测数据、井间观测数据等），反向推演波场传播，并估计介质地球物理参数的过程。因此，从地震数据反推地下地球物理参数的过程都可以称为地震反演。传统偏移成像解决的是几何结构描述的问题，而地震反演成像的目标是解决岩石参数估计的问题。中间一个问题：保振幅，需要把偏移成像纳入反演成像来寻找答案，即将地震波方程描绘传播过程的程度和地震反演的理论来统一思考。

从偏移成像的角度来看，影响最终成像结果振幅的因素主要有：球面扩散效应、地表一致性问题、波场传播算子的精度和介质的吸收衰减等问题。其中，介质的吸收衰减问题不受声波—弹性波方程所控制，可以用吸收衰减的补偿策略加以矫正（任浩然等，2007）。其他几个问题的解决可以从改进偏移算子的角度来处理（Etgen 等，2009）。但地震成像到了保振幅的阶段必须放在反演的框架来论述，才能找到更为合理的物理意义。最小二乘偏移是反演框架下的偏移结果（Plessix 和 Mulder，2004；Ren et al.，2011），它是对偏移成像过程和结果的校正，这种校正的桥梁就是 Hessian 算子。Hessian 算子中包括了能被波动方程控制的、影响偏移振幅的所有信息。最小二乘偏移的难点就在于求解一个精确的 Hessian 算子并求逆。当然，在同样的地震反演框架下，基于牛顿/高斯—牛顿法的全波形反演问题（Pratt 等，1998）中，Hessian 算子具有相同的地位和作用。作为预条件，Hessian 算子作用在全波形反演的过程还能够提高反演迭代的效率。问题是，构造一个什么样的泛函格式加入反演框架中才能兼顾计算效率和精度。

第一节　地震反演与 Hessian 算子

地震波场的正传播过程可以记为：

$$\boldsymbol{d}_{\text{obs}} = L(\boldsymbol{m}_{\text{true}}) \tag{8-1-1}$$

式中　$\boldsymbol{m}_{\text{true}}$——地震地球物理参数矢量，如速度、密度、弹性参数等；

　　　$\boldsymbol{d}_{\text{obs}}$——观测到的地震数据；

　　　$L(\cdot)$——描述了依赖于 $\boldsymbol{m}_{\text{true}}$ 的地震波场正传播过程，表达了地震波场传播的系统。

在此系统下，研究特定模型 $\boldsymbol{m}_{\text{true}}$ 中地震波的传播过程以得到数据 $\boldsymbol{d}_{\text{obs}}$ 的过程为地震正演；反之，由数据 d_{obs} 反推模型参数 m_{true} 的过程为地震反演。反演的过程可以记为：

$$m_{\text{est}} = L^{-1}(d_{\text{obs}}) \tag{8-1-2}$$

这里，$L^{-1}(\cdot)$ 描述了利用各种数学工具进行地震反演得到估计的模型参数 m_{est} 的过程。相对地，地震反演问题比正演问题要复杂，这是由于地震正传播得到的数据只把模型的部分信息带入了数据中，而且，模型和正问题的传播过程都只是实际情况的近似。地震反演理应遵从普遍的数学反演方法规律。法国数学家 Jacques Hadamard（1945）将反演问题归结为三点：

（1）存在性。对于给定数据 d，存在一个模型 m 能够满足 $d=L(m)$；
（2）唯一性。只存在一个 m；
（3）稳定性。数据中一个小的扰动只能在解中带来一个微小的扰动。

如果反演问题不能满足上述条件中的至少一个，该问题就是一个病态问题。而在地震反演中，上述条件常常是不能同时满足的。例如，由于实际地震观测孔径、频带范围、采集步长等造成数据量不足，使地震反演的过程是不唯一和不稳定的。再例如，观测数据中的噪声并不受波动方程所控制，这会给反问题的存在性带来挑战。

一、牛顿类反演方法

地震反演问题本质上是一个非线性问题，即正传播算子随着模型参数非线性变化。但人们在研究非线性问题时，常常在局部甚至全局线性化，以简化问题的求解过程。为求解这个反问题，在二范数意义下定义误差泛函：

$$E(m) = \frac{1}{2}[L(m) - d_{\text{obs}}]^{\text{t}}[L(m) - d_{\text{obs}}] \tag{8-1-3}$$

其中，上标 t 表示矩阵转置，m 在声波方程中是速度相关量，在弹性波方程中是弹性波参数的集合。方程（8-1-3）定义了基础的最小二乘目标函数，定义 Fréchet 微商为：

$$F(m_0) = \left.\frac{\partial L(m)}{\partial m}\right|_{m_0} \tag{8-1-4}$$

在非线性问题中，Fréchet 微商是依赖于模型的。牛顿法认为误差函数在初始模型附近满足二次型，因此可以用泰勒公式将误差函数在模型附近展开：

$$\begin{aligned} E(m_0 + \delta m) &= E(m_0) + \delta m^{\text{t}} \nabla_m E(m_0) + \frac{1}{2} \delta m^{\text{t}} H \delta m + O(|\delta m|^3) \\ &\approx E(m_0) + \delta m^{\text{t}} \nabla_m E(m_0) + \frac{1}{2} \delta m^{\text{t}} H \delta m \end{aligned} \tag{8-1-5}$$

其中，$\nabla_m E(m_0) = F_{m_0}^{\text{t}} \Delta d(m_0)$ 是误差函数对模型的导数在初始模型 m_0 处的值。H 是误差函数在 m_0 处对模型的二阶导数，有：

$$H = \left.\frac{\partial^2 E(m)}{\partial m^2}\right|_{m_0} = F^{\text{t}} F + \frac{\partial F^{\text{t}}}{\partial m} \Delta d \tag{8-1-6}$$

H 即为 Hessian 算子，它由两部分构成。其中，$\Delta d\, \partial F^t/\partial m$ 为其非线性项。这是因为对于非线性问题，Fréchet 微商是依赖于模型的。而对线性问题这一项退化为零，Hessian 算子退化到线性项：

$$H_a = F^t F \tag{8-1-7}$$

二、Hessian 算子的数学物理意义

数学上，Hessian 算子就是误差泛函对模型的二次导数。在物理上，我们基于波动方程求取 Hessian 算子的公式来加以分析。在全牛顿法反演中，精确的 Hessian 算子包括两项，线性近似项 H_a 和非线性项 R。由于大部分情况下，R 本身计算量的需求巨大，并且在局部线性假设的条件下 R 趋向于零。因此我们需要首先研究近似的 H_a。但是，单就 H_a 项而言，Hessian 矩阵仍然是一个巨大的矩阵，对它的求逆是高斯—牛顿反演和最小二乘偏移中的一个难点。

从声波方程来看：

$$\left(\nabla^2 + \omega^2 \sigma^2\right) u(x_s, x, \sigma, \omega) = -f(x_s, \omega) \tag{8-1-8}$$

式中　$f(x_s, \omega)$ ——炮点 x_s 处激发的能量在圆频 ω 上的谱；

$\sigma(x) = 1/v(x)$ ——介质点 x 上的慢度，s/m；

$v(x)$ ——介质点集合 x 上的速度，m/s。

这里，波场在正演过程中是一个随着慢度变化的量。取 $v(x)$ 为反演参数，则牛顿反演中，梯度项和 Hessian 项分别展开为：

$$\begin{aligned}
\nabla_v E(\sigma)(x) &= \frac{\partial E(\sigma)}{\partial v(x)} \\
&= \sum_\omega \sum_{x_s} \sum_{x_r} \frac{\partial u(x_s, x_r, \sigma, \omega)}{\partial v(x)} [u(x_s, x_r, \sigma, \omega) - d(x_s, x_r, \omega)]
\end{aligned} \tag{8-1-9}$$

$$\begin{aligned}
H(x, y) &= \frac{\partial^2 E(\sigma)}{\partial v(x) \partial v(y)} \\
&= \sum_\omega \sum_{x_s} \sum_{x_r} \left\{ \frac{\partial u(x_s, x_r, \sigma, \omega)}{\partial v(x)} \frac{\partial u(x_s, x_r, \sigma, \omega)}{\partial v(y)} \right. \\
&\quad \left. + \frac{\partial^2 u(x_s, x_r, \sigma, \omega)}{\partial v(x) \partial v(y)} [u(x_s, x_r, \sigma, \omega) - d(x_s, x_r, \omega)] \right\}
\end{aligned} \tag{8-1-10}$$

可以看到，Hessian 矩阵的元素 $H(x, y)$ 对应着两组成像点 x 和 y。高斯牛顿法中省略的非线性项 R 即是式（8-1-10）中右端加号后面的部分。

在局部线性化的 Born 近似的意义下，接收点 x_r 处的合成数据可以写为：

$$u(x_s, x_r, \omega) = \omega^2 \sum_x r(x) f_s(\omega) G(x_s, x, \omega) G(x, x_r, \omega) \tag{8-1-11}$$

把合成波场公式代入误差函数，由式（8-1-8）、式（8-1-9）和式（8-1-10）可得

$$g(x) = \nabla_r E(\sigma)(x) = \frac{\partial E(\sigma)}{\partial r(x)}$$
$$= \text{Re}\left\{\sum_\omega \omega^2 \sum_{x_s} \sum_{x_r} f_s(\omega) G(x_s, x, \omega) G(x, x_r, \omega) \left[u^t(x_s, x_r, \omega) - d^t(x_s, x_r, \omega)\right]\right\} \quad (8\text{-}1\text{-}12)$$

$$H_a(x, y) = \text{Re}\left\{\sum_\omega \omega^4 \sum_{x_s} \left[|f_s(\omega)|^2 G(x_s, x, \omega) G^t(x_s, y, \omega) \sum_{x_r} G(x, x_r, \omega) G^t(y, x_r, \omega)\right]\right\} \quad (8\text{-}1\text{-}13)$$

偏移成像的过程可以看作是一个偏移算子作用到地震数据上得到模型参数（成像）的过程。相反的，地震数据的产生可以看作是一个正演算子作用到模型上得到地震数据的过程。从这个意义上，波动方程又可以表示为：

$$Lm = u \quad (8\text{-}1\text{-}14)$$

式中，L 即是正演算子，是地震参数和正演数据之间建立的一个联系。在 Born 近似的条件下，正演算子的每个元素为：

$$L(x_s, x_r, x, \omega) = \omega^2 f_s(\omega) G(x_s, x, \omega) G(x, x_r, \omega) \quad (8\text{-}1\text{-}15)$$

因此，线性 Hessian 矩阵就可以表示为：

$$H_a = L^t L \quad (8\text{-}1\text{-}16)$$

而梯度项则变成：

$$g = \nabla_m E = L(u^t - d^t) = L\left[(Lm)^t - d^t\right] \quad (8\text{-}1\text{-}17)$$

而基于牛顿法求解地震反演问题的一般性公式为：

$$m^{(k+1)} = m^{(k)} - H^{-1} \nabla_m E \quad (8\text{-}1\text{-}18)$$

这样，基于线性 Hessian 矩阵的高斯—牛顿法方程就可以表示为：

$$m^{(k+1)} = m^{(k)} - (L^t L)^{-1} L\left[(Lm^{(k)})^t - d^t_{\text{obs}}\right] \quad (8\text{-}1\text{-}19)$$

假设初始反演参数 $m^{(0)} = 0$，则可以得到第一次迭代过程公式为：

$$m^{(1)} = (L^t L)^{-1} L d^t \quad (8\text{-}1\text{-}20)$$

这样，就建立了反演参数与正演算子的关系。事实上，一次迭代实现最小二乘偏移成像的过程中高斯—牛顿反演的梯度项为 $L^t d$。将地震传播算子共轭作用到地震数据上，即对地震数据的反传播。因此此梯度项就是直接偏移成像的结果。可以记为：

$$m^{(1/2)} = L^t d \quad (8\text{-}1\text{-}21)$$

可以把这个介于零次迭代和一次迭代的中间结果称为是 1/2 次迭代结果。而事实上，

这个作用过程就是偏移成像。把 L^t 称为是偏移算子，它是正演算子 L 的转置共轭。而一次迭代过程就是通常说的最小二乘偏移成像。最小二乘偏移成像为真振幅偏移成像打开了一扇大门。这里，线性 Hessian 矩阵的逆作为加权因子作用到成像结果 $m^{(1/2)}$ 上。可以看到，Hessian 矩阵就包含了振幅修正的意义。

第二节　Hessian 算子的性质与近似

Hessian 算子在上述反演框架中居于重要位置，但其规模过于庞大（模型参数个数的平方倍元素），无论是在高斯—牛顿法波形反演过程中还是在最小二乘偏移中，人们都需要面对其庞大的求取计算量和更庞大的求逆计算量。因此，许多 Hessian 矩阵的近似值被提出。Yu 等（2006）提出了一个基于 $v(z)$ 介质的 Hessian 求逆方法；Lecomte（2008）提出了一种基于射线理论的 Hessian 求逆方法；Plessix 和 Mulder（2004）在空间域推导了 Hessian 矩阵公式，并提出了对角 Hessian 矩阵的四种近似解。Tang（2008）用相位编码（Phase-Encoding）的方法快速计算 Hessian 矩阵。对于叠前深度偏移，最为直接的就是利用 Hessian 矩阵的对角特性。从前期的分析可知，线性 Hessian 矩阵是一个主对角占优的带状矩阵（Ren 等，2011），其特征值主要由对角元素贡献。因此，可以只利用线性 Hessian 矩阵的主对角元素代替整个矩阵以实现不甚精确的反演。当然，如前面所述，这一假设引入的误差可以通过增加迭代次数来弥补。而一次迭代的最小二乘偏移则不能完全达到逆 Hessian 的效果。线性 Hessian 矩阵的对角元素为：

$$H_a(x,x) = \mathrm{Re}\left\{\sum_\omega \omega^4 \sum_{x_s}\left[|f_s(\omega)|^2 |G(x_s,x,\omega)|^2 \sum_{x_r}|G(x,x_r,\omega)|^2\right]\right\} \quad (8-2-1)$$

上式仍然是在整个模型空间 x 上的矩阵，它是线性 Hessian 矩阵的主对角元素的集合，称之为对角 Hessian 矩阵。可以看到，对角 Hessian 矩阵是正演算子 $L(x_s,x_r,x,\omega)$ 的平方。因此可以设想，它能够部分表述波场传播过程中的能量衰减及炮检系统对地下介质的照明程度。

一、平面波 Hessian 算子与平面波最小二乘偏移

最小二乘偏移成像，可以很大程度上消除观测孔径、采集脚印、地震波场衰减等因素的影响，改善地震成像的振幅效应。同时，基于反演框架构建的最小二乘偏移公式，能够适用于各种偏移算子。只要提取出相应的正演算子 L 和共轭的偏移算子 L^*，则最小二乘偏移中的线性 Hessian 矩阵和梯度值都可以通过矩阵运算得到求解。

偏移距外推（Offset Continuation）是地震数据映射方法研究的一个热点问题。Bagaini（1996）推导出了炮域的偏移距外推方程。Formel（2003）对前人的偏移距外推方程进行了修改，给出了更精确的外推方程。基于偏移距外推的思想，可以对地震波场进行平面波偏移。首先，把炮集数据分解为平面波：

$$\tilde{u}(p_h, x_m; \omega) = \sum_h \mathrm{e}^{-\mathrm{i}\omega p_h h} u(h, x_m; \omega) \quad (8-2-2)$$

式中 x_m——共中心点（CMP）坐标；
　　h——偏移距，m；
　　p_h——偏移距平面波射线参数。

上式为一个单频 ω 数据 $u(h, x_m; \omega)$ 变换到平面波域数据 $\tilde{u}(p_h, x_m; \omega)$ 的过程。可以看到，平面波域数据是共中心点和偏移距射线参数的函数。因此，需要构造相应的偏移算子。

叠前时间偏移的双平方根算子，在频率—波数域可以表示为：

$$k_\tau = \sqrt{\omega^2 - \frac{v_\tau^2}{4}(k_x - k_h)^2} + \sqrt{\omega^2 - \frac{v_\tau^2}{4}(k_x + k_h)^2} \tag{8-2-3}$$

式中 k_x, k_h——对应共中心点 x_m 和偏移距 h 的波数；
　　τ——叠前时间偏移中的时间深度，s；
　　v_τ——对应时间深度 τ 的速度，m/s；
　　k_τ——对应时间深度 τ 的波数。

上式可以被写为：

$$\omega = k_\tau \sqrt{\left(1 + \frac{v_\tau^2 k_h^2}{4 k_\tau^2}\right)\left(1 + \frac{v_\tau^2 k_x^2}{4 k_\tau^2}\right)} \tag{8-2-4}$$

由 Stolt 和 Benson（1986）可知，$\tan\theta = -v_\tau k_h / (2 k_\tau)$。这里角度 θ 为入射波和反射波之间的夹角。因此有如下关系：

$$\sqrt{1 + \frac{v_\tau^2 k_h^2}{4 k_\tau^2}} = \frac{1}{\cos\theta} \tag{8-2-5}$$

双平方根算子进一步写为：

$$\left(\frac{2 k_\tau}{v_\tau}\right)^2 + k_x^2 - \left(\frac{2\omega \cos\theta}{v_\tau}\right)^2 = 0 \tag{8-2-6}$$

而偏移距射线参数 p_h 和 θ 之间的关系为：

$$\cos^2\theta = 1 - \frac{v_\tau^2 p_h^2}{4} \tag{8-2-7}$$

因此，双平方根算子对应的频率—偏移距射线参数域的波动方程变为：

$$\left[\frac{4}{v_\tau^2}\frac{\partial^2}{\partial \tau^2} + \frac{\partial^2}{\partial x_m^2} - \frac{4\omega^2}{v_\tau^2}\left(1 - \frac{v_\tau^2 p_h^2}{4}\right)\right] p(\tau, x_m, p_h; \omega) = 0 \tag{8-2-8}$$

式（8-2-8）可以通过有限差分的方法来求解。这样，就建立了从平面波数据 $\tilde{u}(p_h, x_m; \omega)$（边界条件）到时间深度 τ 域地下成像值（速度参数）$p(\tau, x_m, p_h; \omega)$ 的映射关系。全成像结果可以视为不同偏移距射线参数成像结果的叠加：

$$p(\tau, x_m; \omega) = \sum_{\omega} \sum_{p_h} p(\tau, x_m, p_h; \omega) \quad (8\text{-}2\text{-}9)$$

最小二乘偏移首先需要构造一个能够用矩阵表达的偏移算子。式（8-2-2）~ 式（8-2-9）通过偏移距外推方法进行平面波偏移的过程能够提取出偏移算子。其过程可以写为：

$$L^*(\tau, p_h; \omega) \tilde{u}(p_h, x_m; \omega) = p(\tau, x_m, p_h; \omega) \quad (8\text{-}2\text{-}10)$$

那么，偏移算子 $L^*(\tau, p_h; \omega)$ 的元素由什么构成呢？从上式可以看出，如果构造一个虚拟的地震数据 $\tilde{v}(p_h, y_m; \omega)$，而此数据需要满足 p_h 和 y_m 的元素个数相同，且地震数据矩阵 $\tilde{v}(p_h, y_m; \omega)$ 为对角单位阵。在此情况下，利用方程（8-2-9）求解出的成像值 $p(\tau, y_m; \omega)$ 即为偏移算子 $L^*(\tau, p_h; \omega)$。算子的偏移成像过程可以在叠前时间域利用有限差分法实现。在偏移算子矩阵得出以后，就可以通过共轭转置得出正演算子 $L(p_h, \tau; \omega)$。这样，平面波域叠前偏移成像的线性 Hessian 矩阵即：

$$H_a(p_h, p_{h'}) = L(p_h, \tau; \omega) L^*(\tau, p_{h'}; \omega) \quad (8\text{-}2\text{-}11)$$

可以看到，在此条件下的线性 Hessian 矩阵反映了特定炮检系统和速度背景条件下不同射线参数之间的相关性。当 $p_h = p_{h'}$ 时，即线性 Hessian 矩阵的对角线元素 $H_a(p_h, p_{h'})$ 反映了同一射线参数之间的相关性。可以设想，此一相关性即反映了单一射线参数的照明能量。利用上式给定的平面波 Hessian，就可以构造平面波最小二乘偏移。

二、偏移距 Hessian 算子与拟牛顿法全波形反演

在牛顿法全波形反演框架中，应用 Hessian 算子作为预条件可以提高全波形反演的计算效率。然而，如何构建与梯度求取相匹配的 Hessian 成为一个难点。在前期的研究中，与小波域波场传播算子匹配，我们发展了局部角度域 Hessian 算子：

$$H_a(\theta_d, x) = \mathrm{Re}\left\{ \sum_{\omega} \omega^4 \sum_{x_s} \sum_{\theta_s} \left[|f_s(\omega)|^2 G(x_s, x, \omega) G^*(\theta_s, x; x_s, \omega) \right.\right.$$
$$\left.\left. \sum_{x_r} G(x, x_r, \omega) G^*(2\theta_d - \theta_s, x; x_r, \omega) \right] \right\} \quad (8\text{-}2\text{-}12)$$

这一 Hessian 近似形式能够成功应用在最小二乘偏移中。但这一基于频率域角度分解提出的 Hessian 格式较难应用在全波形反演中。这里，我们提出一种与角度 Hessian 类似的地下偏移距域 Hessian 算子：

$$\hat{H}_a(h, x) = \mathrm{Re}\left\{ \sum_{\omega} \omega^4 \sum_{x_s} \sum_{\theta_s} \left[|f_s(\omega)|^2 G(x_s, x-h, \omega) G^*(x-h; x_s, \omega) \right.\right.$$
$$\left.\left. \sum_{x_r} G(x+h, x_r, \omega) \cdot G^*(x-h; x_r, \omega) \right] \right\} \quad (8\text{-}2\text{-}13)$$

由于这一格式不需要在频率波数域提取角度，因此能够方便地与扩展成像条件得到的成像道集联合起来，形成迭代格式。我们期望其可以应用在全波形反演中，以加快反演速

度。当然，考虑计算效率的提升，还可以将公式（8-2-13）中的检波点所对应的两个格林函数略去，可以得到仅利用炮照明的 Hessian 格式，我们将在模型实验部分对其效果进行测试。

三、点扩散函数的意义及应用

点扩散函数（Point Spread Function，PSF）的概念最早在图像处理领域被广泛应用。其在光学成像中的定义为：一个成像系统对点光源产生的响应，广义上可以拓展为一个观测系统对于一个单点的响应。其物理意义为：一个理想点光源通过成像系统形成的一个扩散区域（翟宁宁，2016），是聚焦光学系统的脉冲响应。

我们固定 $H_a(x, y)$ 中的一个单点 x，那么公式（8-1-13）可以转化为如下表达式：

$$H_a(y)|_x = \text{Re}\left[\sum_{\omega}\sum_{x_s}\sum_{x_r}\omega^4|f_s(\omega)|^2 G(x_s, x, \omega)G(x, x_r, \omega)G^T(y, x_r, \omega)G^T(x_s, y, \omega)\right]$$

（8-2-14）

上式其实就是 Hessian 算子的一行，通过观察我们可以发现，对于一个单点 x，其对应了整个成像空间内的 y，这实际上代表了整个系统对于单个成像点的 Hessian 响应。公式（8-2-14）中包含 4 个格林函数项，其中 $G(x_s, x, \omega)$ 和 $G(x, x_r, \omega)$ 两个格林函数代表波场的正传，分别表示波场由震源 x_s 传播到 x 后再由 x 传播到检波点 x_r 的过程，$G^T(x_s, y, \omega)$ 和 $G^T(y, x_r, \omega)$ 代表着波场的反传，分别表示波场由检波点 x_r 传播到 y 后再由 y 传播到震源 x_s 的过程，这两组物理过程刻画了波场在地下空间传播过程中对于单个散射点 x 的聚焦程度。这与 PSF 的意义是高度匹配的，因此，Hessian 算子的一行（或一列）对应着一个单点的 PSF。

图 8-2-1 展示了一个单点 $\bar{x}_0$ 的 Hessian 响应原理。如前文所述，对于单个成像点 $\bar{x}_0$，Hessian 算子的一行对应着整个成像区域，通过将其还原成一个二维空间可以发现在成像点 $\bar{x}_0$ 附近以外的区域几乎是没有值的，因此此区域即可看作单点 $\bar{x}_0$ 的 PSF 有效值，即：

$$K_{\bar{x}}(\delta\bar{x}) = H(\bar{x} - \delta\bar{x}, \bar{x})$$

（8-2-15）

其中，K 表示 PSF。

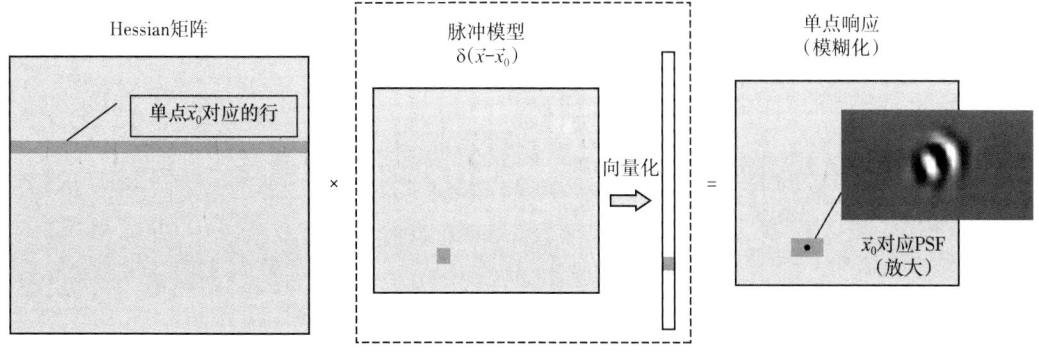

图 8-2-1　Hessian 响应示意图

如此，我们结合式（8-2-15）可以得到如下表达式（Xu等，2020）：

$$m_{\text{mig}}(\vec{x}_0) = \sum_{\vec{x}' \in \{u| \ \|u-\vec{x}\| < \sigma\}} H(\vec{x}', \vec{x}_0) m_{\text{real}}(\vec{x}') = \sum_{\|\delta\vec{x}\| < \sigma} H(\vec{x}_0 + \delta\vec{x}, \vec{x}_0) m_{\text{real}}(\vec{x}_0 + \delta\vec{x})$$
$$= \sum_{\|\delta\vec{x}\| < \sigma} K_{\vec{x}}(-\delta\vec{x}) m_{\text{real}}(\vec{x}_0 + \delta\vec{x})$$
（8-2-16）

通过上式，我们将Hessian算子对全空间偏移图像的模糊过程转换为一系列PSF对于局部空间的模糊过程（图8-2-2），而PSF比之Hessian算子，是维度更小的矩阵，因此PSF是构建Hessian近似的有力工具。

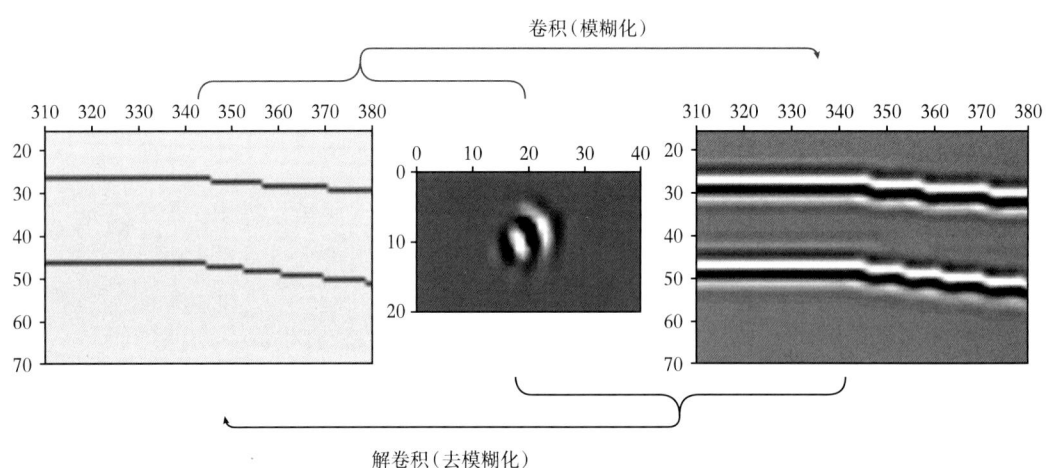

图 8-2-2　PSF 作用示意图

由此，地震反演成像就可以作为一个高维图像反褶积问题。
一个二维图像的退化过程可以描述为图8-2-3：

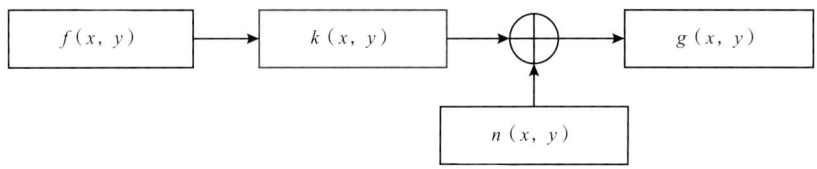

图 8-2-3　图像退化模型

$$g(x, y) = f(x, y) * k(x, y) \quad (8\text{-}2\text{-}17)$$

其中，$f(x, y)$表示真实图像；$k(x, y)$表示退化算子，即点扩散函数；$n(x, y)$表示噪声项；$g(x, y)$为模糊后的退化图像，那么忽略噪声项后这个过程可以由下式描述 * 表示卷积运算。

常规偏移图像是由真实反射率经PSF卷积得到的模糊化结果。

四、基于点扩散函数的图像反褶积

当反演转向模型空间时，其本质上为一个图像复原问题。图像处理领域中认为，退化图像是由真实图像和退化算子卷积得到的结果，这个卷积核就是PSF。图像复原反过程的关键就在于如何消除PSF带来的卷积影响。

图像复原过程中根据退化算子已知和未知可以分为非盲图像复原和盲图像复原，显然我们通过上一节的方法可以有效求取PSF，故我们研究的重点是非盲图像复原问题。该问题依赖于图像复原方法的选择，本节首先介绍基于波数域滤波的方法。

公式（8-2-17）在波数域下有如下表达式：

$$G(u,v) = F(u,v)K(u,v) \qquad (8\text{-}2\text{-}18)$$

空域下的卷积相当于波数域下的乘积，其中$G(u,v)$、$F(u,v)$、$K(u,v)$分别由$g(x,y)$、$f(x,y)$、$k(x,y)$经二维傅里叶变换得到，u和v分别代表横纵方向上的频率。于是上式可改写为如下形式：

$$\hat{F}(u,v) = \frac{G(u,v)}{K(u,v)} \qquad (8\text{-}2\text{-}19)$$

其中，$\hat{F}(u,v)$代表波数域下复原后的图像，对上式进行二维傅里叶逆变换，即可得到空域下的复原图像：

$$\hat{f}(x,y) = \mathit{fft}2^{-1}\left[\hat{F}(u,v)\right] = \mathit{fft}2^{-1}\left[\frac{G(u,v)}{K(u,v)}\right] \qquad (8\text{-}2\text{-}20)$$

这种方法称为逆滤波算法，可以在波数域一次滤波对图像完成复原，方法简便高效，但在实际情况下，通常图像中存在噪声的干扰，这时上式将转化为

$$\hat{f}(x,y) = \mathit{fft}2^{-1}\left[\frac{G(u,v)+N(u,v)}{K(u,v)}\right] \qquad (8\text{-}2\text{-}21)$$

通常$K(u,v)$的幅值衰减较快，而噪声项$N(u,v)$衰减较慢，当其为高斯型噪声时则为常数，这种情况下当$K(u,v)$中存在0值或小值时则会将噪声项不断放大，从而严重影响最终的结果，即使在不存在噪声项的情况下，0值或小值存在于分母项中仍会使图像无法被复原。

维纳滤波（Helstrom，1967）基于逆滤波的思想对其进行了改进，这是一种带约束的算法，可以克服逆滤波图像复原过程中放大噪声的缺陷。其原理是通过匹配真实图像和估计图像之间的均方误差，来增加复原问题的适定性，因此也被称为最小二乘滤波，均方误差可由下式表述：

$$\mathrm{e}^2 = \min E\left[\left|f(x,y) - \hat{f}(x,y)\right|^2\right] \qquad (8\text{-}2\text{-}22)$$

逆向执行图8-2-3给出的模型，则可以得到如下表达式：

$$\hat{f}(x,y) = g(x,y) * m(x,y) \qquad (8\text{-}2\text{-}23)$$

其中，$m(x,y)$为维纳滤波器，上式代表通过输入一个退化图像，然后得到复原图像

的过程。

结合正交准则推论，可得令式（8-2-22）最小化的条件为：

$$M(u,v) = \frac{S_{\text{fg}}(u,v)}{S_{\text{gg}}(u,v)} \qquad (8\text{-}2\text{-}24)$$

式中　$M(u,v)$——维纳滤波器的波数域表达；
　　　$S_{\text{fg}}(u,v)$——互相关功率谱；
　　　$S_{\text{gg}}(u,v)$——自相关功率谱。

结合含噪图像退化模型可得：

$$S_{\text{fg}}(u,v) = K(u,v)^* S_{\text{ff}}(u,v) \qquad (8\text{-}2\text{-}25)$$

$$S_{\text{gg}}(u,v) = |K(u,v)|^2 S_{\text{ff}}(u,v) + S_{\text{nn}}(u,v) \qquad (8\text{-}2\text{-}26)$$

其中 $S_{\text{ff}}(u,v)$ 代表退化（输入）图像的功率谱，$S_{\text{nn}}(u,v)$ 代表噪声的功率谱，$(\ )^*$ 代表复共轭。将式（8-2-25）和式（8-2-26）代入式（8-2-24）可得：

$$M(u,v) = \frac{K(u,v)^*}{|K(u,v)|^2 + S_{\text{nn}}(u,v)/S_{\text{ff}}(u,v)} \qquad (8\text{-}2\text{-}27)$$

由此我们结合卷积定理可以得到：

$$\hat{f}(x,y) = fft2^{-1}\left[\hat{F}(u,v)\right] = fft2^{-1}\left[\frac{G(u,v)}{K(u,v)} \frac{|K(u,v)|^2}{|K(u,v)|^2 + c}\right] \qquad (8\text{-}2\text{-}28)$$

$$c = \frac{S_{\text{nn}}(u,v)}{S_{\text{ff}}(u,v)} \qquad (8\text{-}2\text{-}29)$$

观察式（8-2-29）可以发现，当 $c=0$ 即不考虑噪声项影响时，维纳滤波实际上将退化为逆滤波，维纳滤波通过添加先验信息的约束，增加了复原过程的适定性。

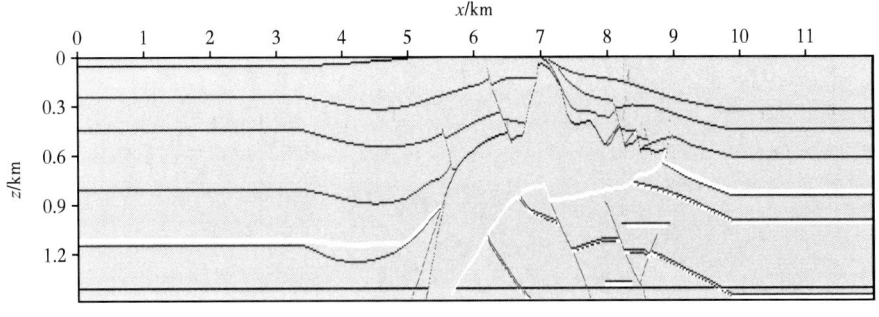

图 8-2-4　反射率模型

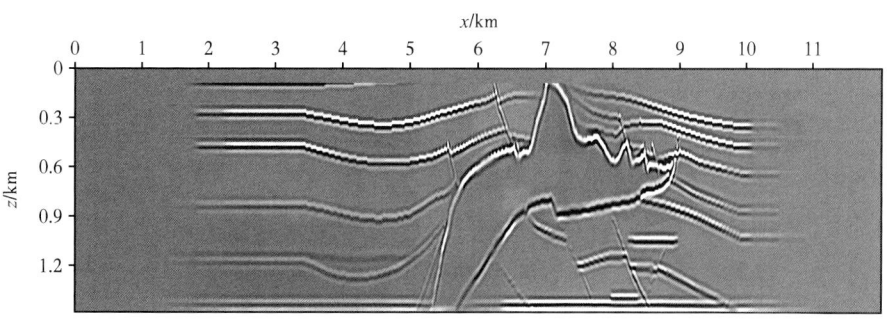

图 8-2-5　反射率模型与 PSF 褶积结果

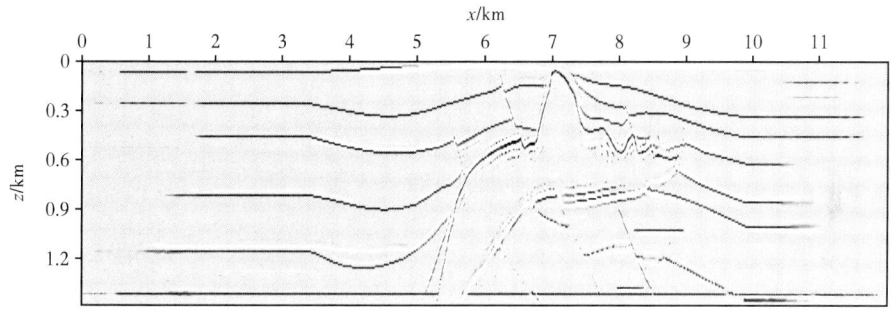

图 8-2-6　反射率模型去模糊结果

由图 8-2-4 至图 8-2-6 可知，该方法可以实现有效的图像反褶积。李瀚野等（2022）进一步将该方法应用在地震成像结果上，证明了方法的有效性。

第三节　基于散射理论的反演成像方法探索

地球介质从地壳、地幔到地核，尺度从岩石的晶粒到大陆板块，无不显示出其不均匀性。而这些不同尺度的非均匀性，或强或弱的散射波所对应的非均匀地质异常体，如裂缝、溶洞等，同样蕴含着巨大的地质意义，具有丰富的油气勘探价值。其中，针对缝洞地质体的识别，将散射波和反射波分离出来单独成像，探索散射波场的成像方法既有丰富的理论价值，也具有现实的应用前景。基于散射理论进行成像或者反演具有重要意义。事实上，当前的地震成像理论中的成像条件绝大部分都是对地下散射点的成像，而基于散射理论的反演方法可以导出一系列的反演策略。

对散射波的直接成像具有一定的困难（Landa 和 Keydar，1998），这主要是因为大部分的偏移成像方法都是对地下散射点进行成像的。然而，散射点与反射界面在局部的散射点道集上仍保持不同的特征。Wu（2007）提出在成像域用局部的波场变换得到波矢量方向，然后用波矢量方向的展布关系来判断反射与散射，前期研究（任浩然，2011）将这种波场分解成像策略推广到了最小二乘偏移，其基本思想就是利用地震波的传播及它们在反射界面和散射点的波前特征，把二者区分开实现分别成像。在局部区域，将成像道集展布到地层倾角（Dip Angle）域，散射波的能量分散，而反射波的能量会集中在真实的地层倾角周围。基于这一思想,我们可以在波动方程叠前成像的基础上根据散射波前面的角度分布特征对散射波场进行提取。

基于散射波成像的研究,以散射偏移算子为基础发展而来的反演策略是逆散射层析(Diffraction Tomography)技术。逆散射层析技术基于波场的线性近似,将地下的成像点看作是互不相干的散射点。传统上的散射层析只针对均匀背景模型(Devaney,1982;Wu and Toksöz,1987)。后来发展的广义散射层析基于 De Wolf 近似(De Wolf,1985),这种对散射波场进行多次前向散射和单次后向散射的近似使广义散射层析在非均匀背景上进行反演(朱小三,2010)。然而,这种应用在复杂介质的反演目前还没有取得很好的应用效果,值得研究人员在这一方向上继续做工作。在深层,散射波发育的区域,直接通过对散射波场的逆散射层析反演速度参数是这一方向的发展前景。因此,以逆散射层析为研究思路的进一步探索具有理论和应用的价值。

一、基于 Born 近似序列的波形反演

字母的含义与前几章相同,将地震波场的正传播过程写为:

$$d = L(m) \qquad (8\text{-}3\text{-}1)$$

这样,数据的扰动可以表达为:

$$\delta d = d - d_0 = L_{m_0}(\delta m) = L(m_0 + \delta m) - L(m_0) \qquad (8\text{-}3\text{-}2)$$

将这一扰动在初始模型 m_0 处泰勒展开为:

$$L(\delta m) = L'(m_0)\delta m + \frac{1}{2!}L''(m_0)(\delta m)^2 + \cdots + \frac{1}{n!}L^{(n)}(m_0)(\delta m)^n + \cdots \qquad (8\text{-}3\text{-}3)$$

将传播算子表达成格林函数的形式可以写为:

$$\begin{aligned}
\delta G &= G(x_r | x_s) - G_0 \\
&= (-\omega^2 G_0 \delta m) G_0 + (-\omega^2 G_0 \delta m)^2 G_0 + \cdots + (-\omega^2 G_0 \delta m)^n G_0 + \cdots \\
&= -\omega^2 \int G_0(x_r | \xi) G_0(\xi | x_s) \delta m(\xi) \mathrm{d}\xi \\
&\quad + \omega^4 \iint G_0(x_r | \eta) \delta m(\eta) G_0(\eta | \xi) \delta m(\xi) G_0(\xi | x_s) \mathrm{d}\xi \mathrm{d}\eta + \cdots
\end{aligned} \qquad (8\text{-}3\text{-}4)$$

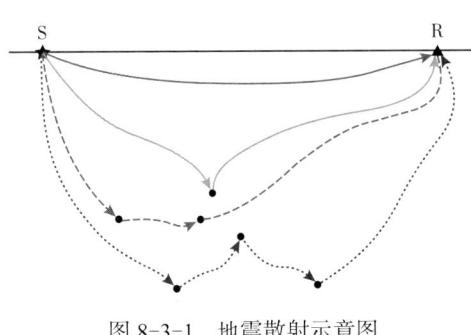

图 8-3-1 地震散射示意图

这一过程就是 Born 序列。序列的每一项其实代表了不同的散射级别。图 8-3-1 给出了这种散射关系。图中绿实线代表了背景介质中的波场 G_0;蓝线代表的是一次散射的波场 $(-\omega^2 G_0 \delta m) G_0$;绿虚线和点线分别代表了二次散射波场 $(-\omega^2 G_0 \delta m)^2 G_0$ 和三次散射波场 $(-\omega^2 G_0 \delta m)^3 G_0$。

对公式(8-3-4)求 δm 的微分,就是 FWI 反演的 Frechet 核。传统梯度导引类的 FWI 仅

保留了其第一阶项：

$$\left.\frac{\partial \delta G}{\partial \delta \boldsymbol{m}(x)}\right|_{\boldsymbol{m}_0}(\boldsymbol{m}_0)(x_s,x_r,x) = -\omega^2 G_0(x_s,x) G_0(x,x_r) \qquad (8\text{-}3\text{-}5)$$

将式（8-3-4）保留二阶项，得：

$$\begin{aligned}
\left.\frac{\partial \delta G}{\partial \delta \boldsymbol{m}(x)}\right|_{\boldsymbol{m}_0}&(\boldsymbol{m}_0)(x_s,x_r,x) = -\omega^2 G_0(x_s,x) G_0(x,x_r) \\
&+ \omega^4 \int \mathrm{d}x_1 G_0(x_s,x_1) \delta \boldsymbol{m}(x_1) G_0(x_1,x) G_0(x,x_r) \\
&+ \omega^4 \int \mathrm{d}x_2 G_0(x_s,x) G_0(x,x_2) \delta \boldsymbol{m}(x_2) G_0(x_2,x_r)
\end{aligned} \qquad (8\text{-}3\text{-}6)$$

二阶 Born 的反演核有三项，分别对应了背景介质中的传播，以及经过地下两个散射点的传播。我们把式（8-3-4）中的格林函数扰动取一阶近似代入上式可得：

$$\begin{aligned}
\left.\frac{\partial \delta G}{\partial \delta \boldsymbol{m}(x)}\right|_{\boldsymbol{m}_0}&(\boldsymbol{m}_0)(x_s,x_r,x) = \\
-\omega^2 &[G_0(x_s,x) G_0(x,x_r) + \delta G(x_s,x) G_0(x,x_r) + G_0(x_s,x) \delta G(x,x_r)]
\end{aligned} \qquad (8\text{-}3\text{-}7)$$

进一步地，还可以写出保留三阶项的反演核：

$$\begin{aligned}
\left.\frac{\partial \delta G}{\partial \delta \boldsymbol{m}(x)}\right|_{\boldsymbol{m}_0}&(\boldsymbol{m}_0)(x_s,x_r,x) = \\
-\omega^2 \{&G_0(x_s,x) G_0(x,x_r) + \delta G(x_s,x) G_0(x,x_r) + \\
&G_0(x_s,x) \delta G(x,x_r) + \delta G(x_s,x) \delta G(x,x_r) + \\
\int \mathrm{d}y &[G_0(x_s,x) \delta G(x,y) \delta G(y,x_r) + \delta G(x_s,y) \delta G(x,y) G_0(y,x_r)]\}
\end{aligned} \qquad (8\text{-}3\text{-}8)$$

二、基于多次 Born 序列的 FWI

对应于反演核可以很容易写出其 FWI 的梯度项，其中，保留二阶 Born 近似的梯度项为：

$$\begin{aligned}
\boldsymbol{g}(\boldsymbol{m}) = \frac{\delta E(\boldsymbol{m})}{\delta \boldsymbol{m}} &= -\sum_\omega \omega^2 S(\omega) G_0(x_s,x) G_0(x_s,x_r) (u - d_{\mathrm{obs}})^* \big|_{x_s,x_s;\omega} \\
&- \sum_\omega \omega^2 S(\omega) \delta G(x_s,x) G_0(x,x_r) (u - d_{\mathrm{obs}})^* \big|_{x_s,x_s;\omega} \\
&- \sum_\omega \omega^2 S(\omega) G_0(x_s,x) \delta G(x,x_r) (u - d_{\mathrm{obs}})^* \big|_{x_s,x_s;\omega}
\end{aligned} \qquad (8\text{-}3\text{-}9)$$

可见，引入 Born 近似的梯度项依赖于模型扰动场，模型扰动场的获得可由最小二乘偏移或保幅成像提供。二阶 Born 项本质上对应了模型的二次散射。最近，国际上提出的反射波反演（Xu 等，2012）实际上是上式右端项的后两项。当背景模型不够精确时，引入模型扰动场可提高 FWI 反演的精度，客观上利用了反射波数据。当 FWI 对背景模型更新以后，背景模型中逐渐加入高波数的扰动成分，则高阶 Born 项的作用逐渐减弱。

同样，还可以写出基于三阶 Born 近似的 FWI 梯度项：

$$\begin{aligned}
g(m) = \frac{\delta E(m)}{\delta m} = &-\sum_{\omega} \omega^2 S(\omega) G_0(x_s,x) G_0(x,x_r)(u-d_{\text{obs}})^* \Big|_{x_s,x_s;\omega} \\
&-\sum_{\omega} \omega^2 S(\omega) \delta G(x_s,x) G_0(x,x_r)(u-d_{\text{obs}})^* \Big|_{x_s,x_s;\omega} \\
&-\sum_{\omega} \omega^2 S(\omega) G_0(x_s,x) \delta G(x,x_r)(u-d_{\text{obs}})^* \Big|_{x_s,x_s;\omega} \\
&-\sum_{\omega} \omega^2 S(\omega) \delta G(x_s,x) \delta G(x,x_r)(u-d_{\text{obs}})^* \Big|_{x_s,x_s;\omega} \\
&-\sum_{\omega}\sum_{y} \omega^2 S(\omega) G_0(x_s,x) \delta G(x,y) \delta G(y,x_r)(u-d_{\text{obs}})^* \Big|_{x_s,x_s;\omega} \\
&-\sum_{\omega}\sum_{y} \omega^2 S(\omega) \delta G(x_s,y) \delta G(x,y) G_0(y,x_r)(u-d_{\text{obs}})^* \Big|_{x_s,x_s;\omega}
\end{aligned}$$

（8-3-10）

由此，可以得出基于散射的最小二乘逆时偏移执行策略，其过程可以表达成：

（1）传统 RTM，经炮照明补偿，得到保幅的像 $\delta m^{(0)}$；

（2）利用像时间域反偏移得到重构数据 $d_{\text{recon}}^{(k)}$；

（3）求数据残差 $\delta d^{(k)} = d_{\text{obs}} - d_{\text{recon}}^{(k)}$；

（4）对数据残差保幅 RTM，得到更新量 $\delta\delta m^{(k)}$；

（5）对成像结果更新 $\delta m^{(k+1)} = \delta m^{(k)} + \delta\delta m^{(k)}$；

（6）对步骤（2）至（5）循环，得到最优的像 $\delta m^{(\text{opt})}$。

在此基础上，我们可以执行基于 LS-RTM 结果的多次 Born 的 FWI：

（1）首先利用上述 LS-RTM 求解最优的 $\delta m^{(\text{opt})}$；

（2）在背景介质中求解（8-3-10）式第一项；

（3）对第二项的求解需要在时间域加入二次源：$G = G_0 + \delta G = G_0(1+\delta m)$；

（4）第三项的求解与第二项类似，即将原格林函数变成检波点反传波场即可；

（5）得到梯度项后通过局部寻优得到迭代步长更新模型：$m^{(k+1)} = m^{(k)} - \alpha g$；

（6）对步骤（1）到（5）进行循环，得到最优的模型 $m^{(\text{opt})}$。

第四节　本章小结

本章从牛顿类地震反演问题出发，详细分析和讨论了 Hessian 算子在地震反演成像中的数学和物理意义。在数学上，Hessian 算子是误差泛函对模型参数的二阶导数。因此，误差泛函对模型的变化实际上是否为二次型又成为一个问题。前人的研究表明了地震反问题的强非线性，然而在局部，仍可将此问题简化成二次型甚至线性问题。这种简化体现在基于波动方程的 Born 近似中，也是许多地震反问题如旅行时层析的基础假设之一。正因

第八章　成像域地震波反演成像中的 Hessian 算子与散射成像

为这种假设，本文所讨论的最小二乘偏移和全波形反演都是基于局部寻优的数学方法导出的，因而这些方法依赖于一个较好的初始模型参数。声波方程条件下导出的 Hessian 算子的格林函数表达形式反映出了炮检系统对模型的照明关系，所以这种关系的逆过程即 Hessian 算子的逆就是对观测系统照明不均的补偿。因此，一个精确的逆 Hessian 算子作用到梯度（成像结果）上，理应得出一个保振幅的解，而本文基于平面波偏移提出的平面波 Hessian 的格式证明了最小二乘偏移在保幅方面的能力。同样的，应用 Hessian 进行二次型的牛顿反演也比基于一次线性搜索的梯度法更加接近地震反演的非线性性质，这才是牛顿类全波形反演具有更快的计算效率的基础。地下偏移距的 Hessian 算子在全波形反演中的应用证明了这一观点。总之，Hessian 算子在地震反演成像中具有重要的意义，继续深入研究这一算子对保幅偏移和地震反演都具有重要的价值。对计算效率和计算稳定性的进一步提高是本项研究的下一个目标。

　　进一步地，将多次散射理论引入全波形反演。从传统 FWI 求解过程的 Born 表达出发，基于多次 Born 序列写出其反演核。传统梯度导引类的 FWI 实际上只利用了 Born 序列的一阶近似项。这一假设本身使得 FWI 通过多次线性化问题求解逼近非线性的反演过程。但地震反演的强非线性使 FWI 很难得到一个理想的反演结果。而引入 Born 序列的高阶项希望能够对求解非线性问题有一定帮助。本章，我们基于多次 Born 序列的反演核，进一步推导了基于多次散射理论的 RTM 与 FWI 公式。这一理论分析为全波场成像方法的研究奠定了基础。

参 考 文 献

陈生昌，陈国新，2016.时间二阶积分波场的全波形反演［J］.地球物理学报，59（10）：3765-3776.
陈生昌，马在田，吴如山，2007.波动方程偏移成像阴影的照明补偿［J］.地球物理学报，50（3）：844-850.
陈生昌，王汉闯，2010.基于平面波照明的偏移成像补偿［J］.地球物理学报，53（7）：1710-1715.
陈生昌，周华敏，2016.再论地震数据偏移成像［J］.地球物理学报，59（2）：643-654.
程玖兵，王华忠，马在田，2001.带误差补偿的有限差分叠前深度偏移方法［J］.石油地球物理勘探，36（4）：408-413.
程玖兵，王华忠，马在田，2001.频率—空间域有限差分法叠前深度偏移［J］.地球物理学报，44（3）：389-395.
程玖兵，王华忠，马在田，2003.双平方根方程三维叠前深度偏移［J］.地球物理学报，46（5）：676-683.
程玖兵，王华忠，马在田，2005.窄方位地震数据双平方根方程偏移方法探讨［J］.地球物理学报，48（2）：399-405.
崔兴福，张关泉，吴雅丽，2004.三维非均匀介质中真振幅地震偏移算子研究［J］.地球物理学报，47（3）：509-513.
翟宁宁，2016.超分辨率图像重建的点扩散函数建模与研究［D］.北京：北京邮电大学.
杜启振，秦童，2009.横向各向同性介质弹性波多分量叠前逆时偏移［J］.地球物理学报，52（3）：597-609.
何英，王华忠，马在田，等，2002.复杂地形条件下波动方程叠前深度成像［J］.勘探地球物理进展，25（3）：13-19.
侯爵，刘有山，兰海强，等，2018.基于起伏地形平化策略的弹性波逆时偏移成像方法［J］.地球物理学报，61（4）：1434-1446.
黄建平，杨继东，李振春，等，2016.基于有效邻域波场近似的起伏地表保幅高斯束偏移［J］.地球物理学报，59（6）：2245-2256.
李瀚野，任浩然，陶柳蓉，等，2022.面向模型空间地震反演成像的点扩散函数快速计算方法［J］.石油物探，61（2）：310-320.
李振春，张华，刘庆敏，等，2007.弹性波交错网格高阶有限差分法波场分离数值模拟［J］.石油地球物理勘探，42（5）：510-515.
刘定进，印兴耀，2007.傅里叶有限差分法保幅叠前深度偏移方法［J］.地球物理学报，50（1）：268-276.
刘东奇，崔兴福，张关泉，2004.波动方程混合法真振幅偏移［J］.石油地球物理勘探，39（3）：283-286.
毛剑，吴如山，高静怀，等.2010.局部指数标架小波束在复杂介质方向照明分析中的应用［J］.地球物理学报，53（12）：2955-2963.
曲英铭，黄建平，李振春，等，2015.分层坐标变换法起伏自由地表弹性波叠前逆时偏移［J］.地球物理学报，58（8）：2896-2911.
任浩然，黄光辉，王华忠，等，2013.地震反演成像中的 Hessian 算子研究［J］.地球物理学报，56（7）：2429-2436.
任浩然，王华忠，黄光辉，2012.地震波反演成像方法的理论分析与对比［J］.岩性油气藏，24（5）：12-18.
任浩然，王华忠，张立彬，2007.沿射线路径的波动方程延拓吸收与衰减补偿方法［J］.石油物探，46（6）：557-561.
宋建勇，王官超，王大兴，等，2019.解耦纵横波反射波走时反演［J］.地球物理学报，62（8）：3130-3139.
孙建国，2002. Kirchhoff 型真振幅偏移与反偏移［J］.勘探地球物理进展，25（6）：1-5.
孙沛勇，张叔伦，2002.快速面炮记录叠前深度偏移［J］.石油地球物理勘探，37（4）：333-338.

徐升，Gilles Lambaré，2006，复杂介质下保真振幅 Kirchhoff 深度偏移[J]. 地球物理学报，49（5）：1431-1444.

杨午阳，Houzhu Zhang，茅金根，等，2003. F-X 域弹性波动方程保幅偏移[J]. 石油物探，42（3）：285-288.

叶月明，郭庆新，孙小东，等，2014. 多次波对逆时偏移构造成像的影响[J]. 石油地球物理勘探．49（3）：523-529.

叶月明，李振春，仝兆岐，等，2008. 双复杂介质条件下频率空间域有限差分法保幅偏移[J]. 地球物理学报，51（5）：1511-1519.

叶月明，李振春，仝兆岐，等，2009. 基于稳定成像条件的保幅叠前深度偏移[J]. 石油地球物理勘探，44（1）：28-32.

叶月明，吴如山，范国章，等，2021. 一种起伏地表条件下的照明补偿方法[J]. 地球物理学报，64（1）：224-232.

叶月明，庄锡进，胡冰，2012. 典型叠前深度偏移方法的速度敏感性分析[J]. 石油地球物理勘探，47（4）：552-558.

叶月明，庄锡进，胡冰，等，2013. 基于单程波方程的合成平面波保幅偏移[J]，石油地球物理勘探，48（5）：711-716.

叶月明，庄锡进，胡冰，等，2012. 面向目标的合成曲面波叠前深度偏移及其应用[J]. 地球物理学进展，27（5）：2107-2112.

岳玉波，2011. 复杂介质高斯束偏移成像方法研究[D]. 青岛：中国石油大学（华东）.

岳玉波，李振春，刘伟，等，2011. 保幅炮域高斯波束偏移[J]. 中国石油大学学报（自然科学版），35（1）：52-55.

岳玉波，李振春，钱忠平，等，2012. 复杂地表条件下保幅高斯束偏移[J]. 地球物理学报，55（4）：1376-1383.

岳玉波，钱忠平，张旭东，等，2019. 声波介质一次散射波场高斯束 Born 正演[J]. 地球物理学报，62（2）：648-656.

岳玉波，孙鹏飞，王德营，等，2019. 弹性各向同性介质一次散射波场高斯束 Born 正演[J]. 地球物理学报，62（2）：657-666.

张关泉，1993. 波动方程的上行波和下行波的耦合方程组[J]. 应用数学学报，16（2）：251-263.

张新彦，徐涛，白志明，等，2017. 起伏地形下的高精度反射波走时层析成像方法[J]. 地球物理学报，60（2）：541-553.

张宇，2006. 振幅保真的单程波方程偏移理论[J]. 地球物理学报，49（5）：1410-1430.

赵昌磊，叶月明，姚根顺，等，2013. 线性拉东域预测反褶积在海洋多次波去除中的应用[J]. 地球物理学进展，28（2）：1026-1032.

周华敏，陈生昌，任浩然，等，2014. 基于照明补偿的单程波最小二乘偏移[J]. 地球物理学报，57（8）：2644-2655.

朱小三，2010. 地震散射点成像和非均匀介质中广义散射层析成像反演[D]. 北京：北京大学地球与空间科学学院.

朱振宇，刘洪，裴江云，等，2004. 成像条件在波动方程叠前深度偏移中的应用[J]. 中国海上油气，16（3），177-187.

A Druzhinin，2003. Decoupled elastic prestack depth migration[J]. Journal of Applied Geophysics，54：369-389.

A G Sena，M N Toksoz，1993. Kirchhoff migration and velocity analysis for converted and nonconverted waves in anisotropic media[J]. Geophysics，58（2）：265-276.

Al-Saleh S M, Margrave G F, Gray S H, 2009. Direct downward continuation from topography using explicit wavefield extrapolation[J]. Geophysics, 74（6）: 105-112.

Alexander M P, 1996. Prestack migration by split-step DSR[J]. Geophysics, 61（5）: 1412-1416.

Antoine G, Alejandro V, 2006. Robust Imaging Condition for Shot-Profile Migration[J]. 76th Annual International Meeting, SEG, Expanded Abstracts, 2519-2522.

Antoine Guitton, Alejandro Valenciano, Dimitri Bevc, et al., 2007. Smoothing imaging condition for shot-profile migration[J]. Geophysics, 72（3）: 149-154.

Bagaini C, Spagnolini U, 1996. 2-D continuation operators and their applications[J]. Geophysics, 61（6）: 1846-1858.

Beasley B, Lynn W, 1989. The zero-velocity layer: Migration from irregular surfaces[J]. Exploration Geophysics, 57（11）: 1435-1443.

Berryhill J R, 1979. Wave equation datuming[J]. Geophysics, 44（8）: 1329-1344.

C Jager, T Hertweck, M Spiner, 1999. True-amplitude Kirchhoff migration from topography[J]. 69th Annual International Meeting, SEG, Expanded Abstracts: 1239-1248.

Cao J, Wu R S, 2009. Fast acquisition aperture correction by beamlet decomposition[J]. Geophysics, 74（4）: 67-74.

Chen L, Wu R S, Chen Y, 2006. Target-oriented beamlet migration based on Gabor-Daubechies frame decomposition[J]. Geophysics, 71（2）: 37-52.

Chen S C, Zhou H M, 2016. Re-exploration to migration of seismic data[J]. Chinese Journal of Geophysics(in Chinese), 59（2）: 643-654.

Claerbout J F, 1971. Toward a unified theory of reflector mapping[J]. Geophysics, 36（3）: 467-481.

Claerbout J F, 1985. Imaging of the Earth's interior[M]. Blackwell Scientific Publication.

Coifman R R, Meyer Y, 1991. Remarques sur l'analyse de Fourier a fenetre[J]. Comptes Rendus de l'Academie des Sciences, Paris, Serie I, 312: 259-261.

Daubechies I, 1992. Ten lectures on wavelets[M]. SIAM Publications.

De Hoop M V, Le Rousseau J H, Wu R S, 2000. Generalization of the phasescreen approximation for the scattering of acoustic waves[J]. Wave Motion, 31（1）: 43-70.

De Wolf, 1985. Renormalization of EM fields in application to large-angle scattering from randomly continuous media and sparse particle distributions[J]. IEEE transactions on Antennas and Propagation, 33: 608-615.

Dellinger J, Etgen J, 1990. Wave-field separation in two-dimensional anisotropic media[J]. Geophysics, 55(7): 914-919.

Devaney A J, 1982. A filtered backpropagation algorithm for diffraction tomography[J]. Ultrasonic Imaging, 4（4）: 336-350.

Du Q Z, Guo C F, Zhao Q, et al., 2017. Vector-based elastic reverse time migration based on scalar imaging condition[J]. Geophysics, 82（2）: S111-S127.

Du Q Z, Zhu Y T, Ba J, 2012. Polarity reversal correction for elastic reverse time migration[J]. Geophysics, 77（2）: S31-S41.

Duan Y T, Sava P, 2015. Scalar imaging condition for elastic reverse time migration[J]. Geophysics, 80（4）: S127-S136.

Etgen J, Gray S H, Zhang Y, 2009. An overview of depth imaging in exploration geophysics[J]. Geophysics, 74（6）: 5-17.

Feng Z C, Schuster G T, 2017. Elastic least-squares reverse time migration[J]. Geophysics, 82（2）:

S143-S157.

Formel S, 2003. Theory of differential offset continuation[J]. Geophysics, 68（2）: 718-732.

Foster D, Huang J, 1991. Global asymptotic solutions of the wave equation[J]. Geophysical Journal International, 105: 163-171.

Gray A H, Marfurt K J, 1995. Migration from topography: Improving the near-surface image[J]. Canadian journal of exploration Geophysics, 31（1）: 18-24.

Gray S H, 1997. True-amplitude seismic migration: A comparison of three approaches[J]. Geophysics, 62（3）: 629-638.

Gray S H, 2005. Gaussian beam migration of common-shot records[J]. Geophysics, 70（4）: 71-77.

Gray S H, Bleistein N, 2009. True-amplitude Gaussian-beam migration[J]. Geophysics, 74（2）: 11-23.

Hadamard J, 1945. The Psychology of Invention in the Mathematical Field[M]. Princeton University Press.

Helstrom C W, 1967. Image restoration by the method of least Squares[J]. J.opt.soc.amrer, 57（3）: 297-303.

Hill N R, 2001. Prestack Gaussian-beam depth migration[J]. Geophysics, 66（4）: 1240-1250.

Huang L J, Fehler M C, Wu R S, 1999. Extended local Born Fourier migration method[J]. Geophysics, 64: 1524-1534.

Huang L, Fehler M C, 2000. Globally optimized Fourier finite-difference migration method[J]. 70th Annual International Meeting, SEG, Expanded Abstracts: 802-805.

J T Kuo, T Dai, 1984. Kirchhoff elastic wave equation for the case of noncoincident source and receiver[J]. Geophysics, 49（8）: 1223-1238.

J W Wiggins, 1984. Kirchhoff integral extrapolation and migration of nonplanar data[J]. Geophysics, 49（8）: 1239-1248.

J Yan, P Sava, 2008. Isotropic angle-domain elastic reverse-time migration[J]. Geophysics, 73（6）: 229-239.

Jin S, Mosher C C, Wu R S, 2002. Offset-domain pseudoscreen prestack depth migration[J]. Geophysics, 67（6）: 1895-1902.

K Aki, P G Richards, 2002. Quantitative seismology, 2nd ed[M]. University Science Books.

K. Hokstad, 2000. Multicomponent Kirchhoff migration[J]. Geophysics, 65（3）: 861-873.

Köhn D, 2011. Time domain 2D elastic full waveform tomography[D]. Kiel: Christian-Albrechts-Universität zu Kiel.

Landa E, Keydar S, 1998. Seismic monitoring of diffraction images for detection of local heterogeneities[J]. Geophysics, 63（3）: 1093-1100.

Lecomte I, 2008. Resolution and illumination analyses in PSDM: A ray based approach[J]. The Leading Edge, 27（5）: 650-663.

Li Z M, 1991. Compensating finite-difference errors in 3-D migration and modeling[J]. Geophysics, 56: 1650-1660.

Luo M Q, Wu R S, 2003. 3D beamlet prestack depth migration using the local cosine basis propagator[J]. 73rd Annual International Meeting, SEG, Expanded Abstracts: 985-988.

Luo M Q, Wu R S, Xie X B, 2005. True amplitude one-way propagators implemented with localized corrections on beamlets[J]. 75th Annual International Meeting, SEG, Expanded Abstracts: 1966-1969.

Luo Y, Ma Y, Wu Y, et al., 2016. Full-traveltime inversion[J]. Geophysics, 81（5）: R261-R274.

M A B Botelho, P L Stoffa, 1991. Finite-difference prestack reverse-time migration using the P-Sv wave equation[J]. 61th Annual International Meeting, SEG, Expanded Abstracts: 1009-1012.

M Bai, X H Chen, J Wu, et al., 2016. Q-compensated migration by Gaussian beam summation method[J]. Journal of Geophysics and Engineering, 13(1): 35-48.

M L Yuan, J P Huang, W Y Liao, et al., 2017. Least-squares Gaussian beam migration[J]. Journal of Geophysics and Engineering, 14(1): 184-196.

M M Popov, 1982. A new method of computation of wave fields using Gaussian beams[J]. Wave Motion, 4: 85-97.

Ma D T, Zhu G M, 2003. Numerical modeling of P-wave and S-wave separation in elastic wavefield[J]. Oil Geophysical Prospecting, 38(5): 482-486.

Mallat S, 1999. A wavelet tour of signal processing, 2nd ed[M]. Academic Press, Inc.

Mao J, Wu R S, 2007. Illumination analysis using local exponential beamlets[J]. 77th Annual International Meeting, SEG, Expanded Abstracts: 2235-2239.

Mora P, 1987. Nonlinear two-dimensional elastic inversion of multioffset seismic data[J]. Geophysics, 52(9): 1211-1228.

N Bleistein, 1987. On the imaging of reflectors in the earth[J]. Geophysics, 52(1): 931-942.

N R Hill, 1990. Gaussian beam migration[J]. Geophysics, 55(11): 1416-1428.

Oh J W, Kalita M, Alkhalifah T, 2017. 3D elastic full-waveform inversion for OBC data using the P-wave excitation amplitude[C]. 87th Annual International Meeting, SEG, Expanded Abstracts.

Plessix R E, 2006. A review of the adjoint-state method for computing the gradient of a functional with geophysical applications[J]. Geophysical Journal International, 167(2): 495-503.

Plessix R E, Mulder W A, 2004. Frequency-domain finite-difference amplitude-preserving migration[J]. Gephysical journal international, 157: 975-987.

Popovici A M, 1996. Prestack migration by split-step DSR[J]. Geophysics, 61(5): 1412-1416.

Pratt R G, Shin C, Hicks G J, 1998. Gauss-Newton and full Newton methods in frequency-space seismic waveform inversion[J]. Geophysics Journal International, 133: 341-362.

R H Stolt, A B Weglein, 2012. Seismic imaging and inversion-Application of linear inverse theory[M]. Cambridge University Press.

R Nowack, M K Sen, P L Stoffa, 2003. Gaussian beam migration for sparse common-shot and common-receiver data[J]. 73th Annual International Meeting, SEG, Expanded Abstracts: 1114-1117.

R Sun, G A McMechan, 1986. Pre-stack reverse-time migration for elastic waves with application to synthetic offset vertical seismic profiles[J]. Proceeding of the IEEE, 74(3): 457-465.

Ren H R, Wu R S, Wang H Z, 2011. Wave equation least square imaging using the local angular Hessian for amplitude correction[J]. Geophysical Prospecting, 59(4): 651-661.

Ren H, Wu R S, Wang H, 2011. Wave equation least square imaging using the local angular Hessian for amplitude correction[J]. Geophysical Prospecting, 59(4): 651-661.

Reshef M, 1991. Depth migration from irregular surface with the depth extrapolation methods[J]. Geophysics, 56(1): 119-122.

Ristow D, Ruhl T, 1994. Fourier finite-difference migration[J]. Geophysics, 59(12): 1882-1893.

S Raz, 1987. Beam stacking: A generalized preprocessing technique[J]. Geophysics, 52(9): 1199-1210.

S Xu, H Chauris, G Lambare, et al., 2001. Common-angle migration: a strategy for imaging complex media[J]. Geophysics, 66(6): 1877-1894.

Shin C, Jang S, Min D J, 2001. Improved amplitude preservation for prestack depth migration by inverse scattering theory[J]. Geophysical Prospecting, 49(5): 592-606.

Shragge J, Sava P, 2005. Wave-equation migration from topography[J]. 85th Annual International Meeting, SEG, Expanded Abstracts, 1842-1845.

Steinberg B Z, 1993. Evolution of local spectra in smoothly varying nonhomogeneous environments — Local canonization and marching algorithms[J]. Journal of the Acoustical Society of America, 93: 2566-2580.

Stoffa P L, 1990. Split-step Fourier migration[J]. Geophysics, 55(4): 410-421.

Stolt R H, Benson A K, 1986. Seismic migration: theory and practice[M]. Geophysical Press.

T H Keho, W B Beydoun, 1988. Paraxial ray Kirchhoff migration[J]. Geophysics, 53(2): 1540-1546.

Tang Y, 2009. Target-oriented wave-equation least-squares migration/inversion with phase-encoded Hessian[J]. Geophysics, 74(6): 95-107.

Tarantola A, 1984. Inversion of seismic reflection data in the acoustic approximation[J]. Geophysics, 49(8): 1259-1266.

Tarantola A, 1986. A strategy for onolinear elastic inversion of seismic reflection data[J]. Geophysics, 51(10): 1893-1903.

U Albertin, D Yingst, P Kitchenside, 2004. True-amplitude beam migration[J]. 74th Annual International Meeting, SEG, Expanded Abstracts: 398-401.

V Červený, 1983. Synthetic body wave seismograms for laterally varying layered structures by the Gaussian beam method[J]. Geophysical Journal International, 73(2): 389-426.

V Červený, 2005. Seismic ray theory[M]. Cambridge University Press, Cambridge, UK.

Virieux J, Operto S, 2009. An overview of full-waveform inversion in exploration geophysics[J]. Geophysics, 74(6): 1-26.

W B Beydoun, M Mendes, 1989. Elastic ray-Born l2-migration/inversion[J]. Geophysical Journal International, 97(1): 151-160.

W F Chang, G A McMechan, 1994. 3-D elastic prestack reverse-time depth migration[J]. Geophysics, 59(4): 597-609.

Wang J, Zhou H, Tian Y K, et al., 2012. A new scheme for elastic full waveform inversion based on velocity-stress wave equations in time domain[C]. 82nd Annual International Meeting, SEG, Expanded Abstracts.

Wang T F, Cheng J B, 2017. Elastic full waveform inversion based on mode decomposition: the approach and mechanism[J]. Geophysical Journal International, 209(2): 606-622.

Wang Y Z, Wu R S, 2002. Beamlet prestack depth migration using local cosine basis propagator[J]. 72nd Annual International Meeting, SEG, Expanded Abstracts: 1340-1343.

Wu R S, 1994. Wide-angle elastic wave one-way propagation in heterogeneous media and an elastic wave complex-screen method[J]. Journal of Geophysical Research, 99: 751-766.

Wu R S, 2007. Generalized diffraction tomography in inhomogeneous background with finite data aperture[J]. SEG Expanded Abstracts: 2728-2732.

Wu R S, Chen L, 2002. Mapping directional illumination and acquisition-aperture efficacy by beamlet propagators[J]. 72nd Annual International Meeting, SEG, Expanded Abstracts: 1352-1355.

Wu R S, Chen L, 2003. Prestack depth migration in angle-domain using beamlet decomposition: Local image matrix and localAVA[J]. 73rd Annual International Meeting, SEG, Expanded Abstracts: 973-976.

Wu R S, Chen L, 2006. Directional illumination analysis using beamlet decomposition and propagation[J]. Geophysics, 71(4): 147-159.

Wu R S, Luo M Q, Chen S C, et al., 2004. Acquisition aperture correction in angle-domain and true-amplitude imaging for wave equation migration[J]. 74th Annual International Meeting, SEG, Expanded Abstracts,

937-940.

Wu R S, Toksoz M N, 1987. Diffraction tomography and multisource holography applied to seismic imaging[J]. Geophysics, 52 (1): 11-25.

Wu R S, Wang Y, Gao J H, 2000. Beamlet migration based on local perturbation theory[J]. 70th Annual International Meeting, SEG, Expanded Abstracts: 1008-1011.

Wu R S, Wang Y, Luo M Q, 2008. Beamlet migration using local cosine basis[J]. Geophysics, 73 (5): 207-217.

Wu R S, Xie X B, 1994. Multi-screen backpropagator for fast 3D elastic prestack migration[J].Proceedings of the SPIE, 2301: 181-193.

Xie X B, Jin S W, Wu R S, 2004. Wave equation based illumination analysis[J]. 74th Annual International Meeting, SEG, Expanded Abstracts, 933-936.

Xie X B, Jin S W, Wu R S, 2006. Wave-equation-based seismic illumination analysis[J]. Geophysics, 71(5): 169-177.

Xie X B, Wu R S, 2002. Extracting angle domain information from migrated wave field[J]. 72nd Annual International Meeting, SEG, Expanded Abstracts, 1360-1363.

Xu S, Wang D, Chen F, et al., 2012. Inversion on reflected seismic wave[C]. 82nd Annual International Meeting, SEG, Expanded Abstracts.

Y Zhang, S Xu, N Bleistein, et al., 2007. True amplitude angle domain common image gathers from one-way wave equation migrations[J]. Geophysics, 72 (1): 49-58.

Yang K, Wang H Z, Ma Z T, 1999. Wave equation datuming from irregular surfaces using finite difference scheme[J]. 69th Annual International Meeting, SEG, Expanded Abstracts, 1456-1459.

Yilmaz, Claerbout J F, 1980. Prestack partial migration[J]. Geophysics, 45 (12): 1753-1779.

Yu J, Hu J, Schuster G T, et al., 2006. Prestack migration deconvolution[J]. Geophysics, 71 (2): 53-62.

Yue Y B, Liu Y J, Gray S, 2021. Accelerating least-squares Kirchhoff time migration using beam methodology[J]. Geophysics, 86 (3): 221-234.

Yue Y B, Liu Y J, Li Y N, et al., 2021. Least-squares Gaussian beam migration in viscoacoustic media[J]. Geophysics, 86 (1): 17-28.

Yue Y B, Sava P, 2019. Least-squares Gaussian beam migration in elastic media[J]. Geophysics, 84 (4): 329-340.

Yue Y B, Sun H, Wu R S, et al., 2021. Gaussian Beam Born Modeling for Single-Scattering Waves in Visco-Acoustic Media[J]. IEEE Geoscience and remote sensing letters, 18 (8): 1486-1490.

Zhang Y, Zhang G, Bleistein N, 2003. True amplitude wave equation migration arising from true amplitude one-way wave equations[J]. Inverse Problems, 19 (5): 1113-1138.

Zhang Y, Zhuang G Q, Bleistein N, 2005. Theory of true-amplitude one-way wave equations and true-amplitude common-shot migration[J]. Geophysics, 70 (4): 1-10.